序 Preface

　　自 2015 年行政院與教育部大力推動下，3D 列印已經成為現在年輕學子必備的知識與能力。透過 3D 列印，學生可以將自己的想法化為現實物件，創造出喜愛或是需要的東西。

　　在操作 3D 列印之前，3D 建模的操作能力是學生第一個會遇到的難關。除了市面上有許多類型的軟體，每種建模方式、輸出方式不盡相同的問題，有些軟體需要付費，有的只支援某些特殊平台，這些問題對於學生來說，都會造成學習上的失落也增加複雜度。因此在自己課程要教授 3D 建模等區塊時，即選擇了 Onshape 這套 3D 繪圖軟體。

　　Onshape 具備了低設備需求、免費使用授權、雲端操作、雲端儲存與提供行動載具操作 APP 等等的便利性；同時又可以與工業上常用的 CAD 軟體如 Solidworks 銜接，因此學生可在課後回家持續操作與學習，同時也能與其他更深入的 3D 建模軟體進行銜接，提升其學習的延續性。

　　而就教師教學而言，Onshape 能持續記錄學生的操作歷程，也能共享文件，因此教師可以藉由觀看學生的繪圖歷程，了解學生是否真的了解 3D 建模的操作方式？以了解學生所學之知能。或是能在學生的作品頁面留言，提供學生操作意見，並進行作業與成績管理。

　　因此希望透過本書，推廣這套免費且好用的 3D 建模軟體，學生可以依據個人能力延伸，完成個人作品，並將作品輸出至 Dxf、STL 等常見的數位交換檔，再透過雷射切割與 3D 列印、CNC 等機具加工出來。讓個人想法不再只是想法，而能真實地製作出來。

　　最後能完成此書首先須感謝台科大圖書范總經理獨具慧眼，將此一新興工具帶給每位在創作上需要工具協助的自造者、創客、老師以及學生們。並感謝和平高中張芳瑜老師將其藝術創作的才能帶入這本書中，為書中增添了許多有趣的元素。同時感謝臺師大科技系的林坤誼教授，在 108 課綱的規劃與安排初期即耐心地與第一線教師的溝通、協調，進而促使這些新的議題能夠順利被大家所接受。而一本書的完成還有很多人的協助與幫忙，像是為這本書設計版面的美編，讓我在拿到一校稿時就感動的起雞皮疙瘩，很高興能與這麼用心的出版團隊合作，也期待能再將其他新穎的東西分享給大家。

趙珩宇

目錄 Contents

Chapter 1　3D 建模軟體介紹

1-1　3D 建模軟體的種類	02
1-2　Onshape 3D 建模軟體介紹	04
學習評量	07

Chapter 2　開始使用 Onshape

2-1　Onshape 版本簡介	10
2-2　註冊 Onshape 帳號	10
2-3　單位設定與使用介面介紹	16
學習評量	25

Chapter 3　可愛小動物基礎建模操作

3-1　建立草圖	28
3-2　擠出	30
3-3　草圖曲線繪製	33
3-4　草圖鏡射	35
3-5　立體物件鏡射	37
3-6　移除物件	40
3-7　疊層拉伸的應用	42
3-8　複製排列的應用	47
3-9　環狀複製排列	49
3-10　薄殼	51
學習評量	53

Chapter 4　馬克杯進階建模操作

4-1　平口馬克杯繪製	56
4-2　曲線馬克杯繪製	67
學習評量	72

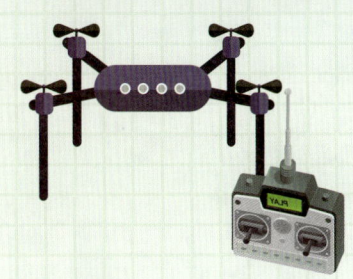

Chapter 5　從工程識圖到完成第一個工程物件

5-1	前置作業　繪圖前的準備	74
5-2	TT 直流減速馬達	79
5-3	物件動態模擬	94
	學習評量	105

Chapter 6　設計自己的動物拼圖

6-1	前置作業　置入動物圖片	108
6-2	用 Onshape 繪製動物拼圖	111
6-3	從 Onshape 3D 模型到雷射切割	132
	學習評量	139

Chapter 7　將模型輸出成實體作品

7-1	3D 列印	142
7-2	雷射切割	145
7-3	CNC 雕刻	147
	學習評量	160

Chapter 8　從 3D 繪圖到機電整合製作

8-1	DIY 自走車改裝	162
8-2	指尖陀螺製作	167
	學習評量	180

3D 列印能力認證術科試題　　　　　　　　　　　　181

附錄　學習評量解答　　　　　　　　　　　　208

學科線上閱讀與題庫使用方法

MOSME 行動學習一點通
Mobile Online Study Made Easy.

註冊
加入 IPOE 會員享有更多、更完整的免費題庫進行自我練習，讓您學習更有效率。

會員登入
可使用手機門號、e-mail 或第三方 Line 登入。

序號登錄
登錄書籍上的序號，於使用期限內即可使用完整題庫、不限次數練習。

書籍序號登錄

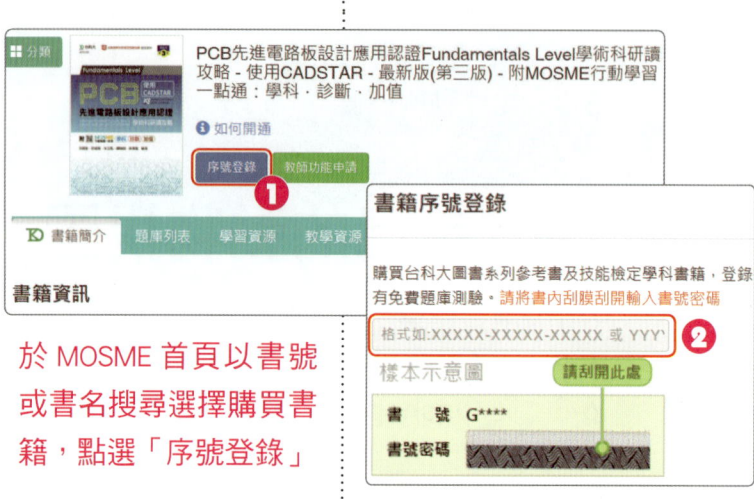

於 MOSME 首頁以書號或書名搜尋選擇購買書籍，點選「序號登錄」

線上閱讀

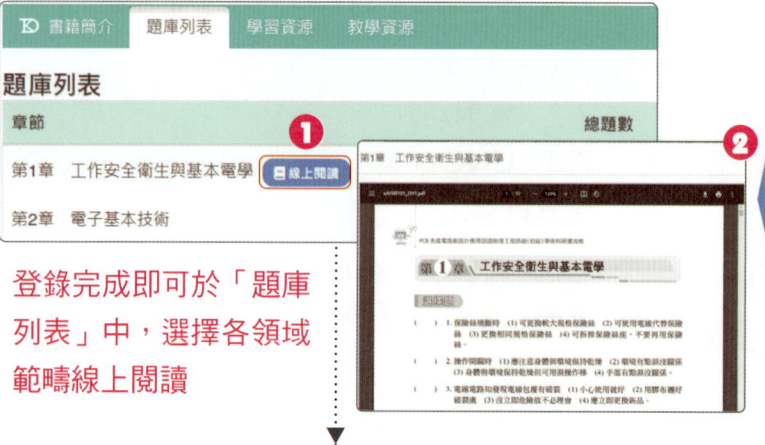

登錄完成即可於「題庫列表」中，選擇各領域範疇線上閱讀

線上測驗

練習 / **測驗**

可選擇「單領域範疇」或「全書」
二種模式進行線上測驗

Chapter 1 3D 建模軟體介紹

近年來，3D 建模軟體隨著 3D 列印的普及而有著越來越多樣的發展，有的軟體講求容易操作、有的軟體講求設計的多樣性，但這些 3D 建模軟體到底有什麼不同呢？讓我們一起來看看吧。

過去在進行產品設計時都是以三視圖作為物件設計時的溝通媒介，並在初步草圖完成後對實體物件建模、透過 PU 泡綿等等材料製作出初步的模型以進行測試，並在測試後才進入產品製造與生產程序。

現在，我們透過電腦的輔助，可以在電腦上進行 3D 物件繪製，並透過電腦模擬了解各個材料間的對應狀況，或是透過各類型的模擬軟體，在產品生產或是製作前先進行應力或是各種物理狀況模擬，以減少多次製作測試產品所造成的浪費。而不同的 3D 建模軟體也有不同的功能，如電視中的 3D 動畫等，也是透過電腦建模來完成。

1-1　3D 建模軟體的種類

3D 建模軟體可以依據其建模方式將其分成三類：**CAD**、**CAID 以及 Polygon**，這三類在使用上各有其特點，使用者可依據自己的繪圖目標、繪圖習慣來選擇自己要用的建模軟體。一般來說，這三種建模方式中比較明顯可以區分其差異的是 CAD 與 Polygon，以下介紹這三類 3D 建模軟體。

CAD（Computer Aided Design，電腦輔助設計）

設計結構物件或產品設計時常用的建模軟體。

特點

- 設計的元件可以重複使用（Reuse of design components）
- 簡易的設計修改和版本控制功能（Ease of design modification and versioning）
- 可以檢驗設計是否滿足設計需求或是真實情境（Validation/verification of designs against specifications and design rules）

> **TIPS**　開始學習 3D 建模時，CAD 軟體的建模方式可以減少建模時的壓力與障礙。

CAD 建模軟體在進行建模時會以某個圖形為基礎進行物件的建構，如同數學課做**尺規作圖**時，用圓規和量角器畫出不同樣式的圖案，在 CAD 建模軟體中，會有基本的圓形、方形、正多邊形等等供我們做選擇，再依據需要的尺寸大小調整形狀半徑、邊長等數值，使它符合我們的需求；而這類型的繪圖軟體因為需要輸入參數來建構形狀，因此多半又被稱為「**參數式建模軟體**」。

圖 1-1　常見的 CAD 建模軟體有業界較常使用的 Solidworks、Pro-E、CATIA 或是免費的 FreeCAD、Onshape 等

Polygon（多邊形）

　　這類型的軟體顧名思義，是利用一塊塊的多邊形表面，來建構我們所看到的立體物件。

特點

- 繪圖技巧是以類似捏黏土的方式建立基礎形狀後再透過細部的**拖拉頂點（Vertex）、邊（Edge）或是面（Face）**來進行細部微調並修正成我們希望的造型。
- 多半用於繪製動畫物件或是人物模型，在繪製有機體外型時也可以細緻地微調物體外觀。

圖 1-2　常見的 polygon 建模軟體有 3Ds Max、Maya 或是免費又強大的 Blender 等

CAID 電腦輔助工業設計（Computer-aided Industrial Design）

　　介於 CAD 和 Polygon 中間的是 CAID 類型的軟體，這類型的軟體強調工業物件的設計能力。

特點

- 增加了曲線、曲面以及直觀造型上的設計能力，使設計出來的物件可以更接近設計師的想法。
- CAID 軟體通常不會主動維持參數之間的關連性，所以擁有比較多的自由度。
- 可以與 CAD 軟體進行物件的數據格式交換，因此 CAID 軟體可以當作與 CAD 軟體互相配合的 3D 軟體。
- 提供使用者增加「外掛軟體」的選項，因此使用者可以依照自己操作上的喜好來調整設計物件，讓設計型式更加多樣，但同時也稍加複雜。

圖 1-3　常見的 CAID 軟體有 Rhinoceros、AUTODESK - ALIAS DESIGN 等

1-2　Onshape 3D 建模軟體介紹

　　Onshape 是一套 CAD 類型的 3D 建模軟體，它是由 Solidworks 的前 CEO Jon Hirschtick 與 John McEleney 在 2012 年成立的公司，在 2015 年發表他們第一個 Bata 版的 3D 建模軟體，並在 2016 年以 MIT（麻省理工學院）的開源（Open source）認證將軟體進行開源授權。雖然於 2019 年，Onshape 將其軟體販售給 PTC（Parametric Technology Corporation），但依舊提供教育者免費使用等服務。而 Onshape 擁有以下特點，因此對於新入門者將會是極方便的建模軟體。」

TIPS

PTC（Parametric Technology Corporation）成立於 1985 年，旗下有 Pro/ENGINEER、Creo、Windchill、MathCad、PTC Integrity、Servigistics、ThingWorx 等軟體。並於 1999 年開始支援 STEM 教育計畫、2008 年成為 FIRST（For Inspiration and Recognition of Science and Technology）活動企業贊助商，提供參賽學生使用 PTC 軟體，競賽項包括 FIRST 科技挑戰賽（FTC）、FIRST 機器人競賽（FRC）、FIRST 樂高聯盟（FLL）等。

特點

 **易學性**

這套軟體在 Solidworks 舊有的基礎上簡化部分操作程序，因此兩套軟體在使用介面上極為類似，但又比 Solidworks 更平易近人。因此若熟悉 Onshape 的操作，學習 Solidworks，Pro-E 或是一般加工廠商所使用的軟體，其他的軟體會更為容易上手了。

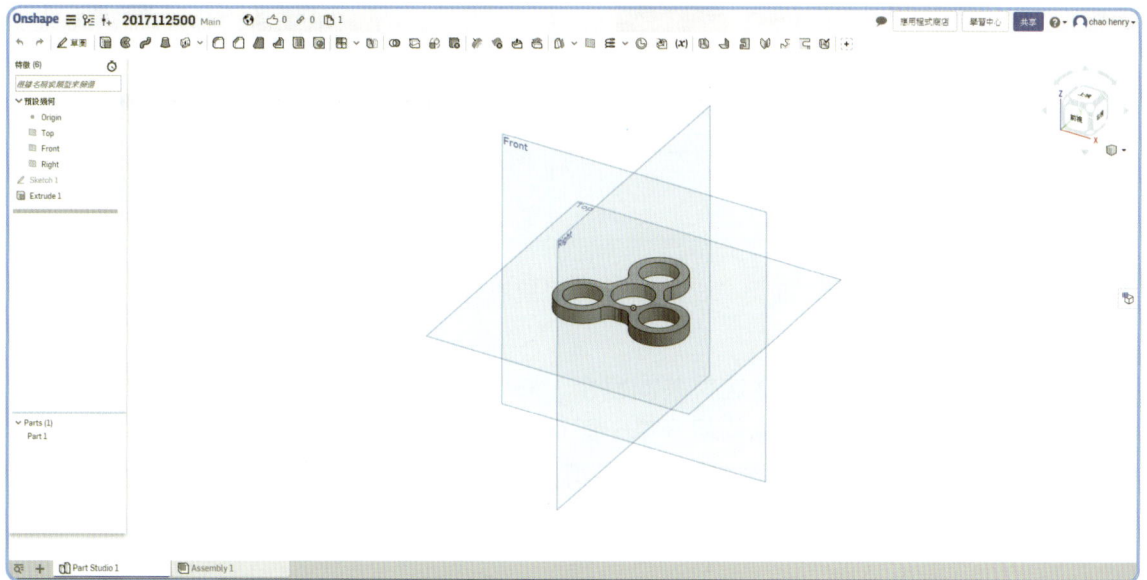

圖 1-4　Onshape 建模介面

 **免費**

由於這套軟體為網頁版，因此使用者不需要進行軟體更新或是改版，即可免費使用最新版本的建模軟體，且網頁版 3D 建模軟體的優點在於，使用者只要有電腦、網路，就可以進行 3D 繪圖。

便利性

Onshape 支援多種平台，除了一般的桌機、筆電可以透過網頁操作外，其他行動載具如 iOS、Android 系統上都有相應的 APP 可供操作，因此在操作上更為便利。

圖 1-5　iOS 與 Android 系統皆有 APP 可供使用

協同合作（共享）

由於支援 3D 建模共同協作，夥伴間可以透過「共享」的功能，將建模中的 3D 物件互相分享，即可在不同的環境、由不同人進行物件的修改與製作。使得 3D 建模不再是一個人的工作，而可以是合作完成的事情。

圖 1-6　Onshape 的共享功能

Chapter 1 學習評量

選擇題（複選）

(　　) 1. 繪圖軟體依照繪圖方式可以分成哪些種類？
　　　　(A) CAD　(B) CAID　(C) Polygon　(D) Sketch。

(　　) 2. 下面有哪些屬於 CAD 軟體？
　　　　(A) Solidworks　(B) Pro-E　(C) Rhino　(D) Blender。

(　　) 3. 要畫動畫建議使用以下哪些軟體？
　　　　(A) 3Ds Max　(B) Maya　(C) Blender　(D) Adobe inDesign

(　　) 4. 下面哪些軟體是免費的？
　　　　(A) Onshape　(B) Blender　(C) 3ds Max　(D) Solidworks。

(　　) 5. 以下哪些事情 Onshape 可以做得到？
　　　　(A) 在手機上用 APP 操作
　　　　(B) 不用存檔
　　　　(C) 和朋友一起編輯圖檔
　　　　(D) 看電影。

實作題

1. 寫看看你操作過幾種 3D 建模軟體？

NOTE

Chapter

開始使用 Onshape

　　Onshape 是一套免費、可共享並支援多平台操作的 3D 建模軟體,接下來我們就一起來看看要如何申請一個自己的 Onshape 帳號,並開始使用 Onshape 來畫圖吧!

2-1　Onshape 版本簡介

　　Onshape 目前提供企業版（Enterprise）、專業版（Professional）、一般版（Standard）和教育版（Education）幾種形式。

企業版 Enterprise
適合處理複雜產品設計團隊的完整設計平台。

特點
- 企業版擁有完整地 CAD 設計功能與管理功能

專業版 Professional
適合需要發布管理的專業人員或企業使用。

特點
- 專業版是 Onshape 的旗艦產品
- 專業 CAD 建模功能
- 管理設計數據和發布各版本設計的方法

一般版 Standard
適合協作需求的人

特點
- 一般 CAD 建模功能
- 適度數據管理

差別
- 建立文件時，一般版的文件狀態僅限「對所有使用者公開」，而教育版的預設為「並非共享的」可以自行決定是否與其他使用者共享。

教育版 Education
適合教師和學生

　　企業版和專業版是需要付費使用的，而一般版和教育版是註冊之後可以免費使用的，在申請免費帳號時，只要在職業的地方選擇「學生（Student）」或「教育者（Educator）」就會進入教育版註冊程序；選擇其他類別則會進入一般版註冊程序。各版本的註冊程序依據可使用的功能不同會有些微差異，但大致可依循步驟完成申請，以下僅針對**教育版**註冊程序作介紹。

2-2　註冊 Onshape 帳號

首先，先進入 Onshape 網站，可以直接在瀏覽器的網址列輸入：「https://www.onshape.com/」或是以「Onshape」為關鍵字搜尋，點選第一條搜尋結果進入網站。

Step 01 進入 Onshape 首頁後會看到右上角有一個框框寫著「REQUEST A TRIAL」（申請試用），點下去就進入帳號申請註冊程序。

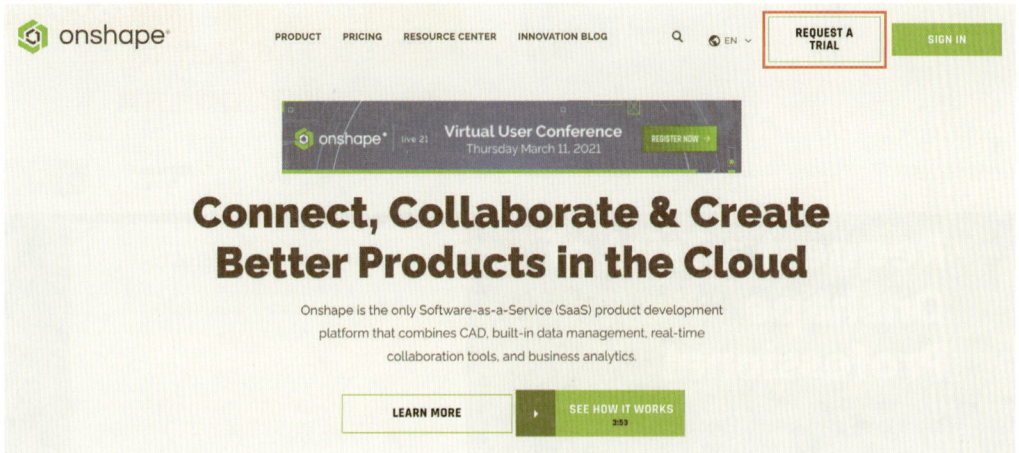

Step 02 進去後會看到希望選擇地區的提問，點選「我所處地區在：」即可（預設是美國）。

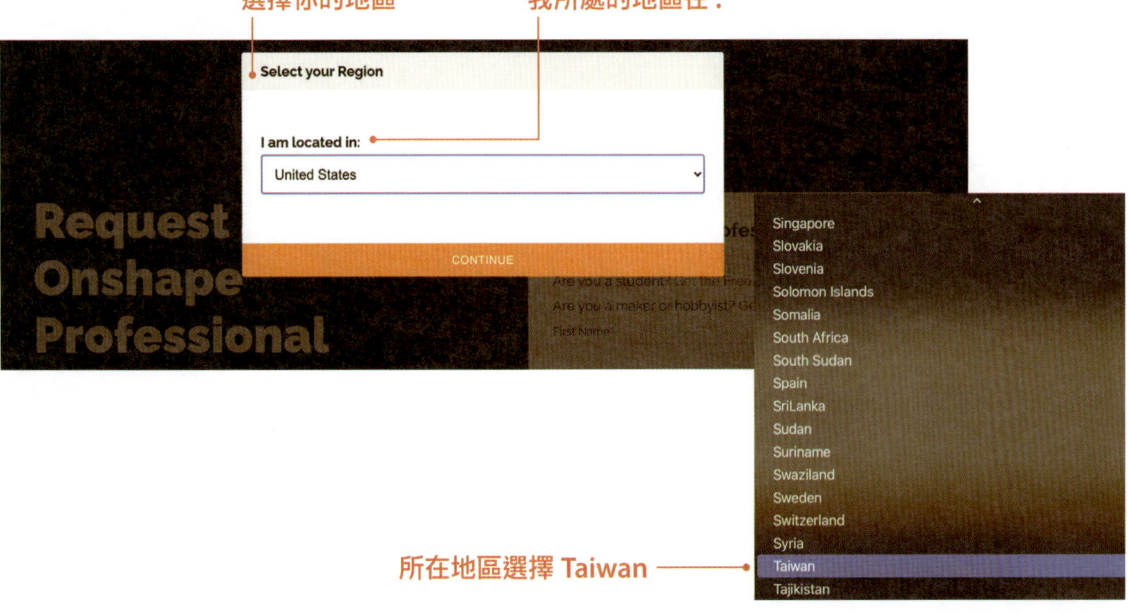

step 03 選擇地區之後，點選確認會進入下方照片中的頁面。在這個頁面請點選右上方兩段英文敘述中的文字中符合您狀況的選項：

1. Are you a student? Get the Free Student Plan.（你是學生嗎？取得免費學生方案案）
2. Are you a maker or hobbyist? Get the Free Public Plan.（你是 Maker 或愛好者嗎？取得免費公開方案）

如果是學校的學生或老師，則點選上方的 Student Plan 即可，如果不是在學校單位，由於後續會請您填寫學校首頁網址，因此建議就用公開方案即可。

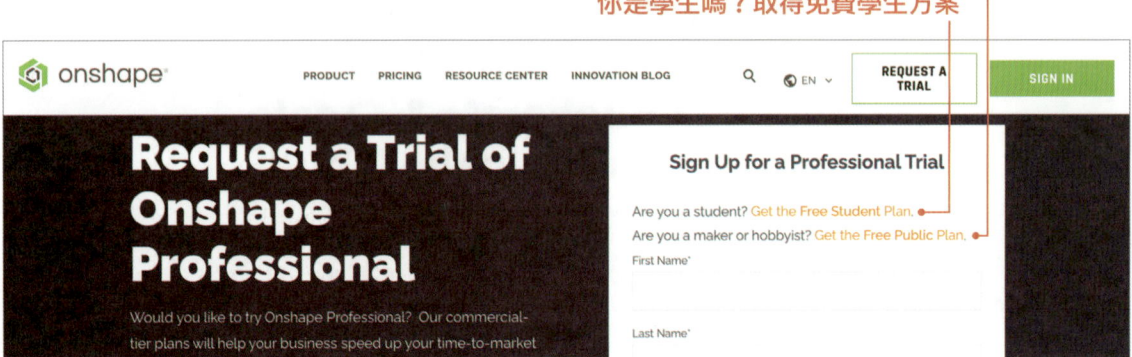

點選 Student Plan 後，會跳到教育版的申請頁面，再點選「Create Free Account」即可。

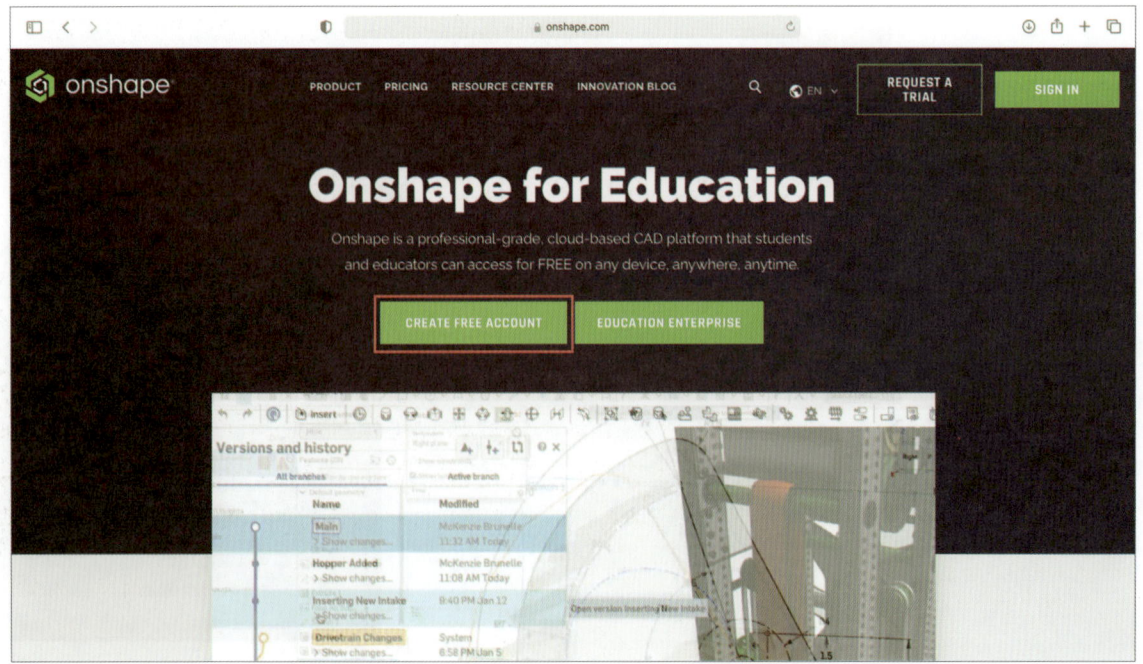

開始使用 Onshape　　Chapter 2　　13

點選 Create Free Account 之後，會出現需要輸入資料的頁面，依照上面的空格輸入即可。

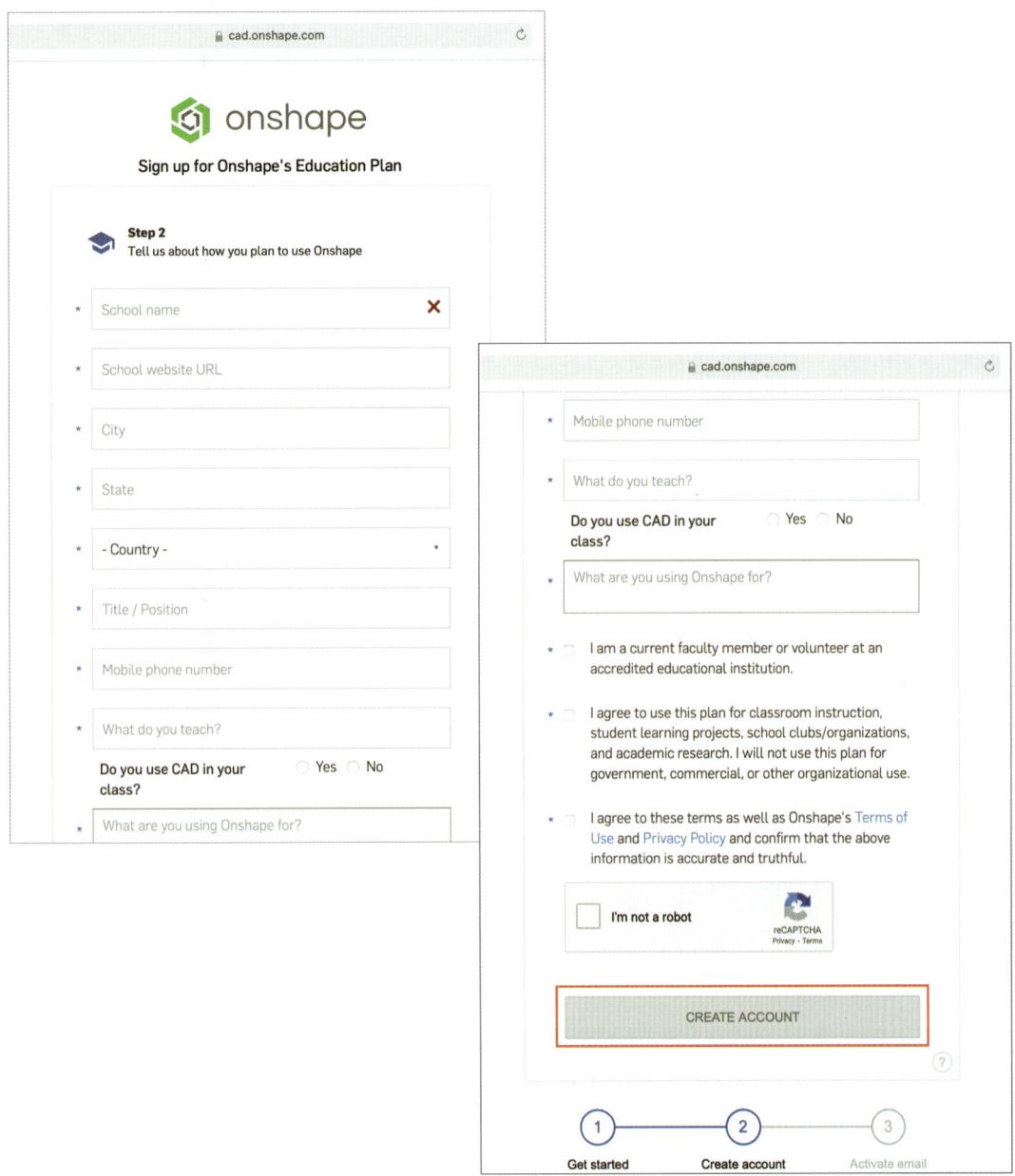

空格都填完後，點選「Create Account」後，就會跳出提醒您去接收認證 email 的息，然就可以到您的電子信箱中搜尋認證信囉。

Step 04

第二階段是驗證與啟用，點擊建立帳號後畫面會顯示一封信件的圖案，代表網站正在寄送驗證信到使用者所填寫的電子信箱。登入自己的收件匣會看到一封主旨顯示：「歡迎使用 Onshape！您的帳戶已準備就緒」的新郵件。點擊郵件中藍色「啟用您的帳戶」按鈕，會自動跳轉到設定 Onshape 帳戶密碼的頁面，依序填妥「密碼」、「確認密碼」和「電話號碼」，再勾選小框框同意 Onshape 條款和隱私政策，就能點選綠色「註冊」按鈕，完成註冊。

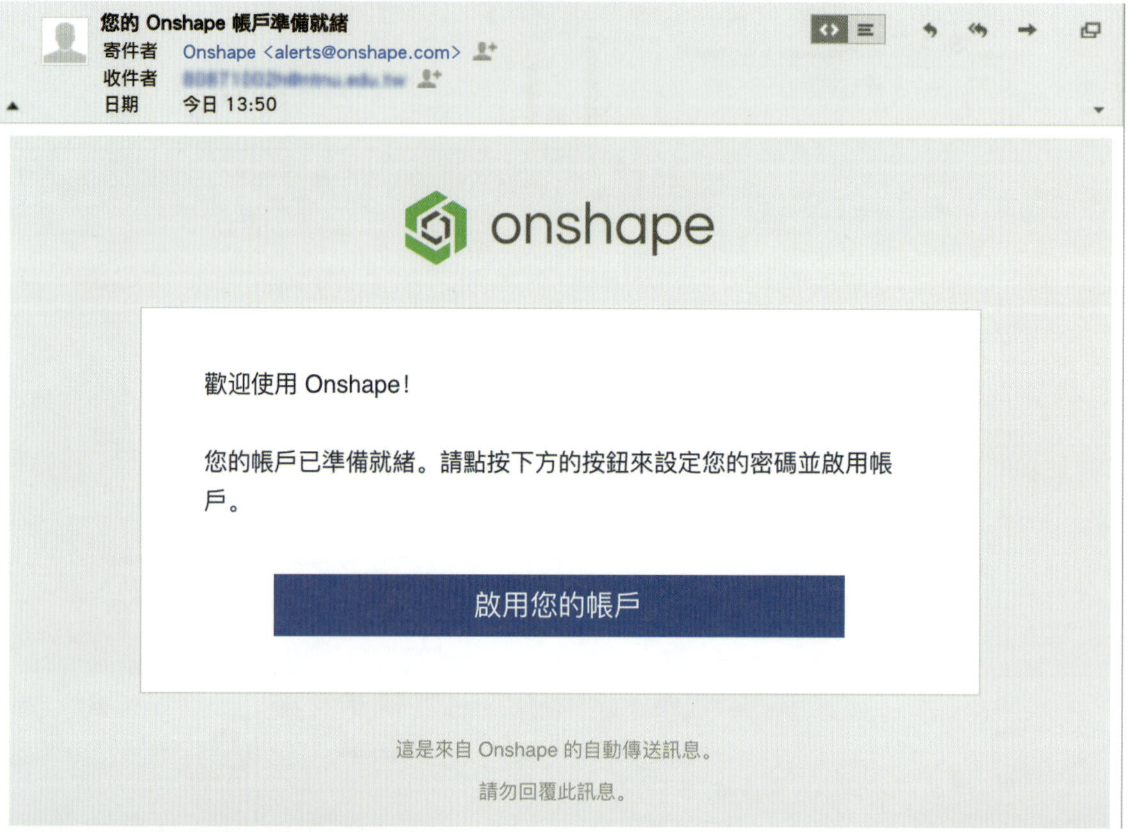

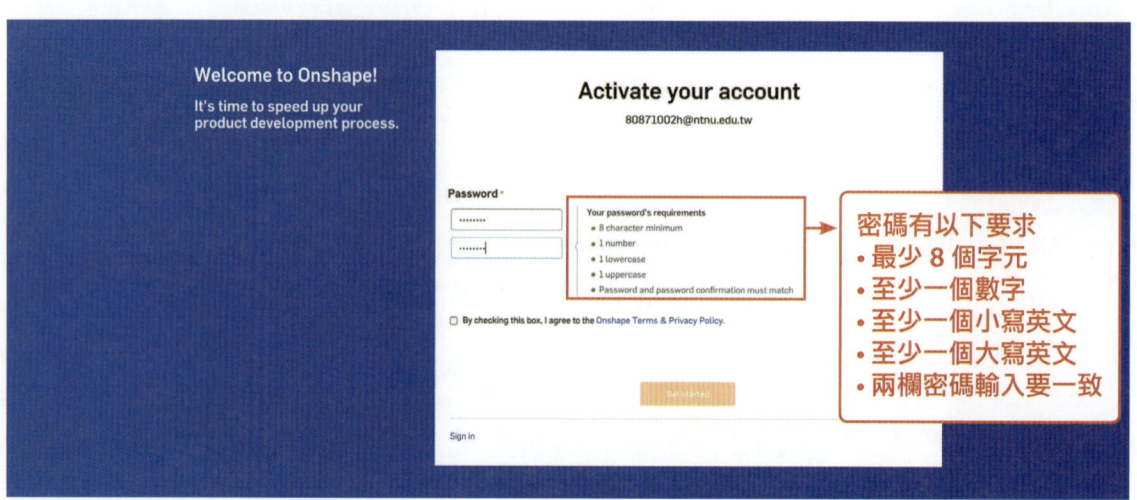

開始使用 Onshape　Chapter 2　15

Step 05　註冊完成之後會進入起始畫面，有提供基本的設定指引。首先會要求單位設定，預設為 inch，而這邊我們依據一般加工單位，改為 millmeter。

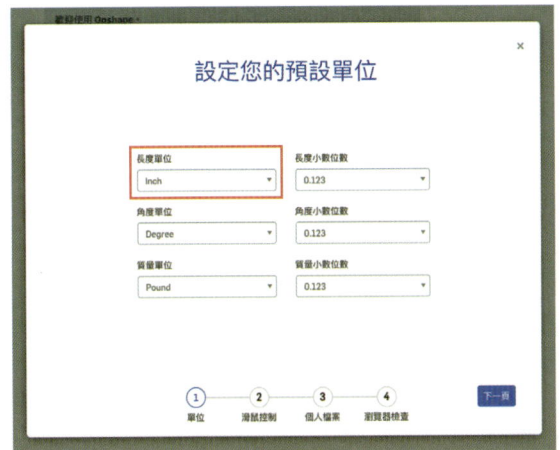 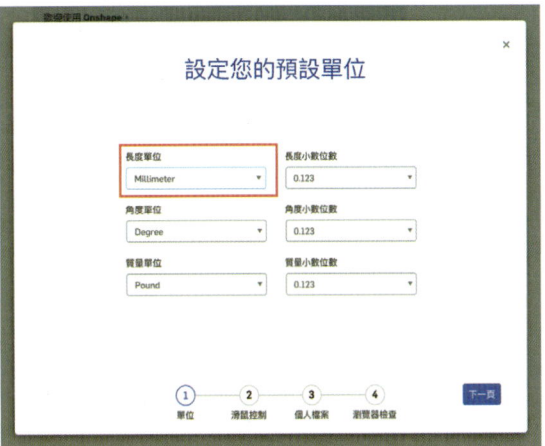

接下來會提示滑鼠設定，由於不同的建模軟體會有不同的滑鼠操作方式，因此這邊提供了不同的軟體預設清單供使用者參考。如筆者自己是以 Solidworks 為平時操作的軟體，在使用時就可以將預設操作方式轉為 Solidworks。

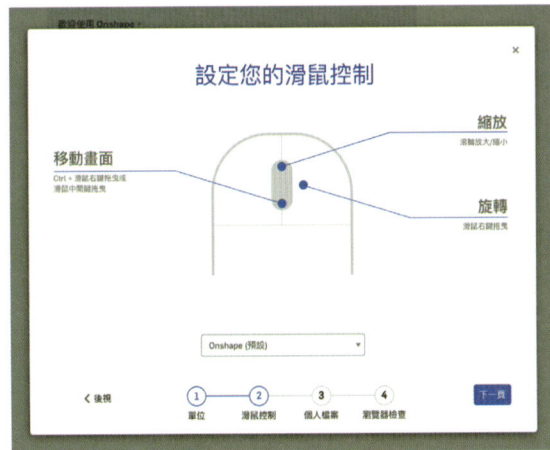 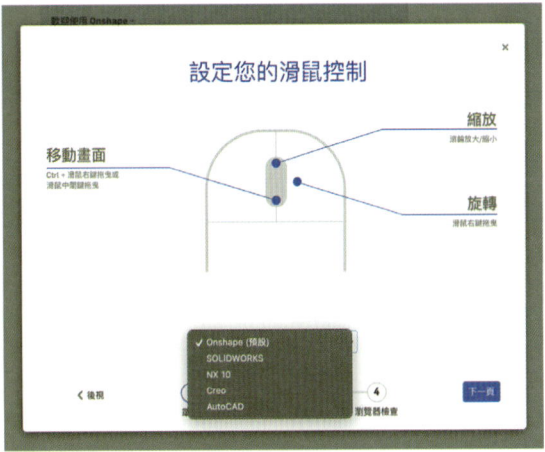

下一個設定為個人資料設定，由於本軟體提供多人協作的操作體驗，因此設定明確且可辨識的名字，可以提供分享被人更容易進行識別。

最後在近幾次更新中有提供瀏覽器測試,會偵測瀏覽器是否有開啟 WebGL。這項設定在現有的電腦中都已經為預設開啟,因此使用者皆不需擔心。

檢測後,我們就可以開始使用 Onshape 囉。

以上的設定之後都可以再修改或調整,操作方式將在下一小節進行說明。

2-3 單位設定與使用介面介紹

基本單位設定

　　Onshape 是一套線上 3D 繪圖軟體，會隨時儲存我們所有的操作，因此不用擔心操作到一半電腦突然當機造成資料損失。而儲存的檔案和進度會出現在這個畫面中的正中央「工作區」，如果重新登入 Onshape 後想編輯原先畫完的物件，只要對著物件點兩下就可以進行編輯畫面。

Onshape 起始介面如下：

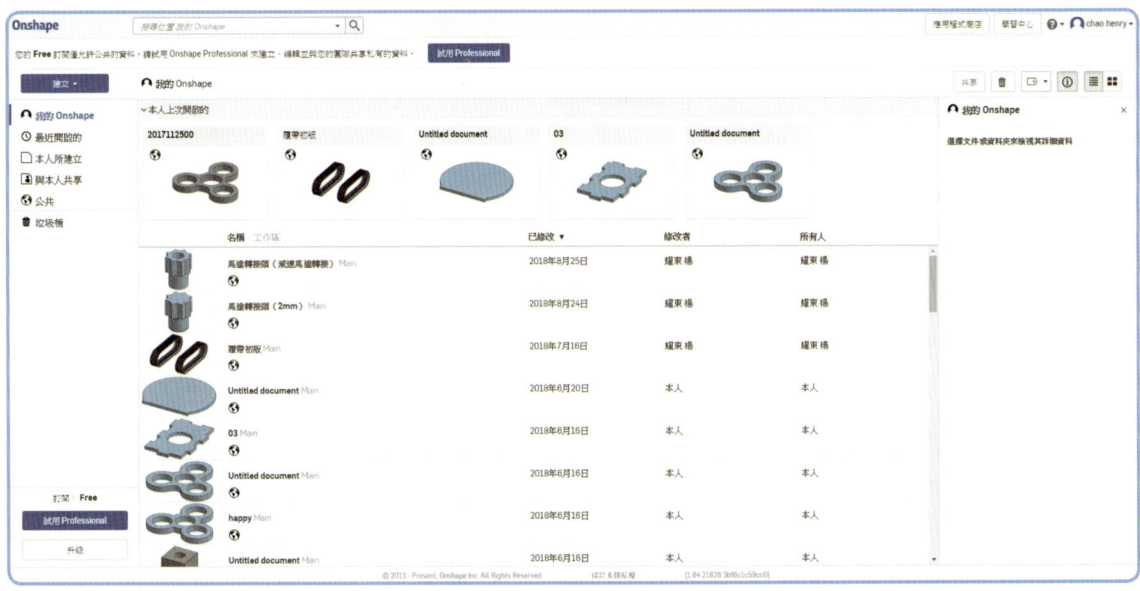

Step 01　在開始使用之前，首先要設定的是單位，點選右上角的用戶名後，會出現「我的帳戶」，點選後進到「我的帳戶」頁面。

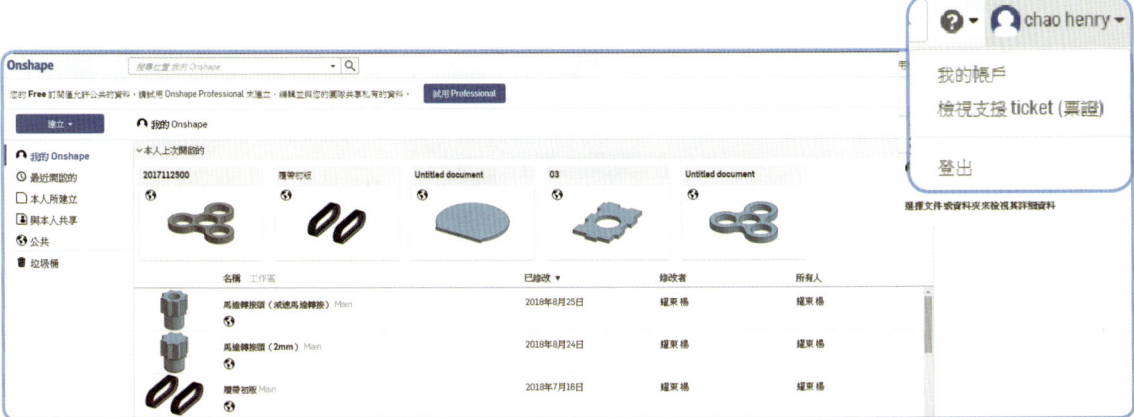

Step 02 點選個人帳戶「喜好設定」，可以將語言改成習慣的語言，修改後務必按下「儲存語言」；另外最重要的「單位」，務必將長度改成「millimeter（mm）」，然後按下「儲存單位」，完成設定後點選左上方 Onshape Logo 就可以回到起始畫面。

Step 03 回到起始畫面後，就可以來準備畫圖。點選畫面左上方的「建立」，選擇「文件」，輸入文件名稱，就可以進入繪圖畫面。

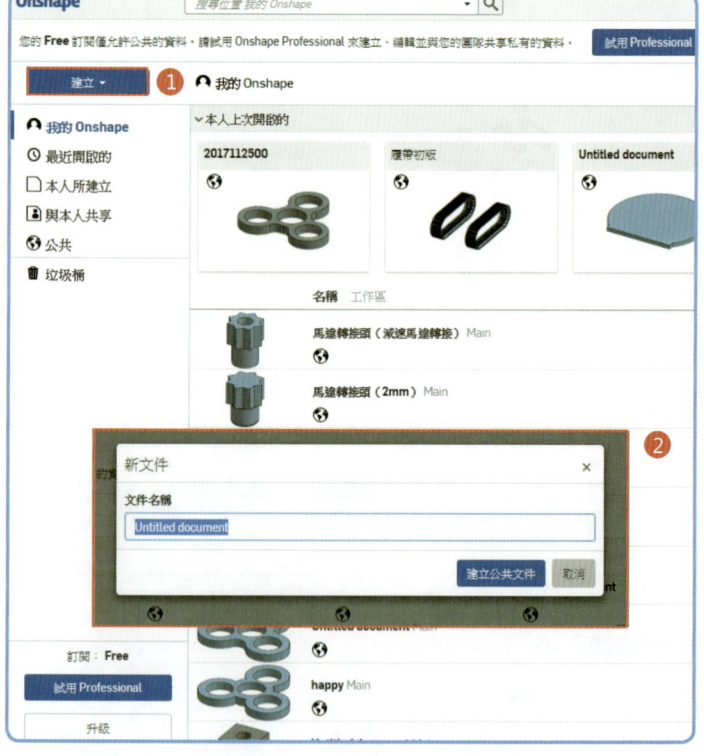

開始使用 Onshape　Chapter 2　19

使用介面解説

　　進入繪圖畫面後，首先注意到畫面分成幾個區域，畫面上方有許多工具的「功能列表」，然後左邊「特徵列」，中間則為「工具區」。基本上剛開始的時候，Onshape 的操作就只有這幾個區域，而功能表列會依據操作需求呈現「立體物件區」或「草圖物件區」。Onshape 使用介面如下：

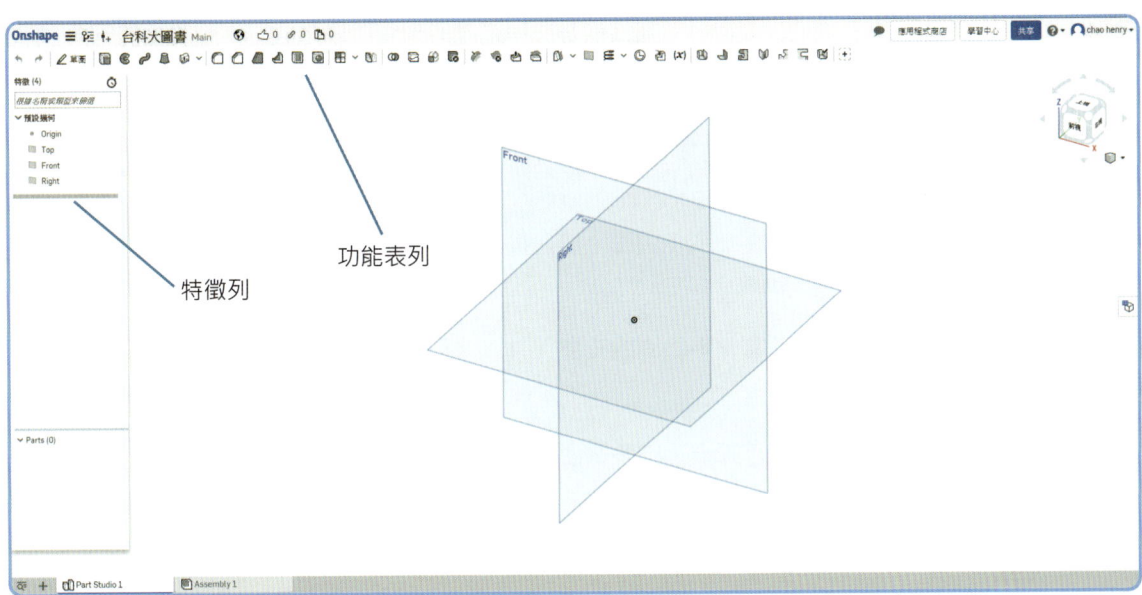

立體物件區

表 2-1　Onshape 立體物件區

標號	圖示	名稱	功能說明
1		擠出	伸長直線或曲線來擠出草圖範圍或平面以建立、加入、移除或是讓兩個零件相交。
		旋轉	相對於一中心軸旋轉草圖或平面來建立、加入、移除或於相交零件；或是相對於一中心軸旋轉直線或曲線來建立曲面。
		掃出	沿著路徑掃出草圖範圍或一平面來建立、加入、移除或是相交零件；或沿著路徑掃出直線或曲線來建立曲面。

標號	圖示	名稱	功能說明
❶		疊層拉伸	在依序輪廓之間形成一個平滑曲面來建立、加入、移除或相交零件。
		加厚	加厚實體的面、曲面或曲面的面來建立、加入、移除或相交零件。
❷		圓角	以環形、圓錐或是曲率連續的剖切面來建立固定或變化的圓角。
		倒角	在選擇的邊線或面上面建立斜切邊線。
		拔膜	在一或多個面上加入拔膜角度。
		肋材	製作平面間的支撐
		薄殼	移除一個或多個面的填充部分。
		鑽孔	在草圖的多個點上建立簡易的直孔、沉頭孔或埋頭孔。
❸		線性複製排列	在一個或兩個方向規律的重複建立物件、面或特徵。
		環狀複製排列	沿著軸，規律的建立多個物件、面或特徵。
		曲線複製排列	沿著曲線，規律的建立多個物件、面或是特徵。
		鏡射	相對一平面，將物件、面或是特徵進行鏡射複製的動作。
❹		布林	在兩個或是多個物件上執行布林運算。（類似文氏圖的概念）
		分割	分割所選的圖元來建立新的圖元。
		轉移	移動、旋轉、複製或是縮放一個物件。

開始使用 Onshape　Chapter 2　21

標號	圖示	名稱	功能說明
❹		刪除零件	刪除一個或是多個零件。
❺		修改圓角	改變或是移除現有的圓角半徑。
		刪除面	從零件上刪除一個或多個面，並允許修復或保持其為一開放曲面。
		移動面	在一個方向上移動一個或多個選擇的面。
		取代面	用一個面來取代一個或多個選擇的面。
❻		偏移曲面	移動現有的面、曲面或草圖區域來建立新的曲面。
		平面	參考現在的幾何來創建一個新的平面。

草圖物件區

表 2-2　Onshape 草圖物件區

標號	圖示	名稱	功能說明
❶		直線	在兩點間建立一條直線。
		邊角矩形	用對角兩點製作一個矩形。
		中心點矩形	用中心位置與角落來建立矩形。
		中心點畫圓	用中心點與半徑繪製圓。

標號	圖示	名稱	功能說明
❶		三點畫圓	利用在圓周上的三個點來建立一個圓。
		橢圓	建立一個橢圓。
		三點定弧	用三個點來建立一條弧線。
		切線弧	建立一個相切於直線或是弧線的弧。
		中心點畫弧	使用起點，終點與中心點來繪製一條弧線。
		圓錐線	建立一條圓錐線。
		內切多邊形	建立一個定義在內切圓的多邊形。邊數範圍 3~50。
		外接多邊形	建立一個定義在外接圓的多邊形。邊數範圍 3~50。
		不規則曲線	藉由多個點來產生一條不規則曲線，拖曳可以改變其位置。
		不規則曲線點	在不規則曲線上增加控制點。
		文字	建立一個矩形區域來輸入文字。
❷		使用（投影/轉換）	將零件的邊線或面投影至使用中的草圖上。
		相交	選擇一個與草圖相交的面。
		建構線	建立新的幾何建構線，或是將現有的圖元轉換成建構線。

開始使用 Onshape　Chapter 2　23

標號	圖示	名稱	功能說明
3		草圖圓角	在草圖狀態下產生圓角。
		修剪	修剪線條至最近的交點。
		延伸	將線條延伸至最近的交點或是幾何邊線。
		分割	在曲線或線段上之控制點位置分割。
		偏移	製作偏移一定距離的圖元副本。
		溝槽	沿著所選的草圖曲線（包含直線、曲線）建立溝槽。
3		鏡射	相對一直線，建立所選的草圖圖元的鏡射副本。
		線性複製排列	使圖元進行一方向或兩方向的規律複製排列。
		環狀複製排列	使圖元沿著軸規律的複製排列。
		轉移	移動、旋轉圖元
		插入 Dxf 或 Dwg	插入 Dxf 或 Dwg 檔為草圖圖元。
4		插入影像	插入照片。
		尺寸	定義長度、距離、角度等數值。
		重合共點	線段與控制點重合（屬限制條件）。

如何使用滑鼠控制操作面板,如表 2-3 所示,例如針對單一平面轉正的時候,可以用右鍵點選該平面或是左邊特徵列的地方點選該平面,然後按「正視於」,就可以面向你選擇的平面。如圖 2-3。

表 2-3　Onshape 軟體滑鼠操作方式

滑鼠按鍵	操作方式	Onshape 操作方式說明
左鍵	點按	選擇點到的物件（可再點一次或是點平面外部取消選取）
左鍵	長按拖拉	拖拉範圍內的物件選取（可點一次平面外部取消選取）
右鍵	點按	其他功能列表
右鍵	長按拖拉	旋轉視角
中間滾輪	滾動	放大縮小視角
中間滾輪	長按拖拉	平移平面

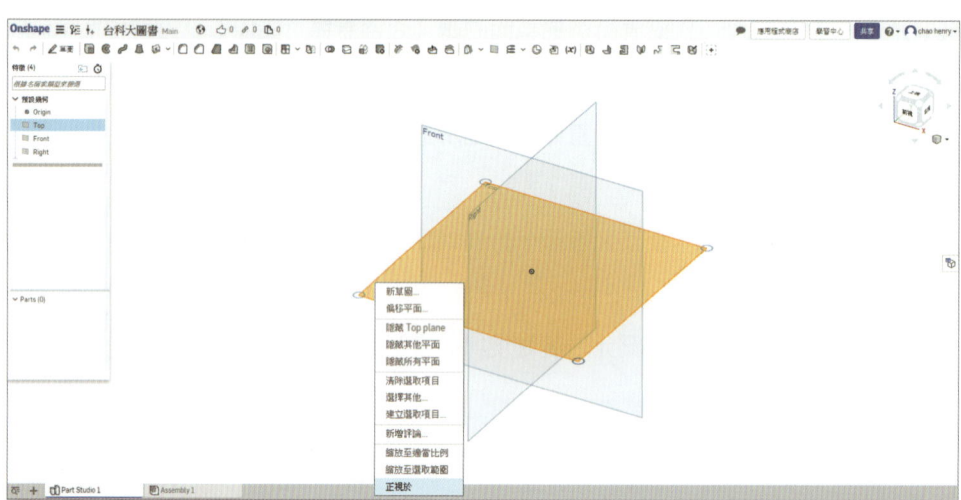

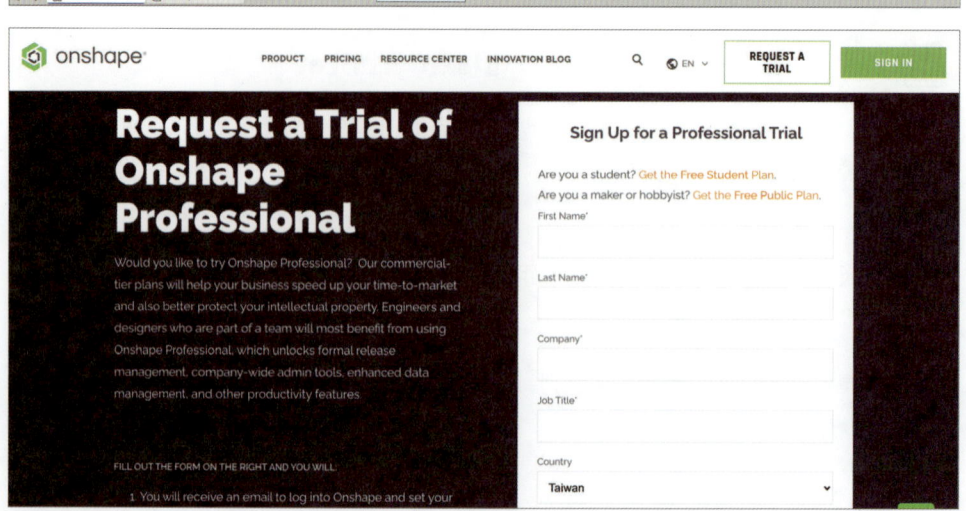

圖 2-1　按滑鼠右鍵,點選「正視於」轉正平面

Chapter 2 學習評量

選擇題（複選）

(　　) 1. Onshape 目前提供的雲端繪圖軟體中,哪些類型是註冊之後可以免費使用的？
(A) 企業版 Enterprise
(B) 專業版 Professional
(C) 一般版 Standard
(D) 教育版 Education。

(　　) 2. 在註冊 Onshape 帳號時,選擇哪些身分可以使用 Onshape 教育版？
(A) Designer
(B) Maker
(C) Educator
(D) Student。

實作題

1. 說明 Onshape 教育版與一般版的差異？

NOTE

Chapter 3 可愛小動物基礎建模操作

剛學習一套 3D 繪圖軟體時總是會讓人有些驚喜有些恐懼,下面我們就一起來畫出一隻可愛的小動物,來學習看看 3D 建模中的基礎操作吧。

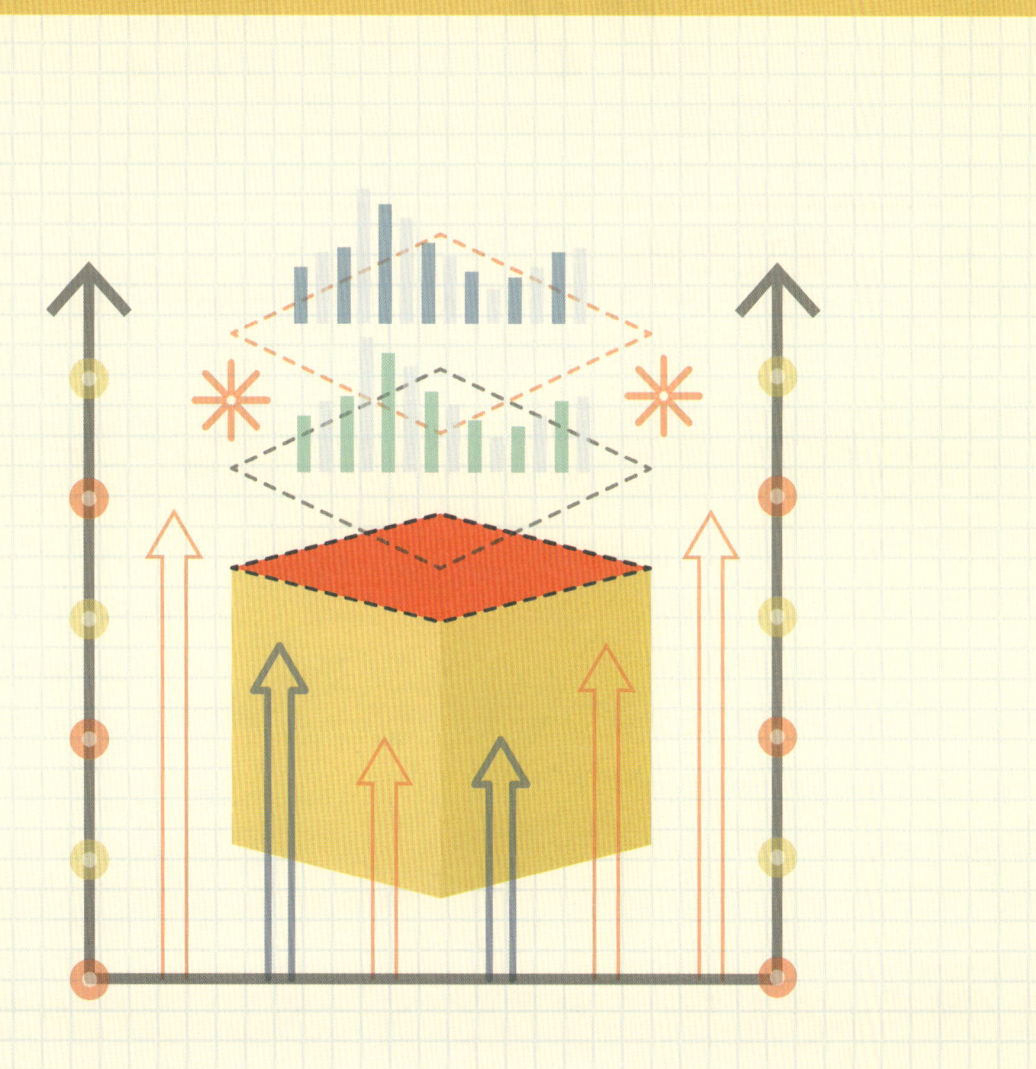

在認識操作介面後,接下來就要開始繪製我們的作品了。在 Onshape 中,我們所有的物件都是從平面開始製作,然後再轉成立體物件。可以回想小時候在看卡通時,卡通人物被壓扁之後會變成薄薄一張紙,然後他再用各種神奇的方式把自己變回立體的樣子,3D 建模時我們就是在做這樣一件有趣的事情。

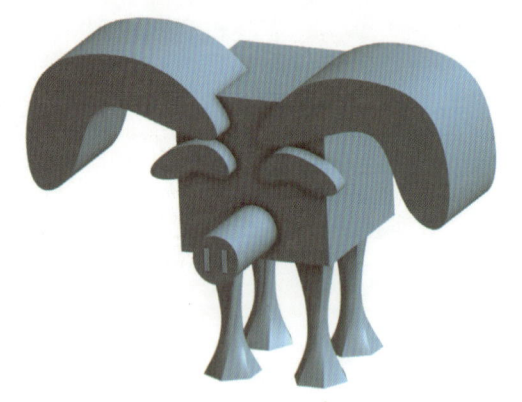

可愛 3D 小動物完成圖

使用功能
1. 新增草圖
2. 擠出(新、新增、移除)
3. 鏡射
4. 疊層拉伸
5. 環狀複製排列

3-1　建立草圖

 01　進入文件後的畫面。

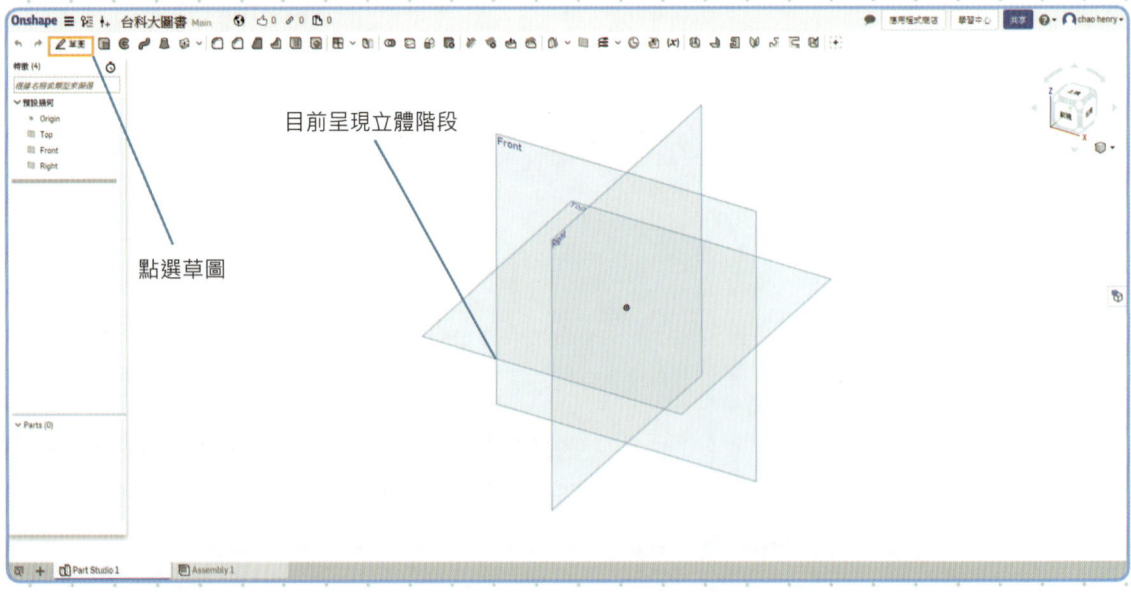

可愛小動物基礎建模操作　Chapter 3　29

　點選草圖後，發現功能表列的立體物件工具變成草圖物件工具，然後呈現特徵方塊與提示訊息。

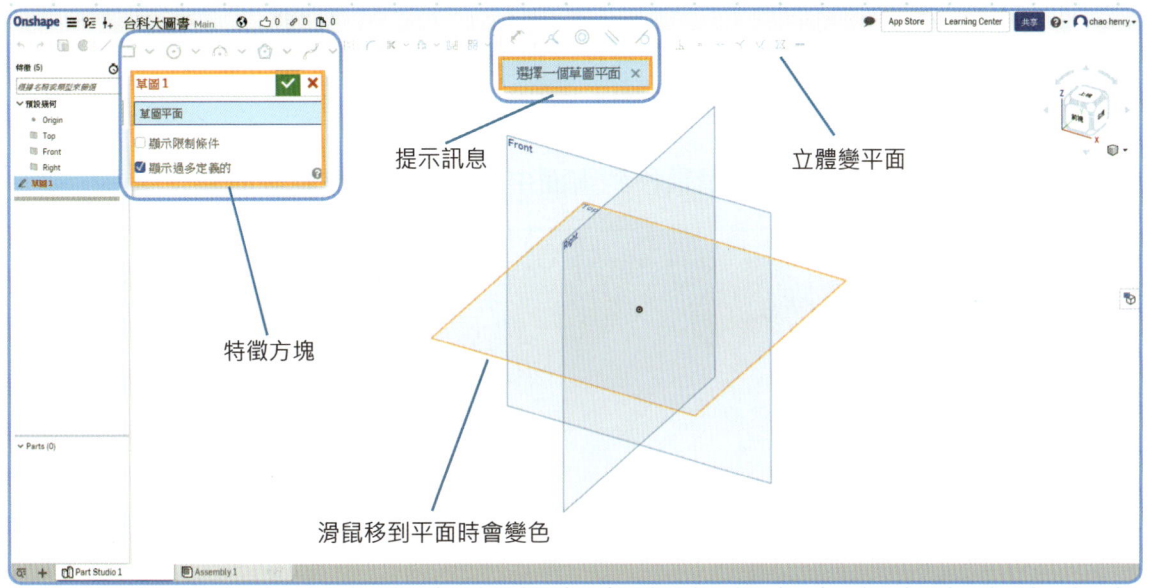

TIPS
當操作如果出現問題時，會自動出現提示訊息於工作區域中央上方。

　點選草圖平面，先點選「上視（Top）」的平面，在平面上點選右鍵，然後將平面轉正，就可以來畫圖了，也可以點選平面後按右鍵，點選「正視於」，就會自動轉正了。

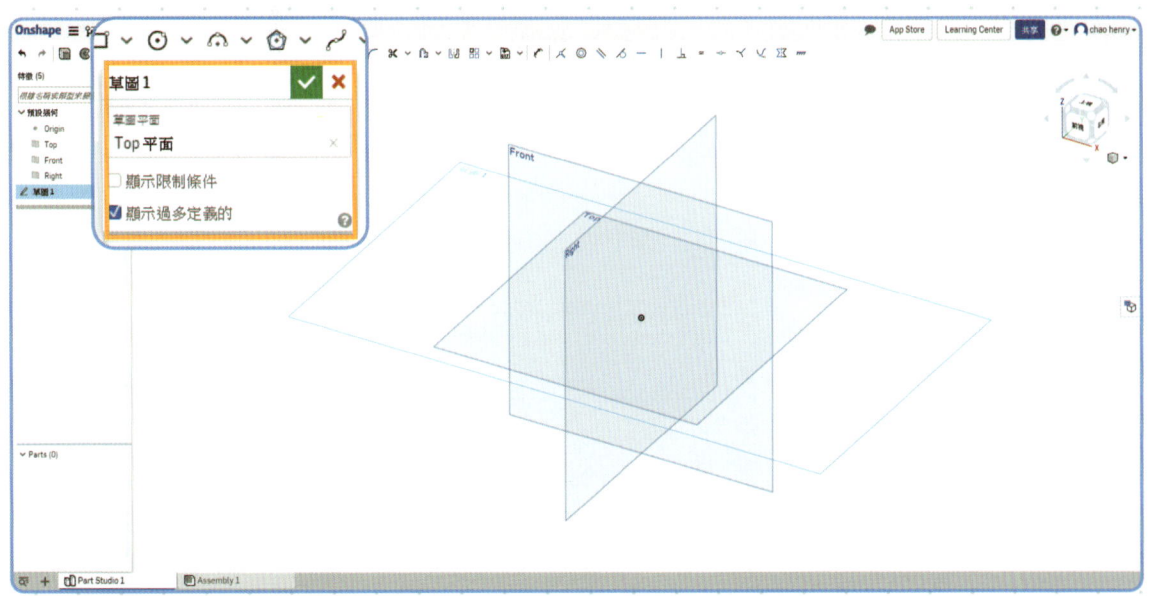

TIPS
當滑鼠移到平面時，平面會變色，這樣可以確保使用者選中正確的目標平面。

3-2 擠出

要完成可愛 3D 小動物，首先要繪製一個立方體，做為身體。而立方體是從正方形變厚長出來的圖形。因此先在草圖上畫出正方形。

step 01 點選中心點矩形，然後將滑鼠移到畫面中央，矩形會自動吸附到正中心。

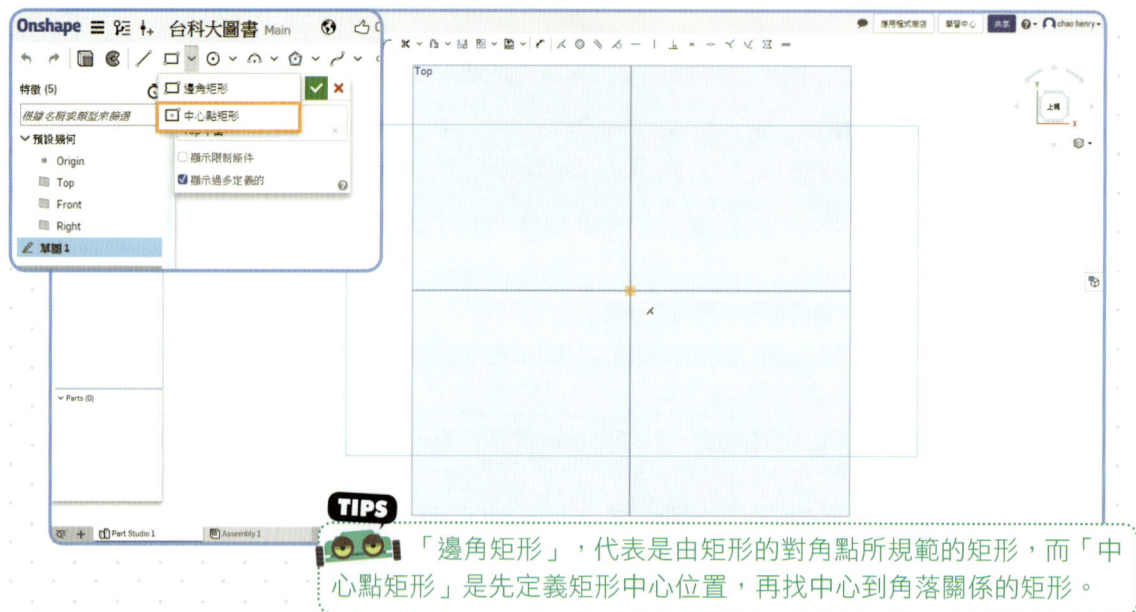

> **TIPS**：「邊角矩形」，代表是由矩形的對角點所規範的矩形，而「中心點矩形」是先定義矩形中心位置，再找中心到角落關係的矩形。

step 02 吸附到正中心後點一下滑鼠左鍵，然後放開，往外移動滑鼠，再點一下。下方自動會出現白底方格，出現可輸入數字的區域。

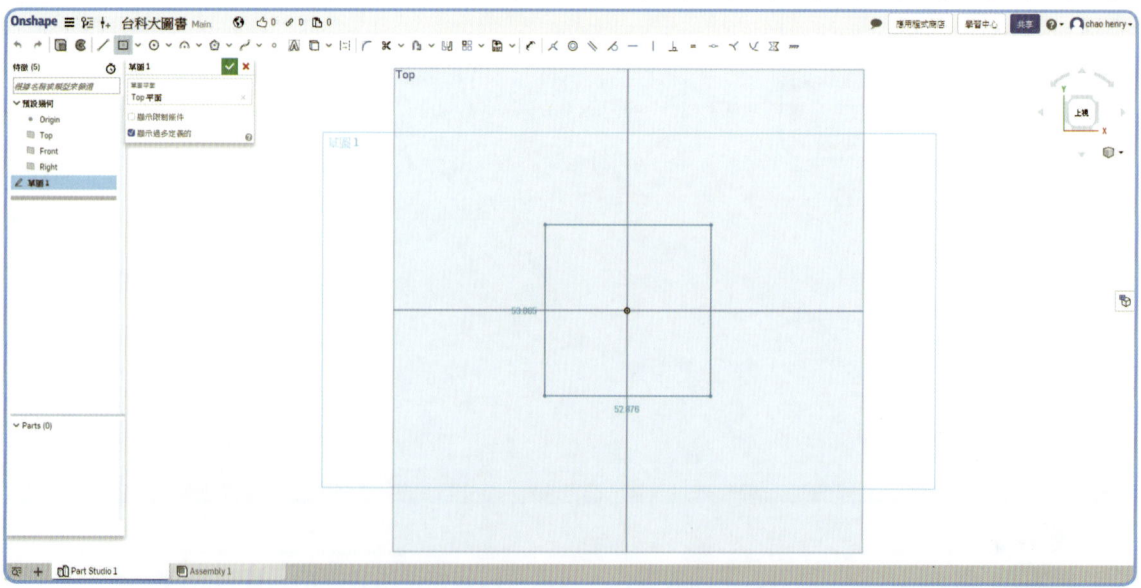

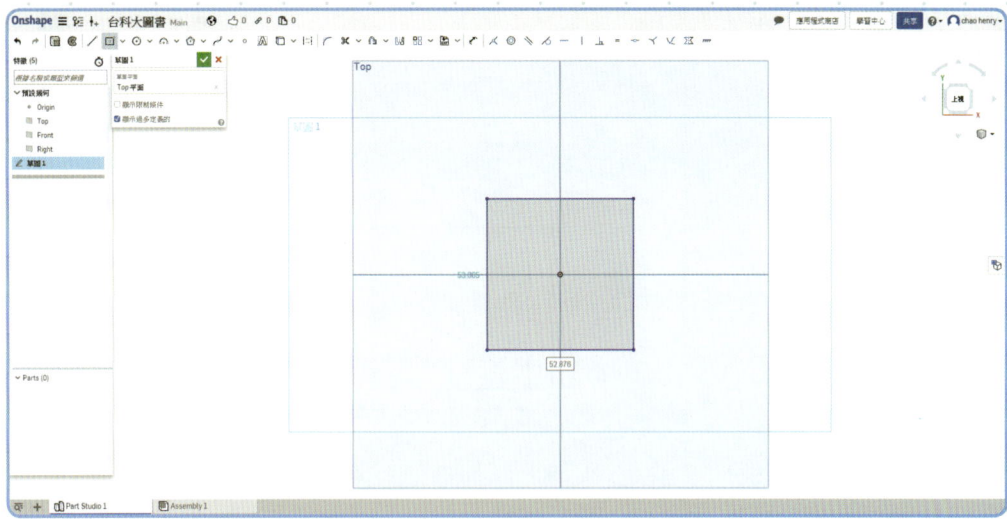

step
03 先輸入「50」，代表「50mm」。輸入完數值後按下 Enter，方格就會跳到左側，再輸入一次 50，按下 Enter 就會得到一個邊長 5 公分的正方形。

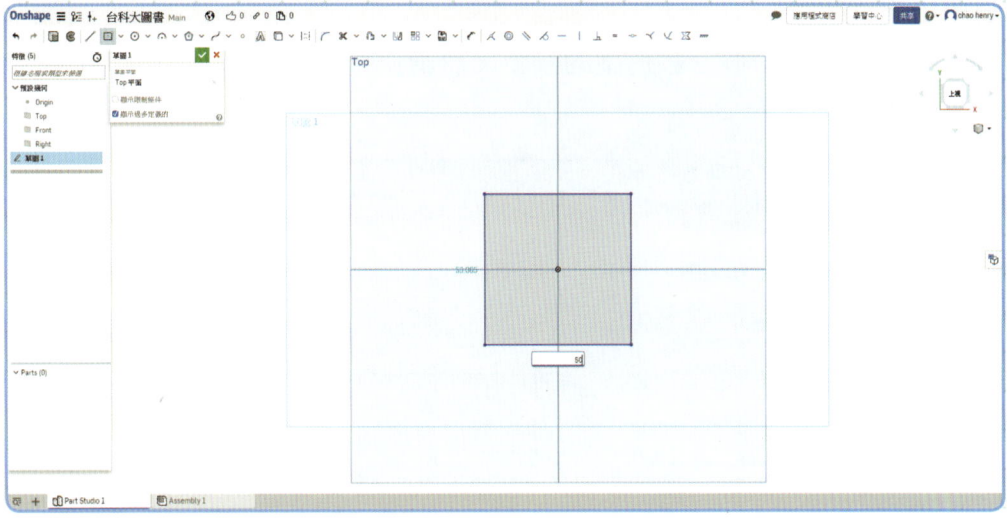

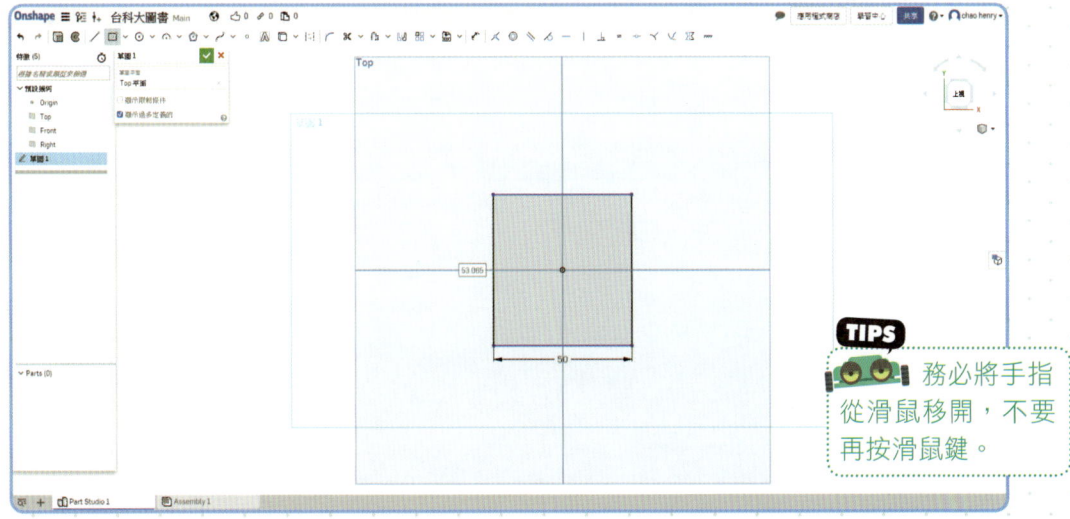

TIPS
務必將手指從滑鼠移開，不要再按滑鼠鍵。

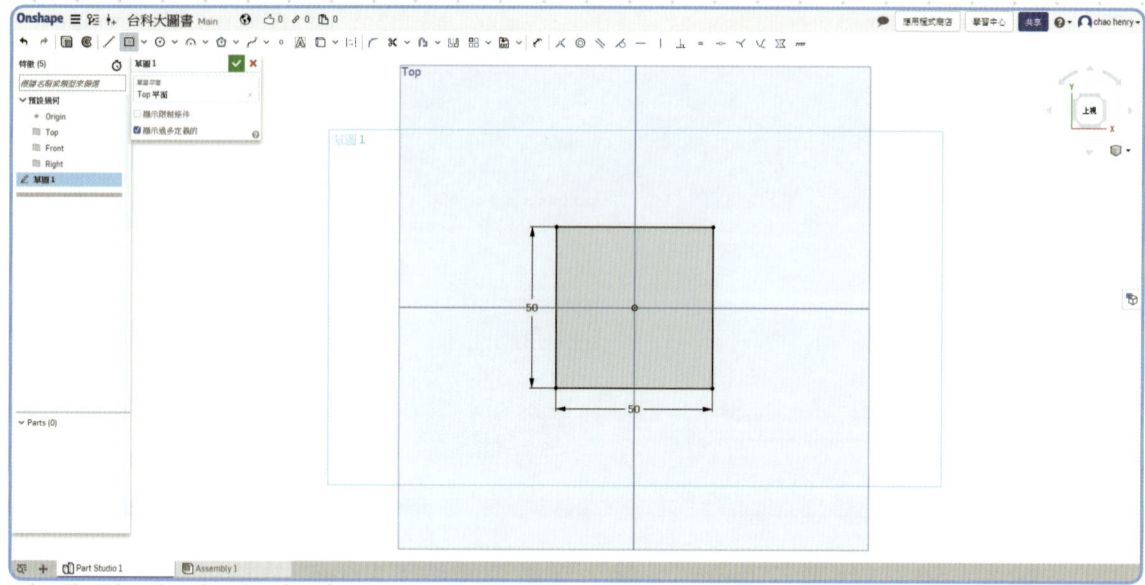

Step 04　功能列左上方有一個立體造型的圖示,將滑鼠移過去會顯示「擠出」。

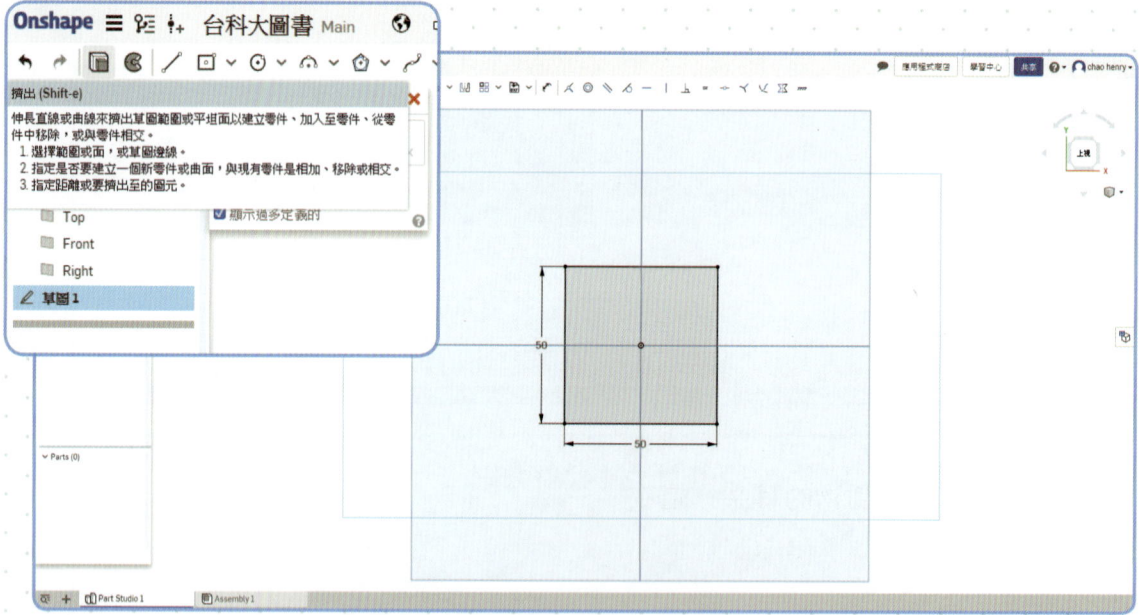

可愛小動物基礎建模操作　Chapter 3

Step 05 點選擠出後，將特徵欄中的數值改成 50，按下「綠色勾勾」即完成正方體。

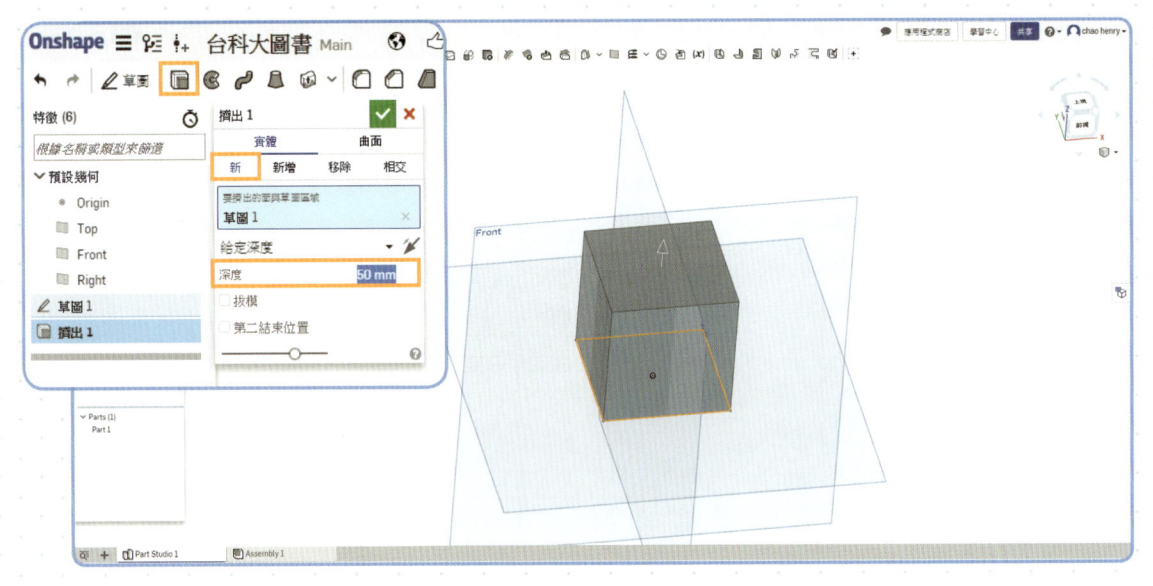

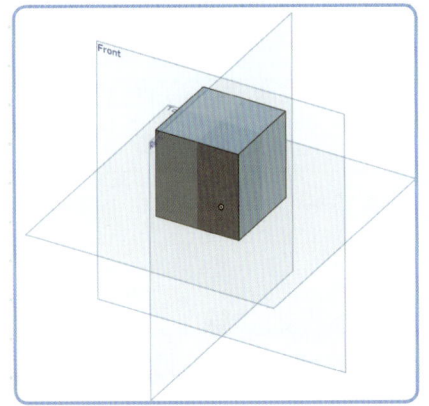

3-3　草圖曲線繪製

接下來要來畫動物的耳朵。這次要練習如何在草圖中畫出曲線造型的耳朵。

Step 01 左鍵點選任何一個面，並按右鍵叫出其他功能表列，點選正視於。

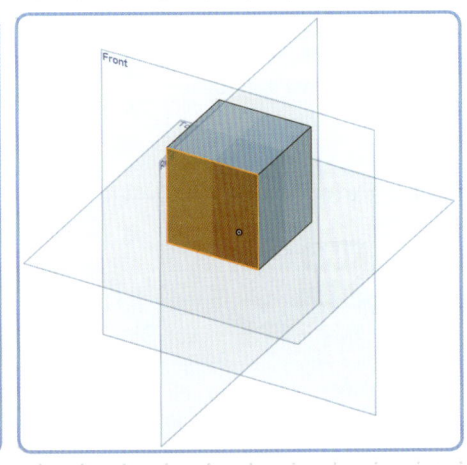

step 02 畫面轉正後，點選左上方的「草圖」，會出現「草圖 2」。

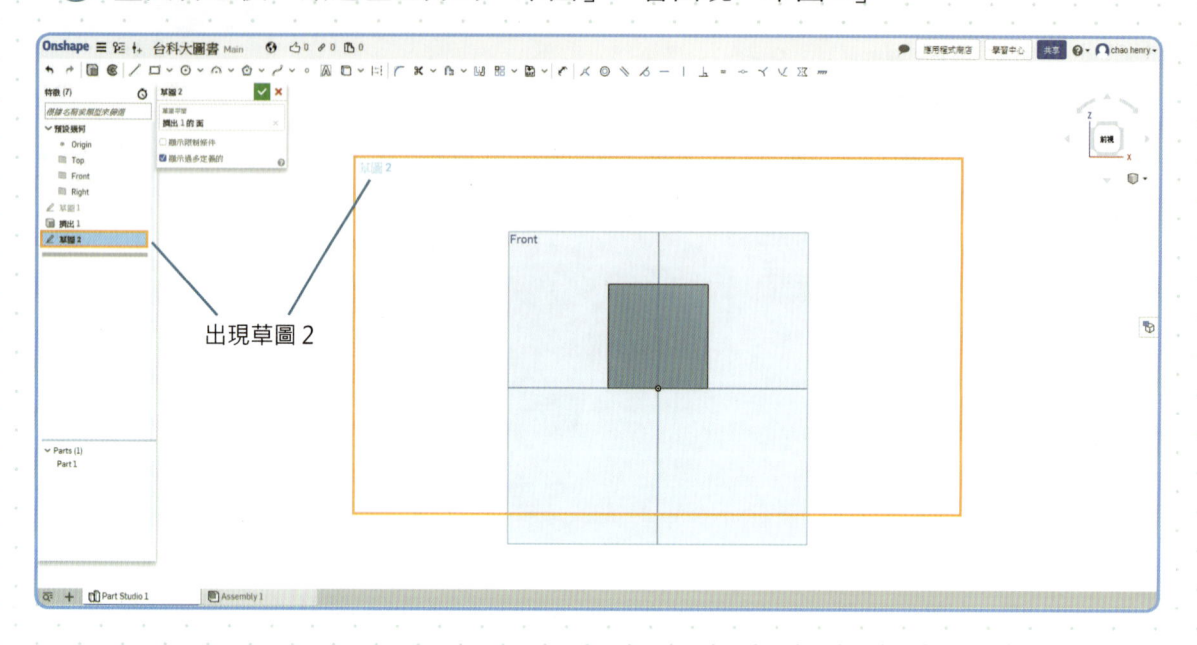

出現草圖 2

TIPS
在任何「平面」上都能創造一個繪圖的平面，並透過畫出的圖形建立立體物件，但是如果選擇了「曲面」則無法創建草圖平面並進行作圖。

step 03 在上方功能表列點選「不規則曲線」，在轉折處按下滑鼠左鍵，放開後移動滑鼠，並點選下一個位置直到形成封閉區域，按下「Esc」之後線條會變成藍色，圍起來的區域會變成灰色，表示封閉。

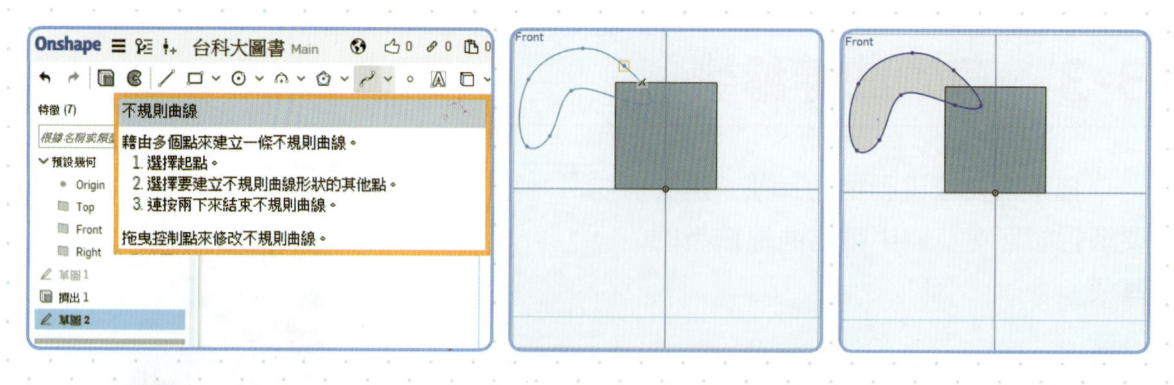

TIPS
如果覺得沒畫好，可以按下「Esc」然後將剛剛畫的地方全選，按「Del」刪除，再畫一次，畫完之後按下 Esc 就可以退出繪圖狀態。

3-4 草圖鏡射

畫完左邊的耳朵後，如果要用不規則曲線在拉出一模一樣的耳朵會有點困難，因此接下來要用「鏡射」的功能來完成右邊的耳朵。

Step 01 點選「直線」，然後在方形中央隨意畫出一條垂直的直線，然後按「Esc」解除繪製直線。

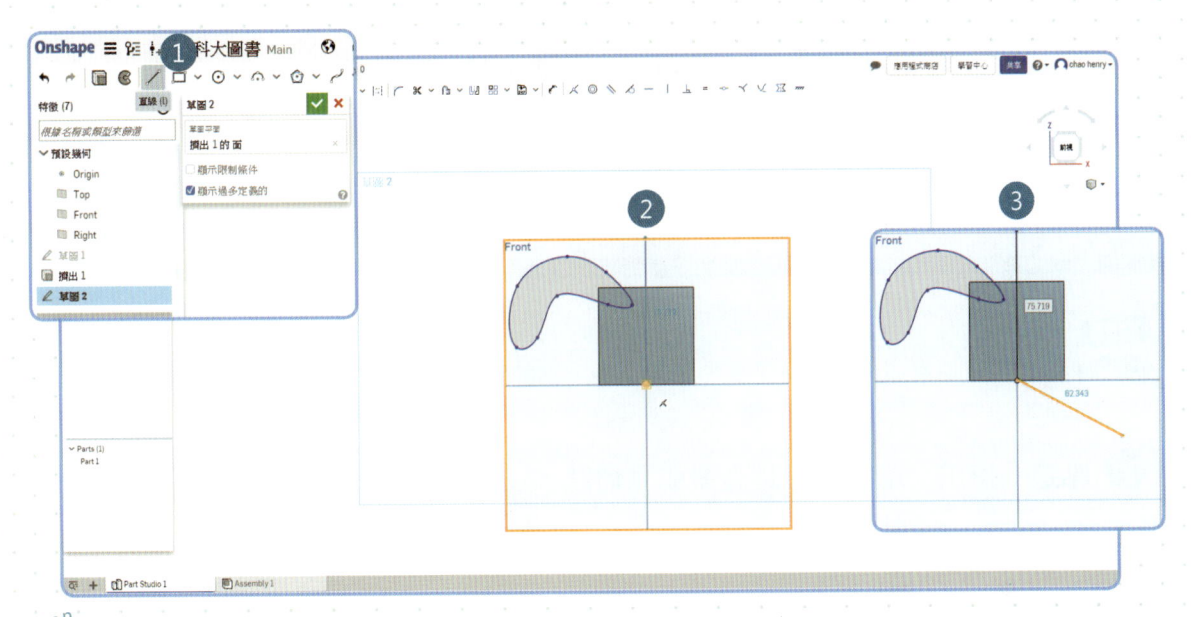

Step 02 接下來點選功能表列的「鏡射」，依照中間出現的指示，先點選鏡射線再選擇我們要鏡射的物件。

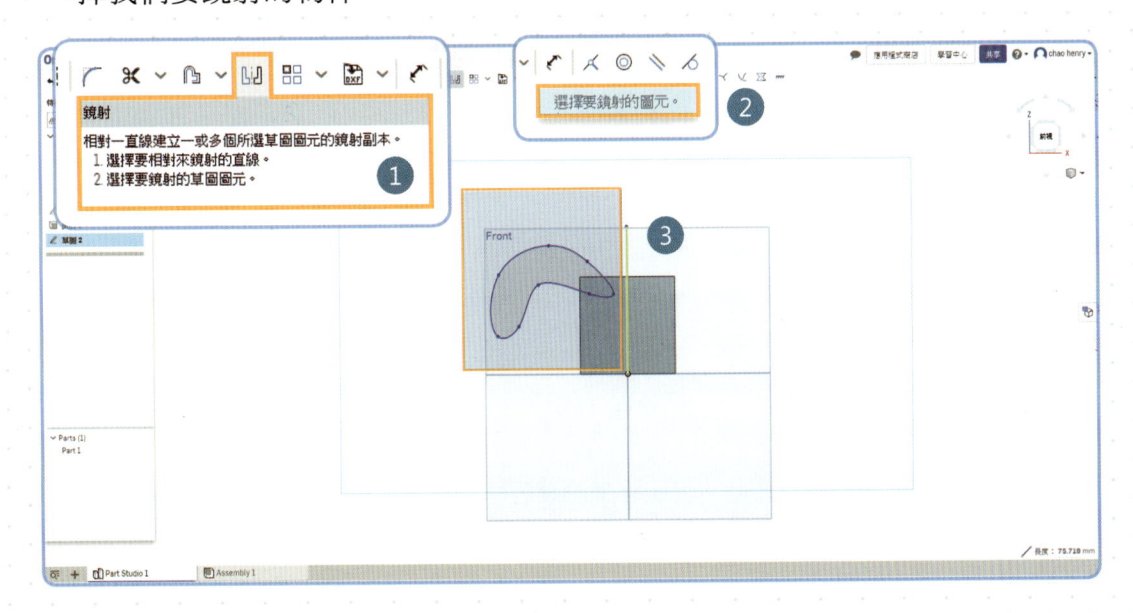

Step 03　物件會自動完成鏡射，按「Esc」即可退出鏡射。

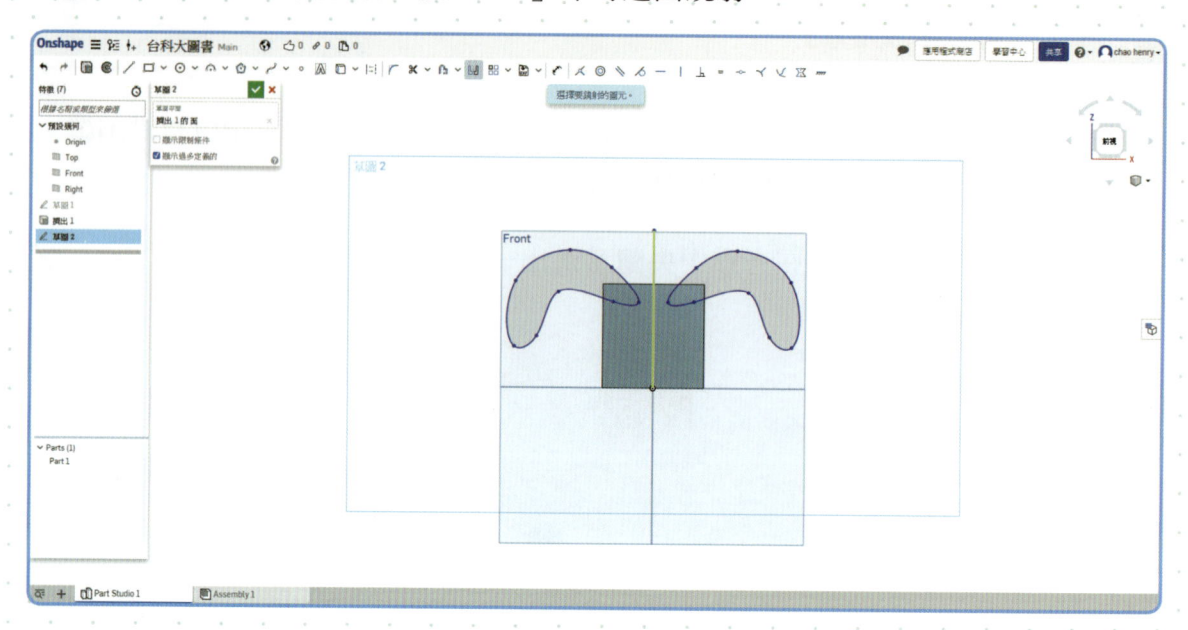

> **TIPS**
> 可以試試看在完成鏡射後，拖拉畫耳朵時所點的點，會發現左右兩邊一起動唷。

Step 04　點選「擠出」草圖二，耳朵變成立體狀，反轉擠出方向。

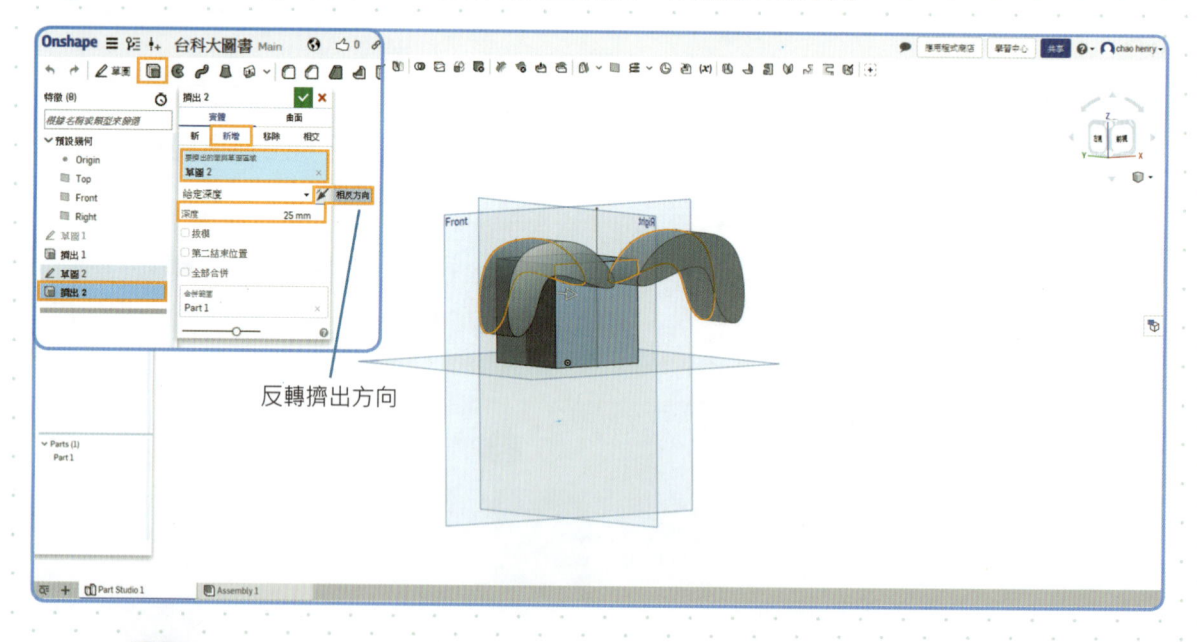

反轉擠出方向

> **TIPS**
> 發現耳朵變成立體狀，而剛剛畫的鏡射線則沒有，這是因為「擠出」中的「實體」中只限於封閉區域。

Step 05
點選「第二結束位置」增加第二方向的厚度（這邊我們向前 10mm、向後 25mm）。

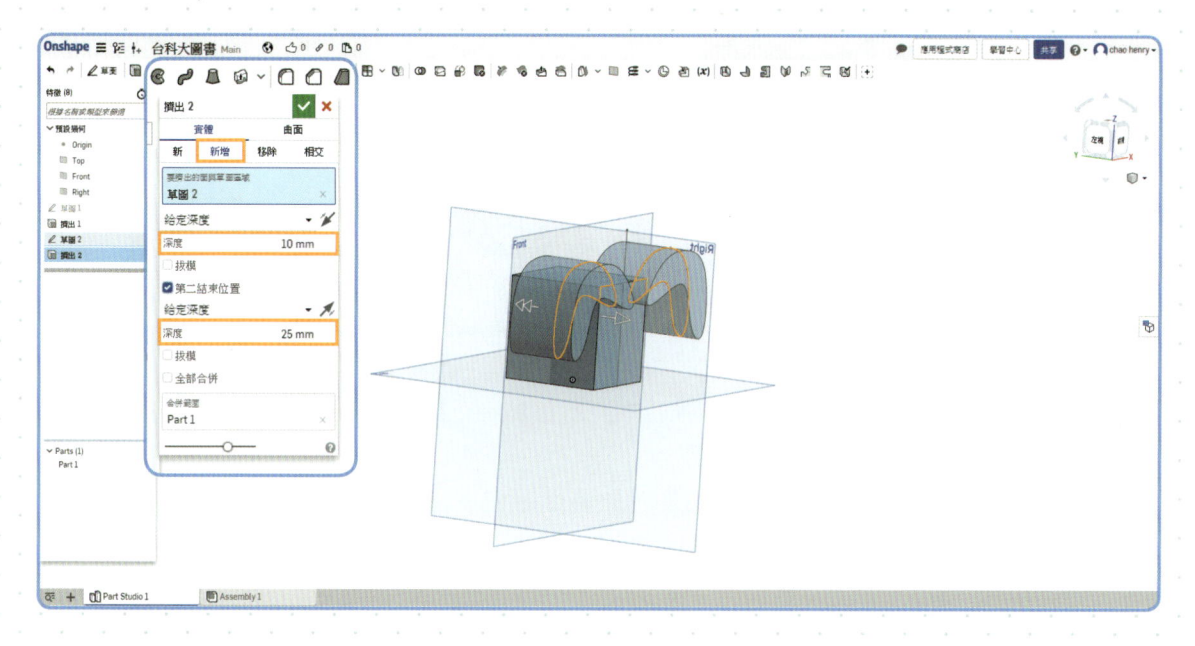

> **TIPS**
> 擠出除了可以調整厚度外，也可以調整擠出方向，點選數字右邊的「雙向箭頭」，就會發現方向改變，另外希望圖形兩側都有厚度，擠出狀態欄裡面有「第二結束位置」，勾選後輸入數值即可。

3-5 立體物件鏡射

畫完耳朵之後，接下來要畫眼睛。眼睛同樣也是左右對稱的，因此可以使用剛剛的草圖鏡射來繪製，但其實還有「**立體物件鏡射**」的功能可以使用。

立體物件鏡射前半部的操作和上面一樣：

1. 先點選方塊平面。

2. 按草圖，在草圖平面左半部畫上左眼。

跟前面不同的是，在這邊要先使用「擠出」，產生一隻只有左邊眼睛的小動物。這時候看看擠出的特徵欄，會發現它現在停在「新增」，我們把它調到「新」會發現剛剛畫的眼睛顏色變得不一樣了，且左下方的物件欄從原先只有「Part 1」多了一個「Part 2」。

動手入門 Onshape 3D 繪圖到機構製作

Step 01 畫出左眼的草圖。

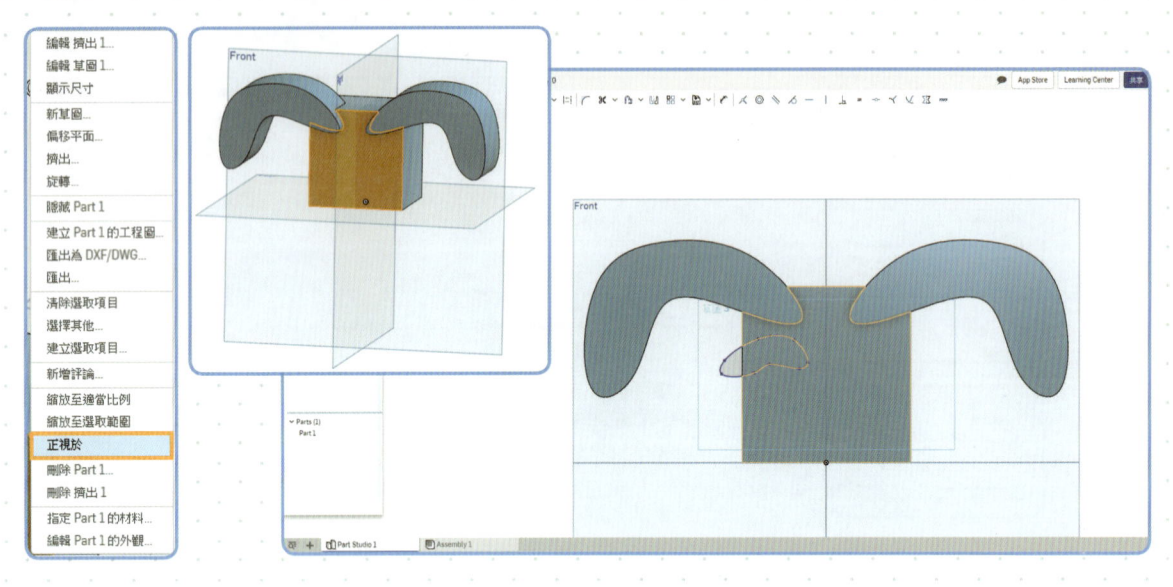

Step 02 按擠出後跑出左眼，將上方的選項從「新增」改成「新」，按下「綠色勾勾」之後，會發現左邊眼睛的顏色與其他身體部位不同。

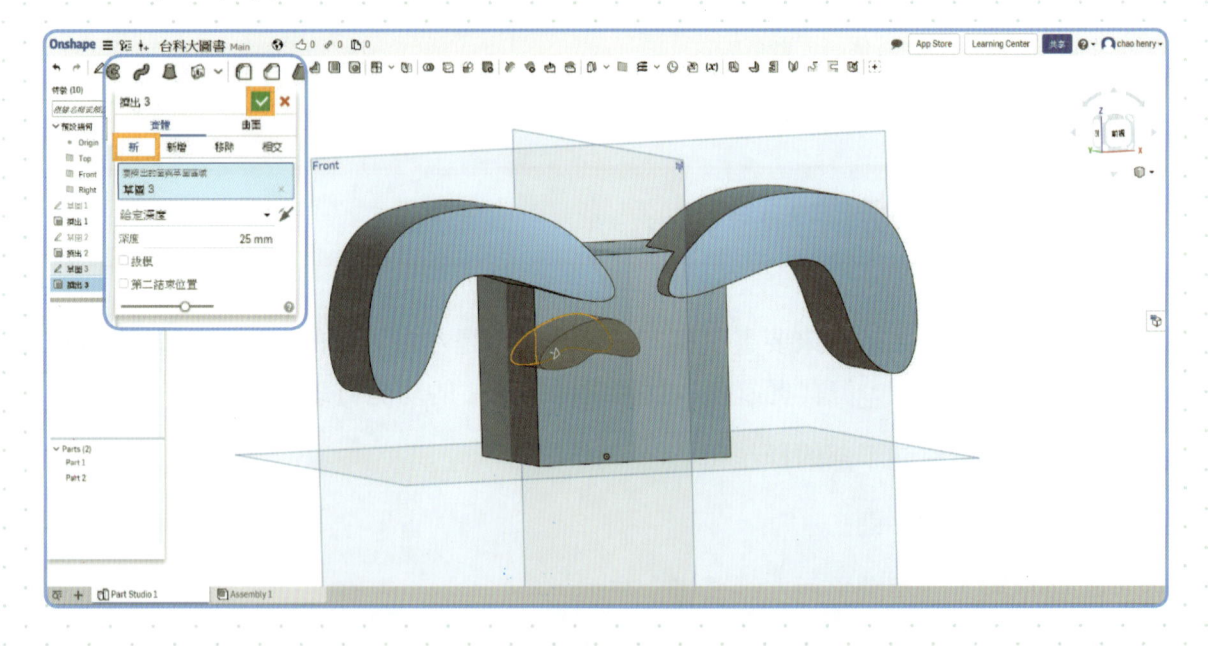

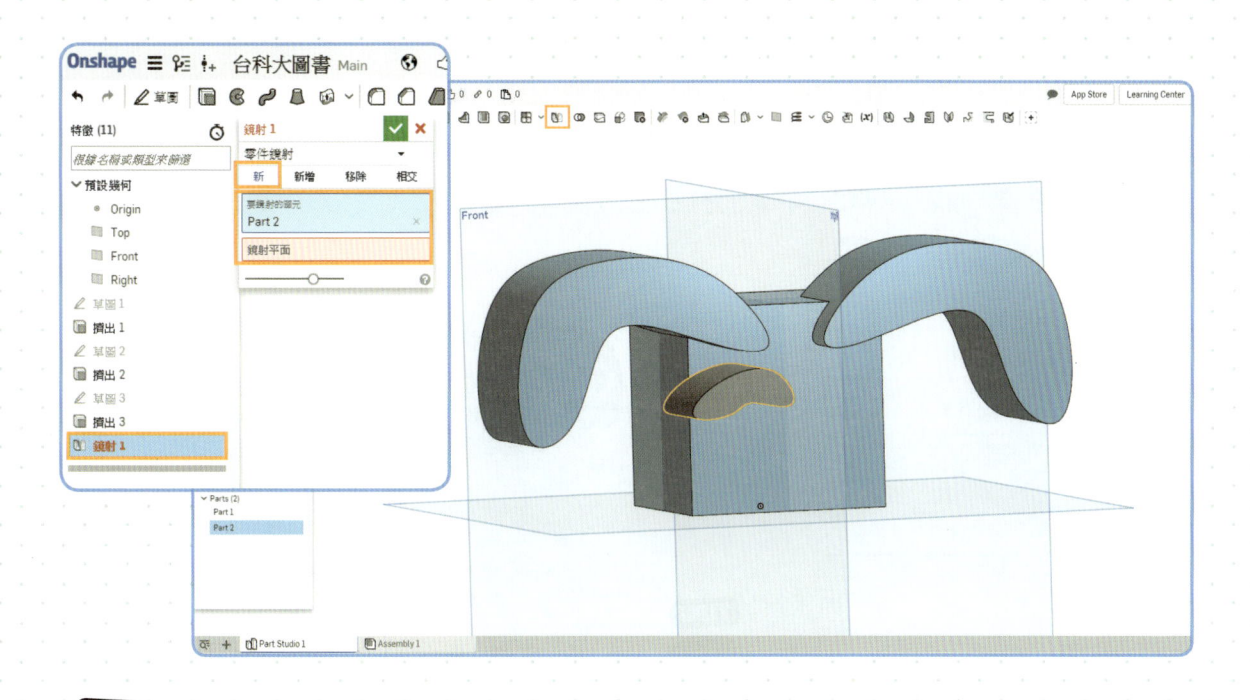

可愛小動物基礎建模操作　Chapter 3　39

> **TIPS**
> 「新增」代表最後擠出的部分是「增加」在原先我們選擇的物件上；換到「新」則代表獨立的物件，因此顏色不同，在定義上就是一個新生出來的物件，因此會成為 Part 2。

Step 03 點選上方功能表區的「鏡射」，左上方會出現特徵欄。先點選上方要鏡射的物件，再點選下方框框，選擇「鏡射面」。

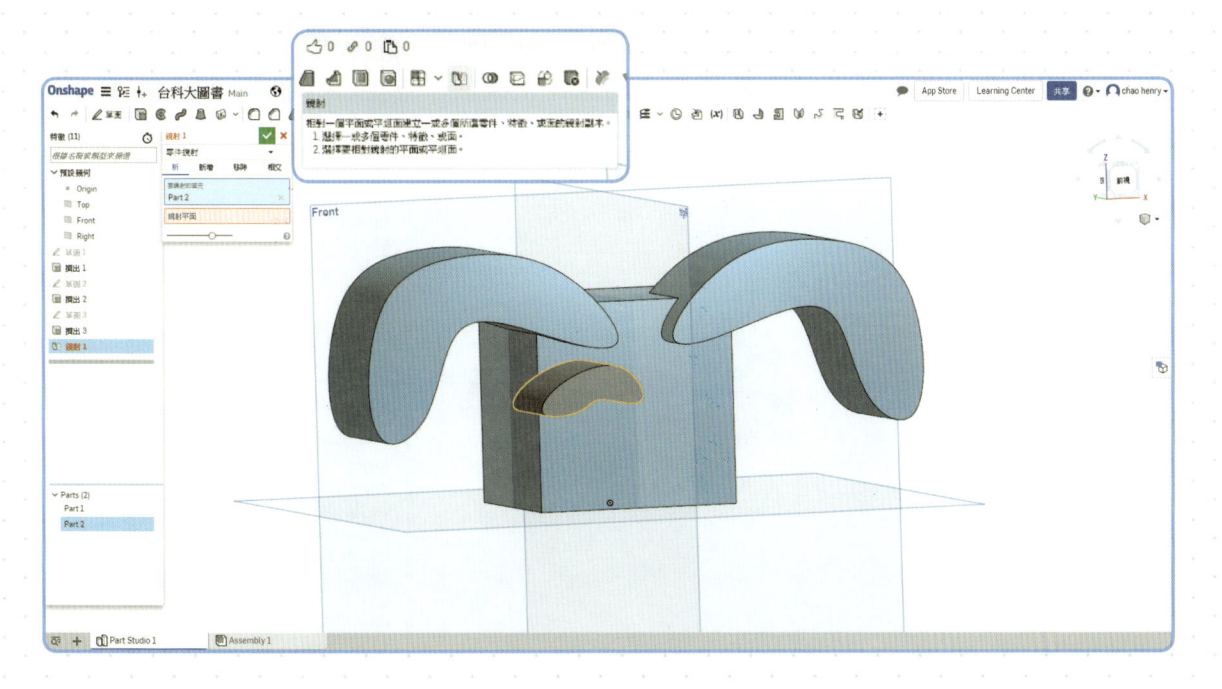

step 04 將「新」改成「新增」，眼睛就會鏡射過去。

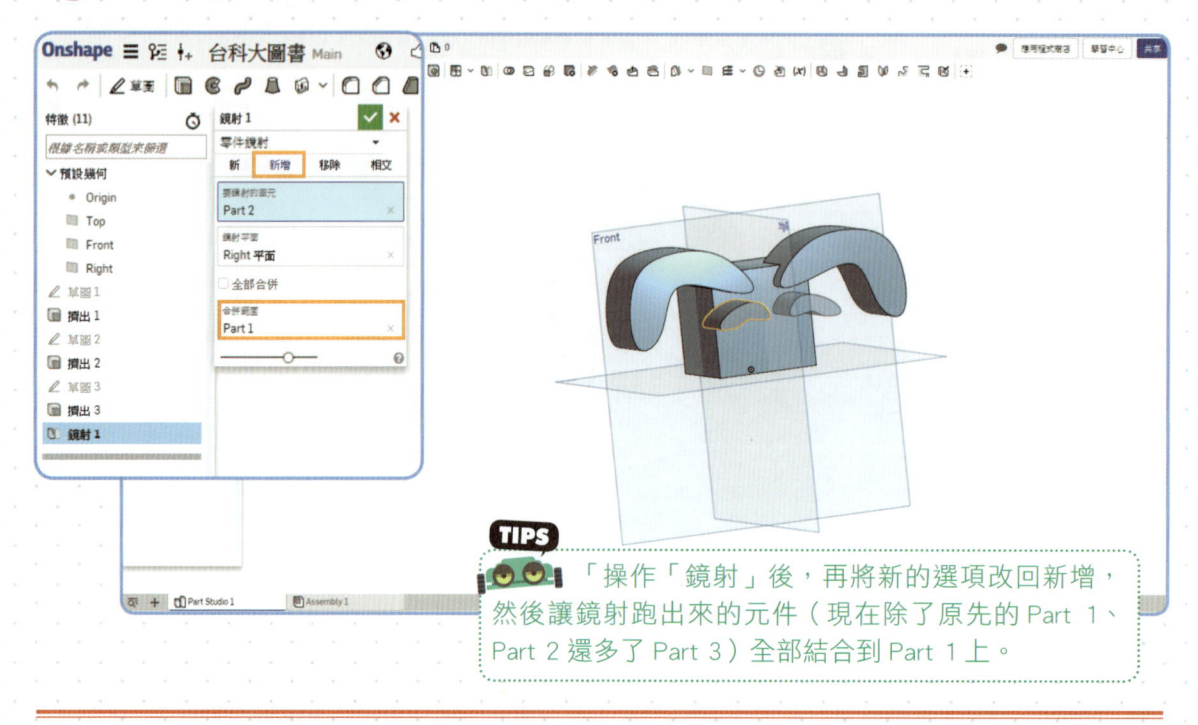

「操作「鏡射」後，再將新的選項改回新增，然後讓鏡射跑出來的元件（現在除了原先的 Part 1、Part 2 還多了 Part 3）全部結合到 Part 1 上。」

3-6　移除物件

　　3D 繪圖軟體除了能將物件加上去以外，也可以做出鑽、挖洞、切掉等「移除」的動作。這邊就用「移除」功能來幫我們的可愛動物加上鼻子。

step 01 首先用前面教的擠出技巧來畫出一個長長的鼻子，畫出鼻子後，接下來就要挖出鼻孔，在剛剛畫出的鼻子前端點選「正視於」，並在這個平面點選草圖。

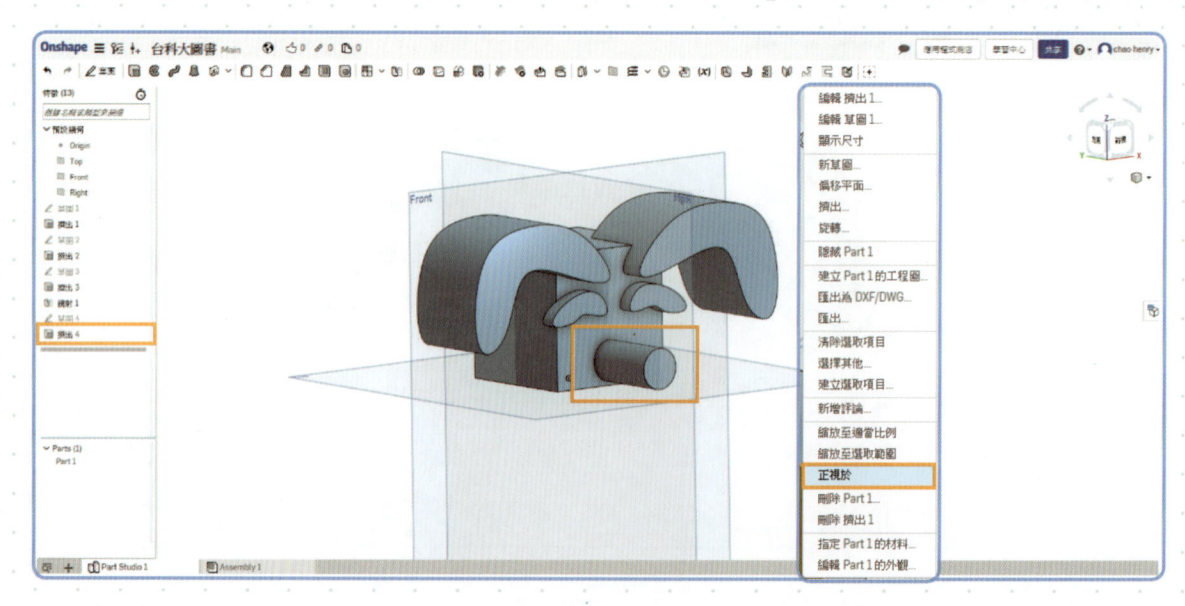

Step 02 做兩個鼻孔,每個距離中間 3mm,長寬 7.5×2mm,可以畫兩個鼻孔或是使用鏡射。

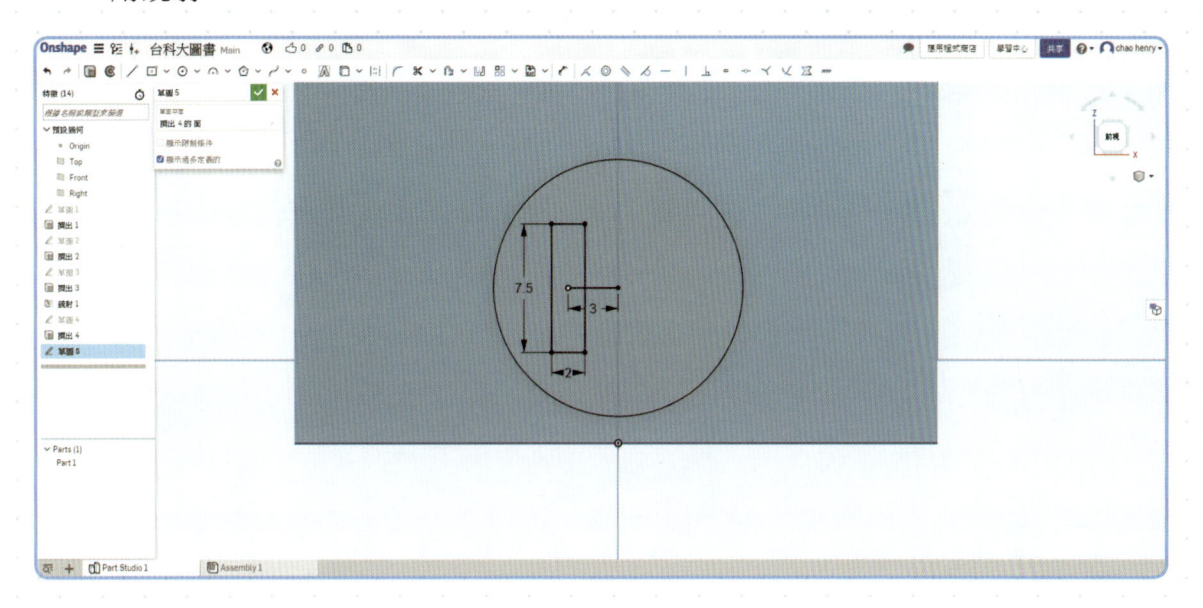

Step 03 接下來點選「擠出」,然後在上方選擇「移除」,並輸入深度。

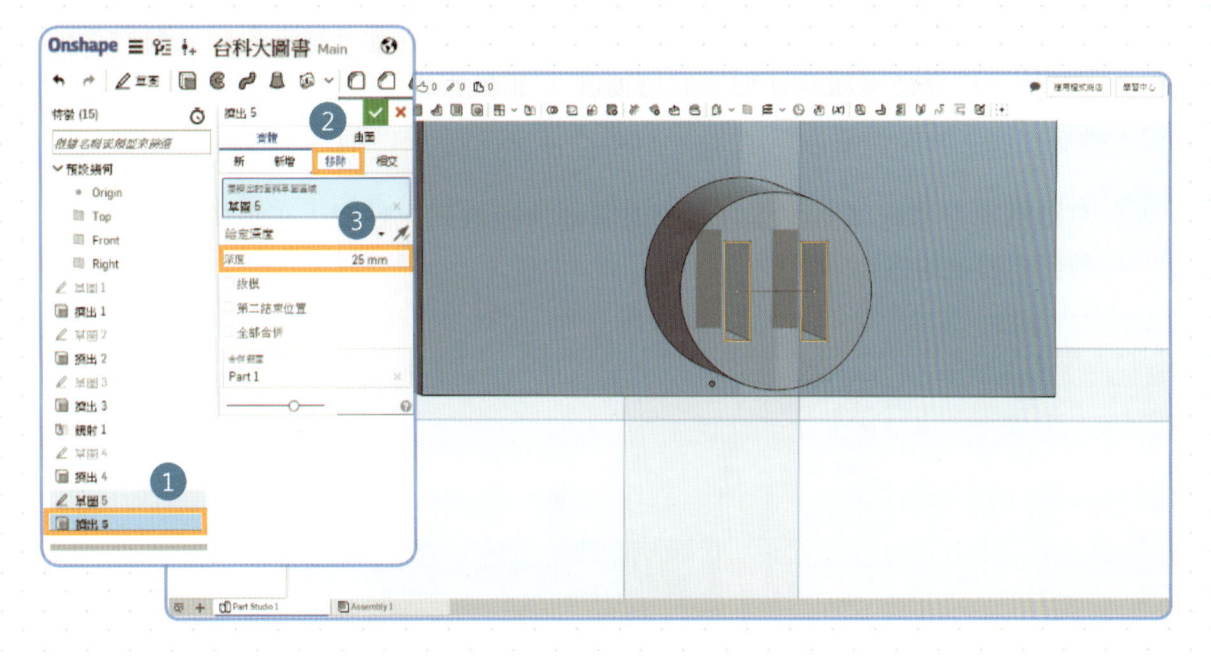

42　動手入門 Onshape 3D 繪圖到機構製作

Step 04　按下 ✓ 後，鼻孔就完成囉。

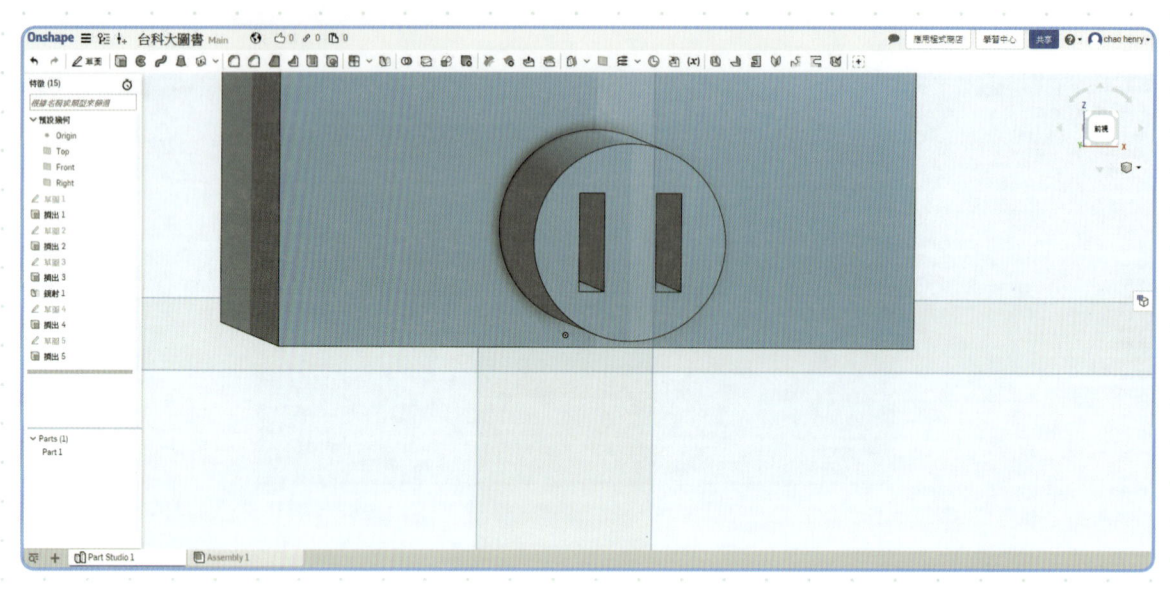

3-7　疊層拉伸的應用

　　除了剛剛已經完成的草圖擠出動作，在 Onshape 中還有其它生成立體物件的方式，可以做出非常多樣的外型，而這邊就一邊來畫可愛 3D 小動物的腳，一邊練習「疊層拉伸」的操作吧。

Step 01　左鍵點選方塊底部，並按右鍵叫出其他功能表列，點選「正視於」，把平面轉到小動物的底部。

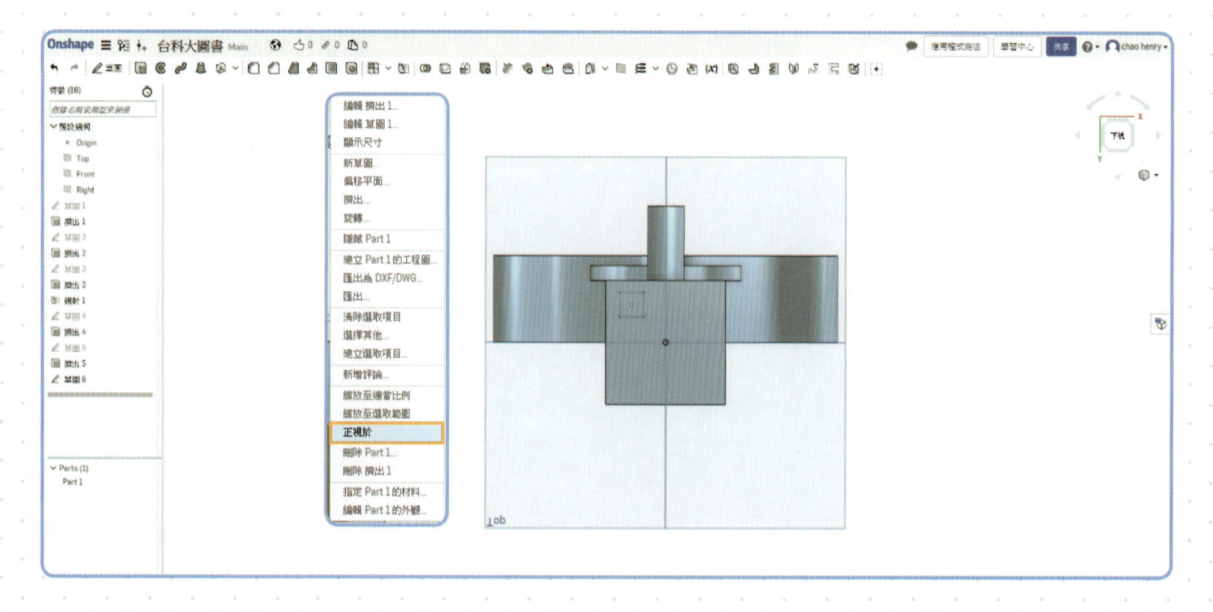

可愛小動物基礎建模操作　Chapter 3　43

Step 02　在底部畫出一個方形，畫完方形後就可以按下 ✓，結束草圖。

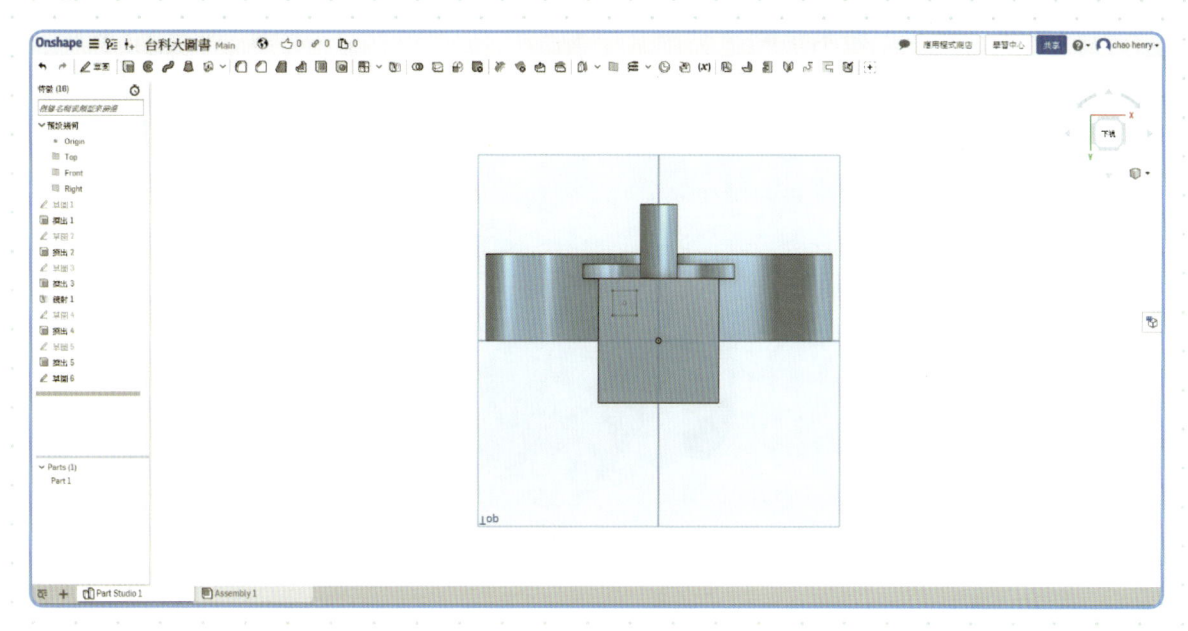

Step 03　這邊介紹一個新的東西——「平面」，「平面」可以產出一個平行於原本平面的新平面，這邊操作方式是按一下圖元，然後點選剛剛的底部平面，點選後會跑出一個「平面 1」，就是我們產出的新平面。

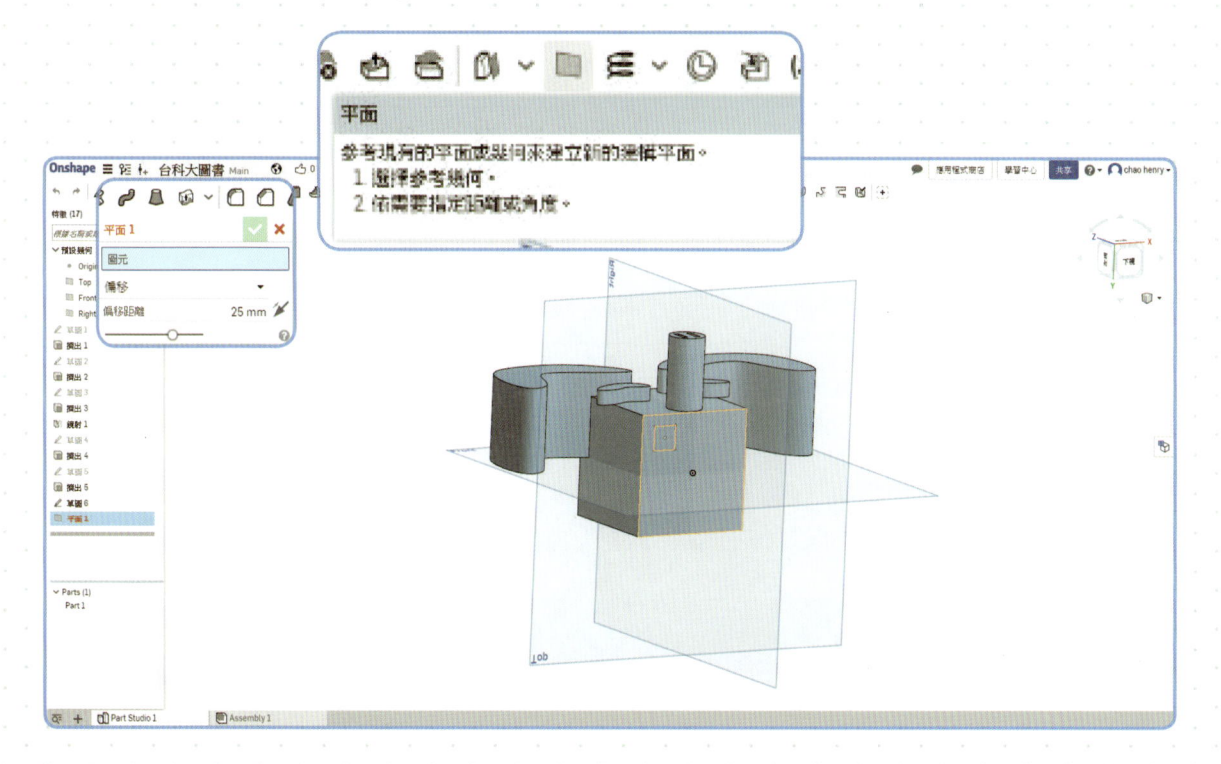

> Step 04　接下來要在新的平面上建立草圖，點選「正視於」，然後在新的平面上畫上一個圓，按 ✓，結束草圖 7。

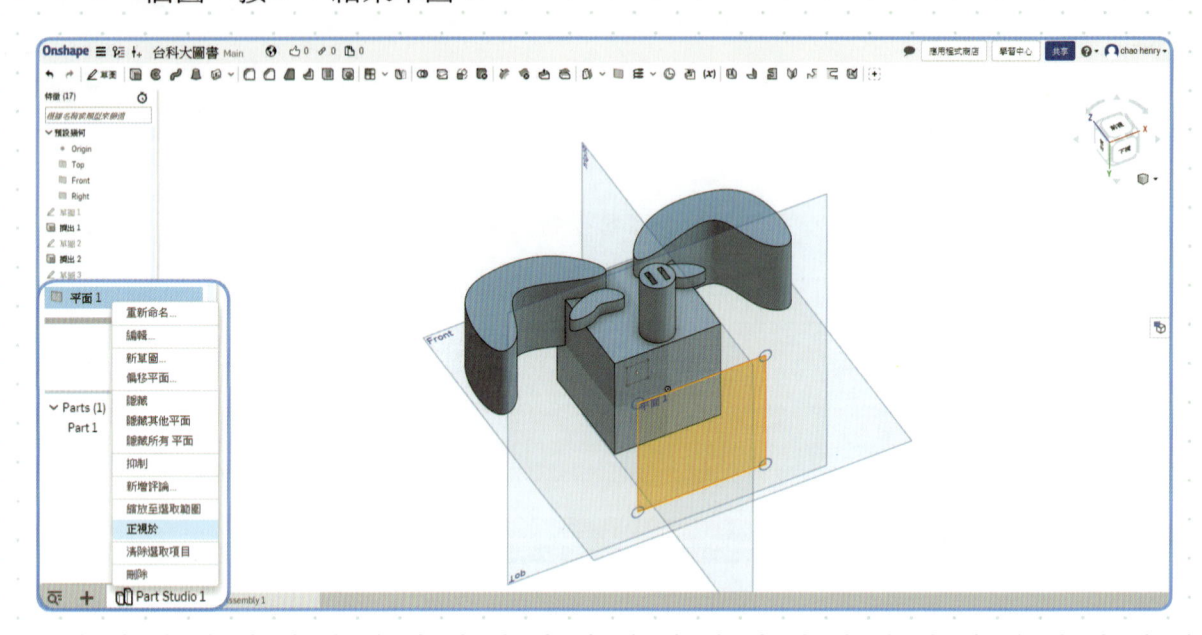

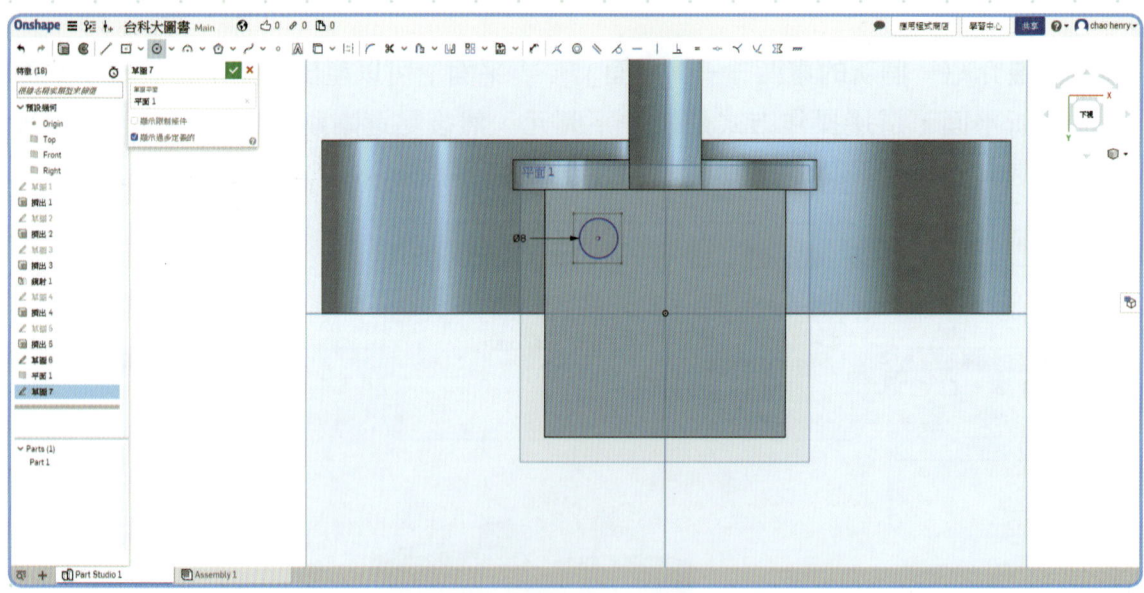

可愛小動物基礎建模操作　Chapter 3　45

Step 05　接下來點選功能表列的「疊層拉伸」，在左方特徵欄中的「輪廓」點選剛剛畫的草圖 6 的方形，再點選新平面（草圖 7）上的圓，會發現它們連在一起，變成一個立體物件囉。

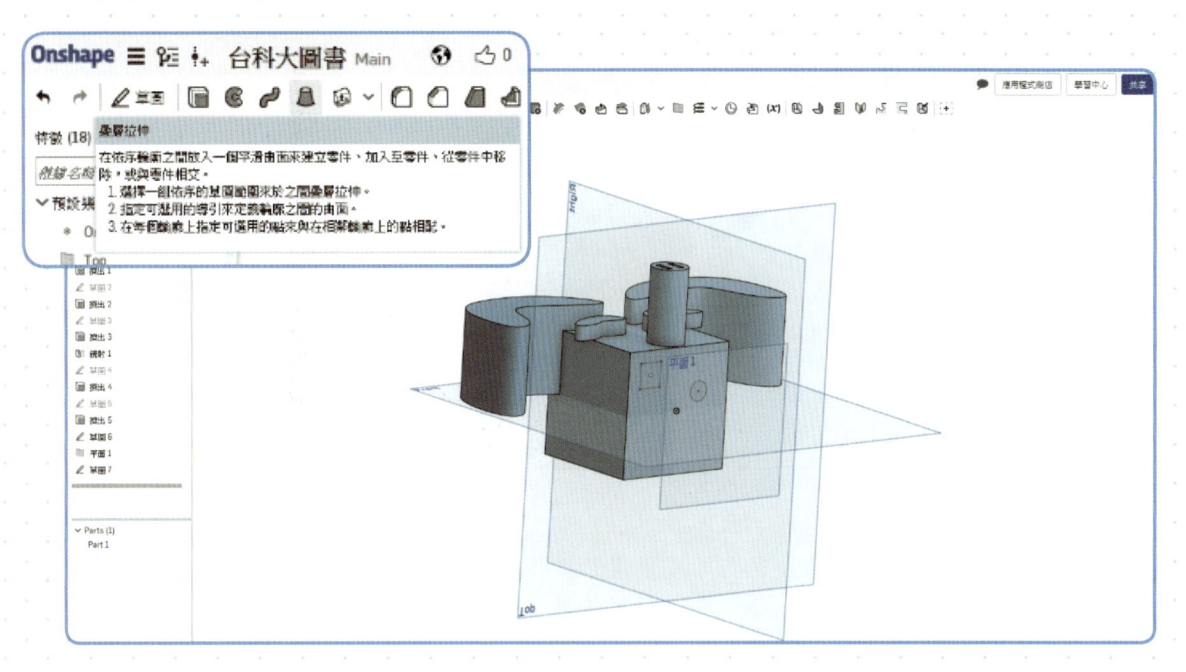

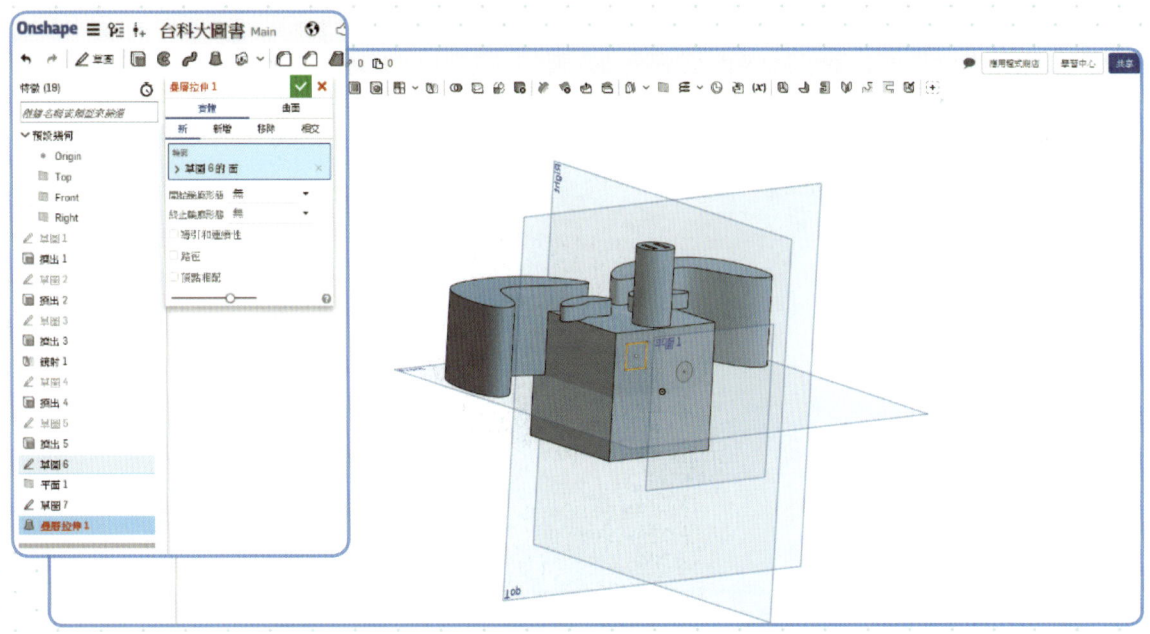

step 06 按下 ✓ 後，腳就完成了。（這邊因為後面要用「複製」，所以先設成「新」。）

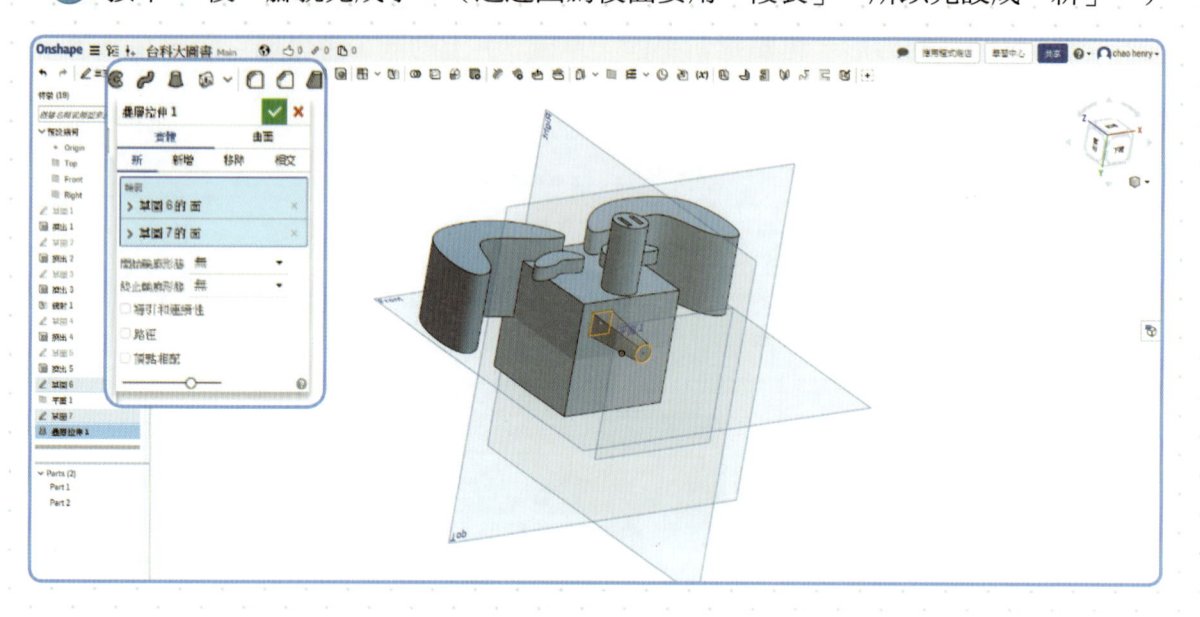

> **TIPS**
> 這邊操作疊層拉伸時使用的方形或是圓形都可以再做調整，也可以自行畫圖或是使用其他多邊形，但如果電腦算不出來就要重新調整圖囉。另外，使用疊層拉伸時也可以點選 2 個以上的平面，讓他自行接成圓滑的曲面。

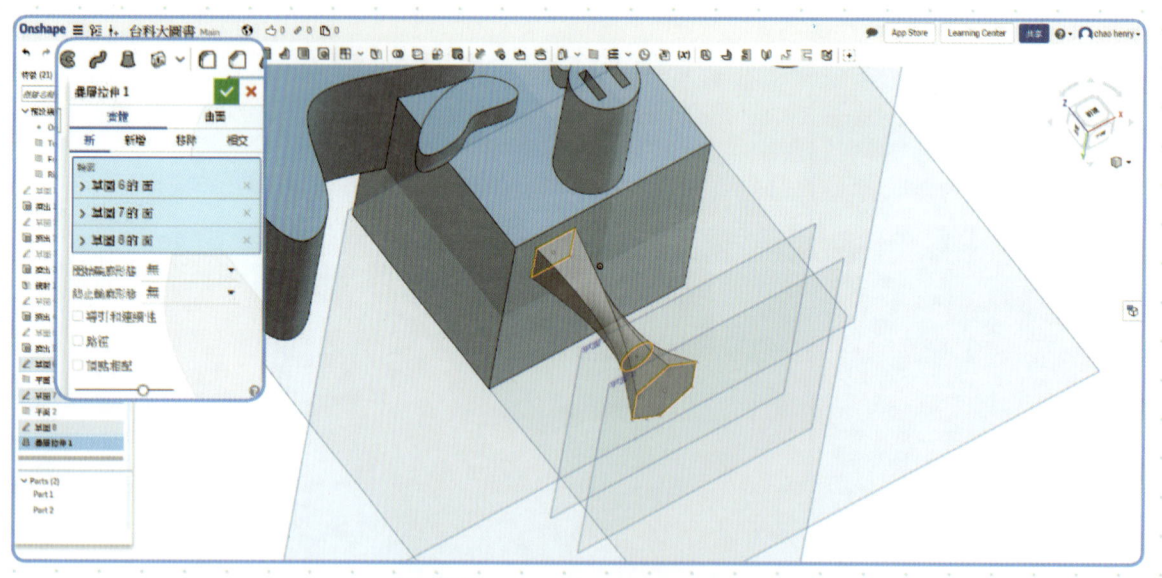

圖 3-1　連接三個平面構成物件

3-8 複製排列的應用

CAD 軟體中會有一些好用的小功能，這些功能可以幫助我們在定規下快速完成需要的動作。一般來說最常用的是「複製排列」。複製排列分「直線複製排列」與「環狀複製排列」，接下來就來看看要怎麼操作這兩種功能，幫可愛 3D 小動物畫上腳吧。

Step 01 點選線性複製排列

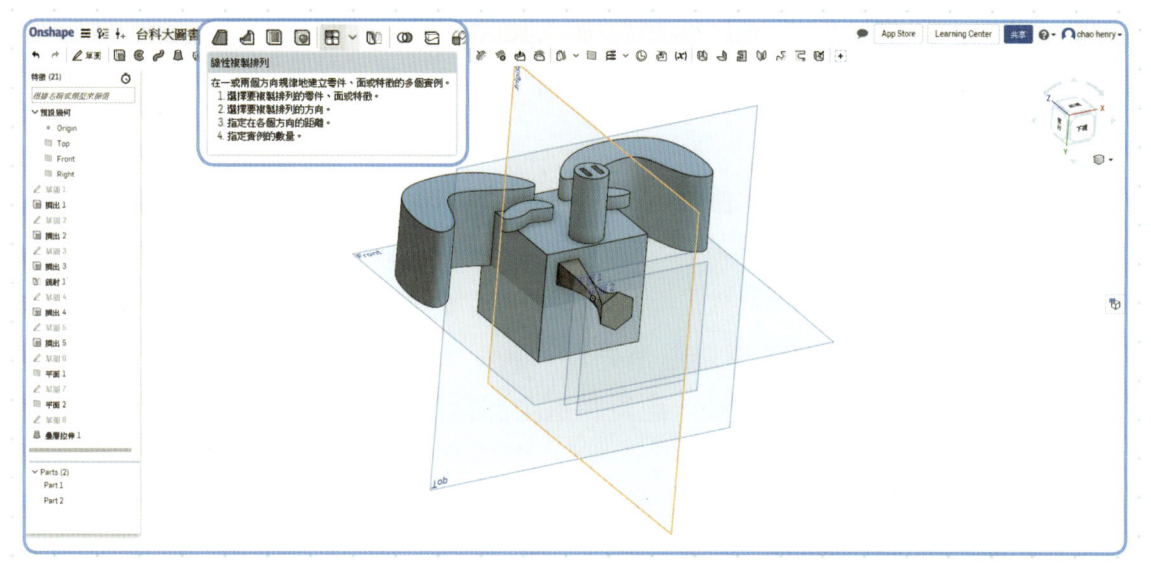

Step 02 先點選要複製的圖元，這邊是 Part 2，接下來需要給物件一個複製的方向，這邊可以直接點選邊線。

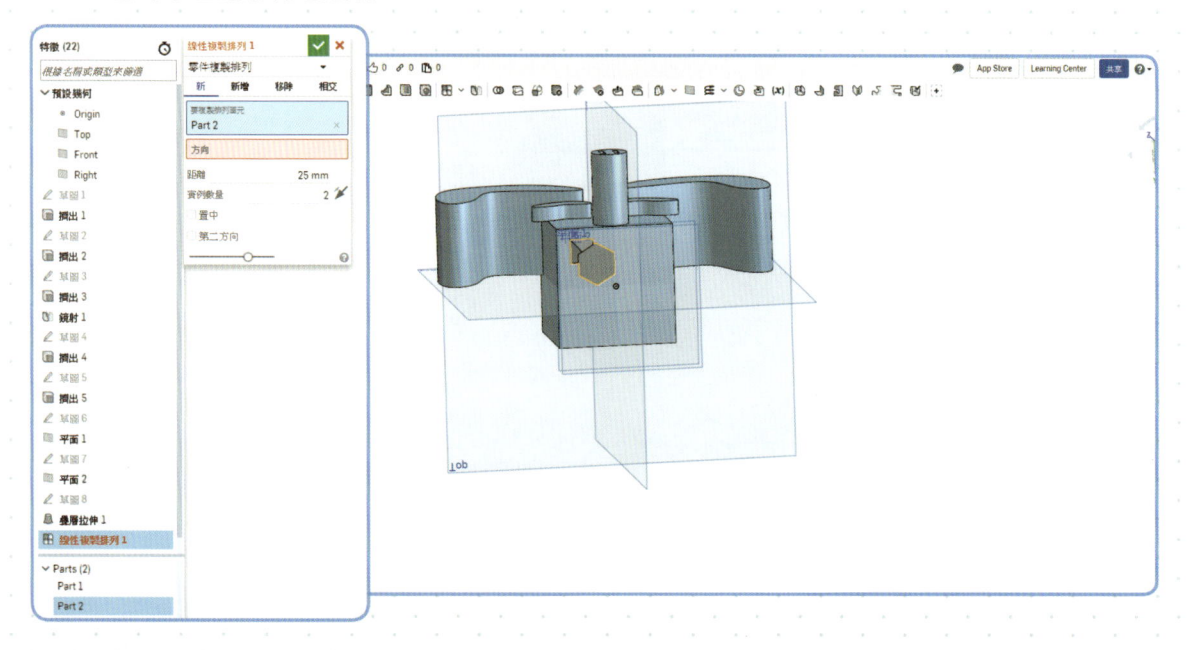

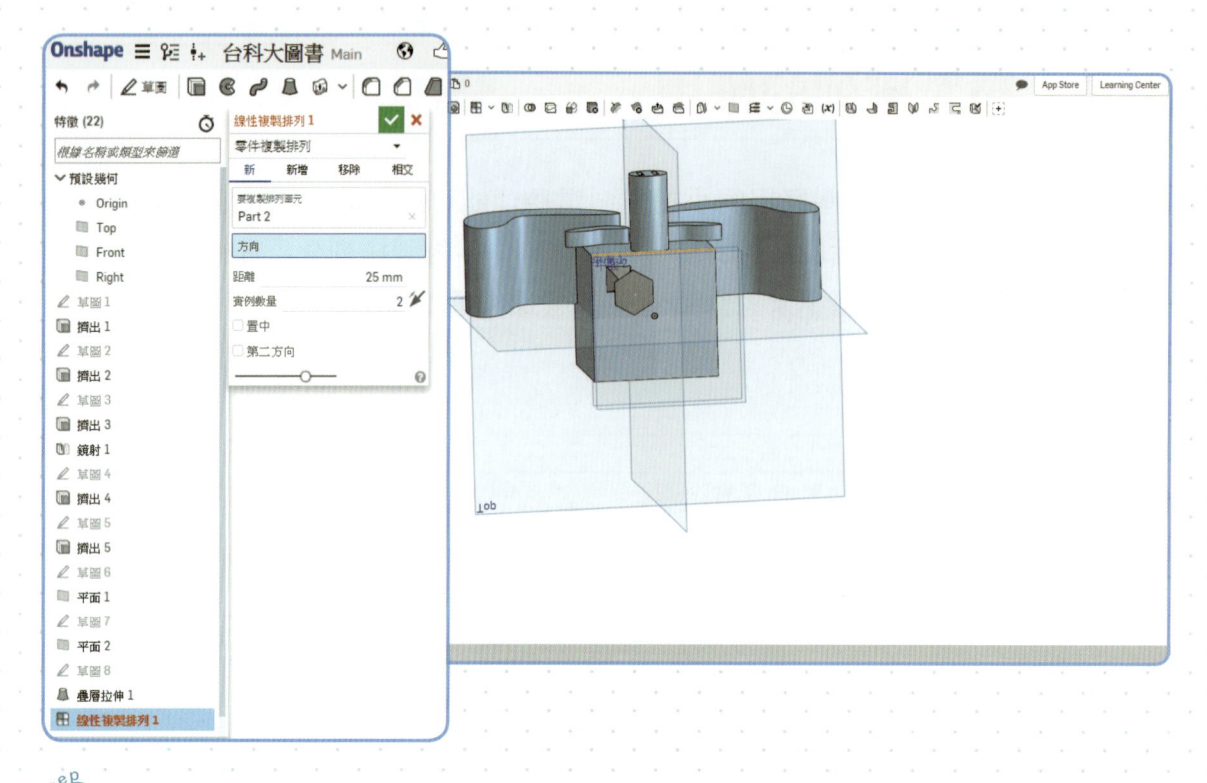

Step 03 物件就複製到右邊了（這邊還是先點「新」），接下來用同樣的方法將前腳複製到後腳處，移到新增後，記得點選全部合併，或是合併到 Part 1，腳就完成囉。

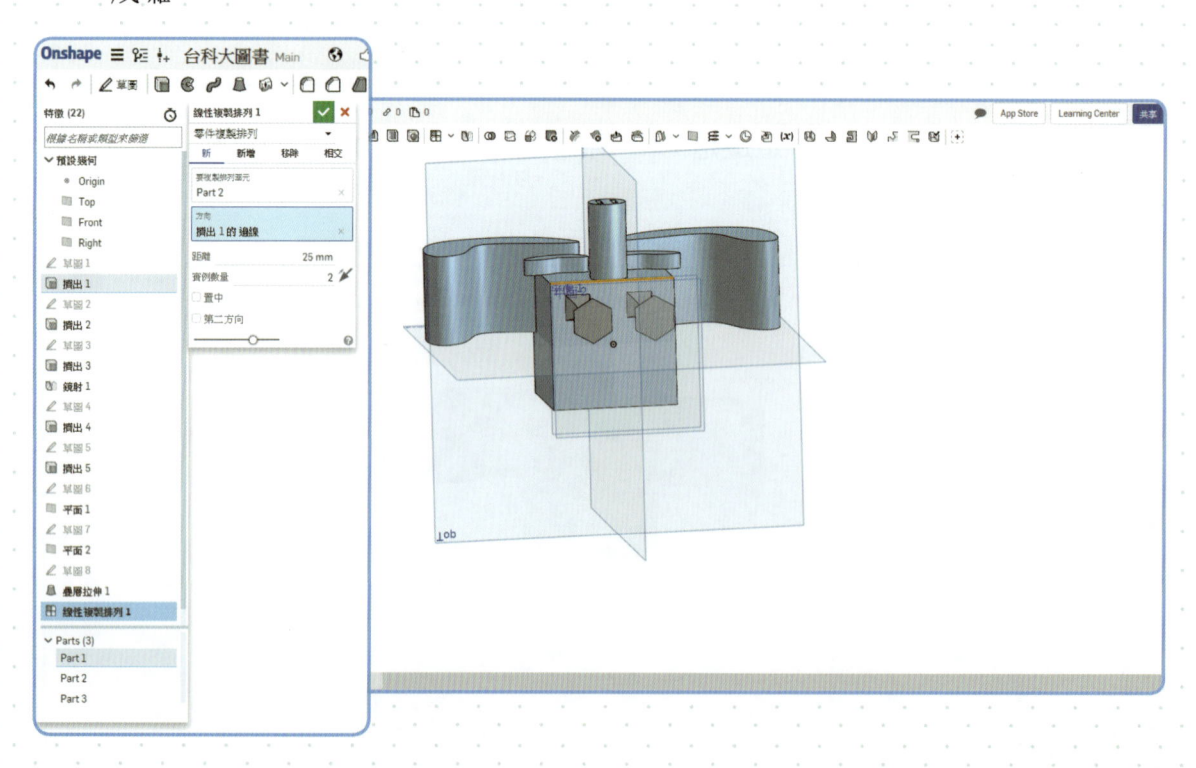

3-9　環狀複製排列

　　除了直線複製排列，我們也可以用環狀複製排列來做腳。「環狀複製排列」表示物件會沿著一個軸進行旋轉複製，因此要先建立一個「旋轉軸」，再點選環狀複製排列複製所選的物件。

Step 01 在其中一個平面上用草圖繪製一條旋轉軸。

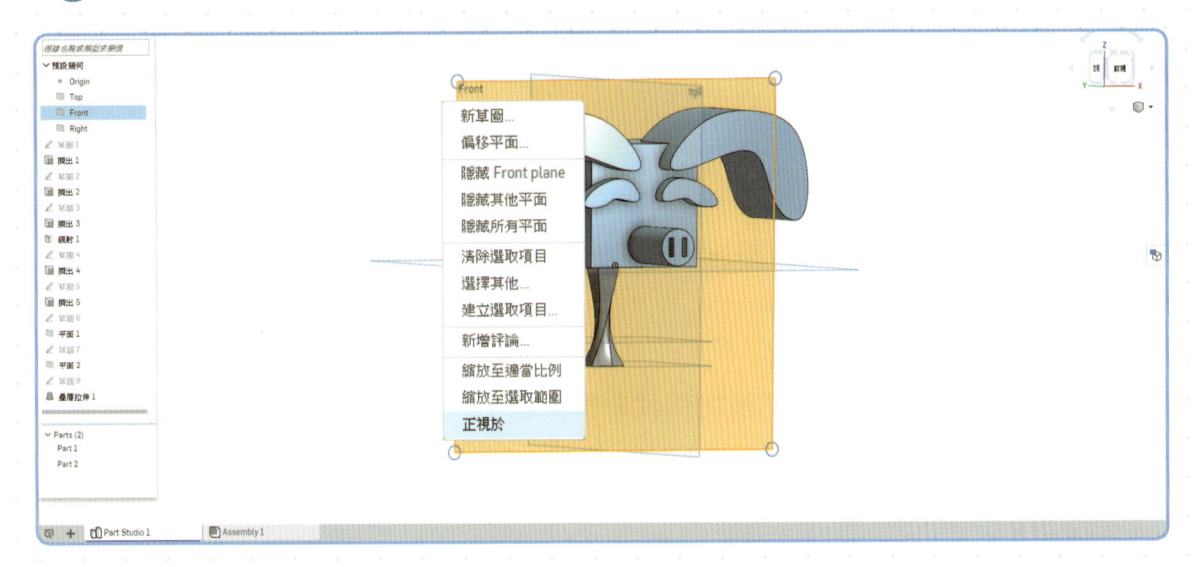

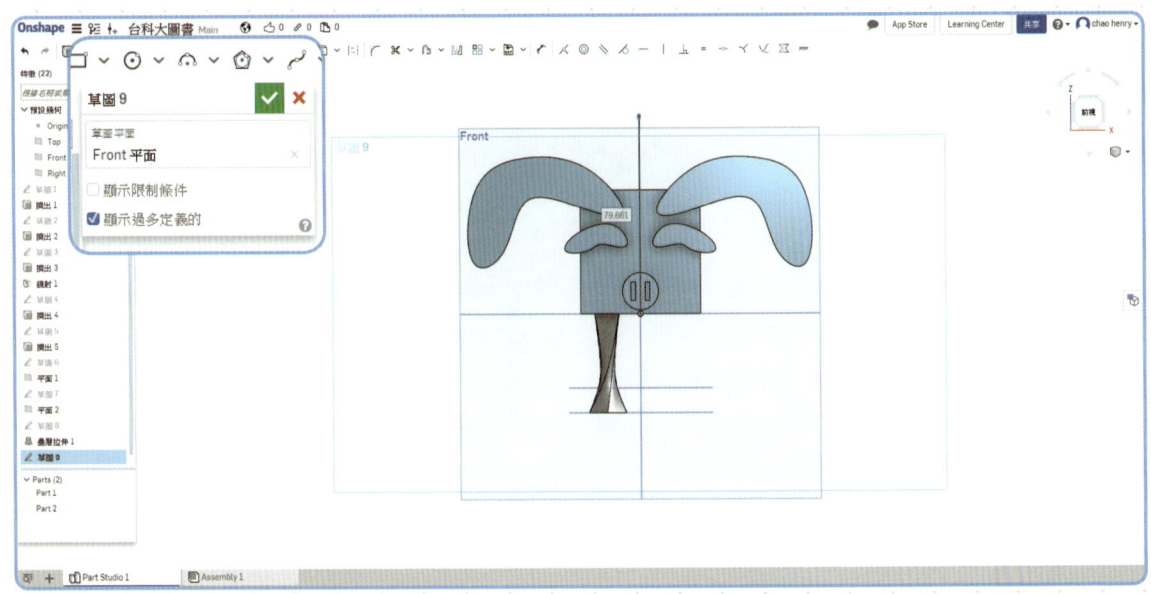

Step 02 點選環狀複製排列軸。

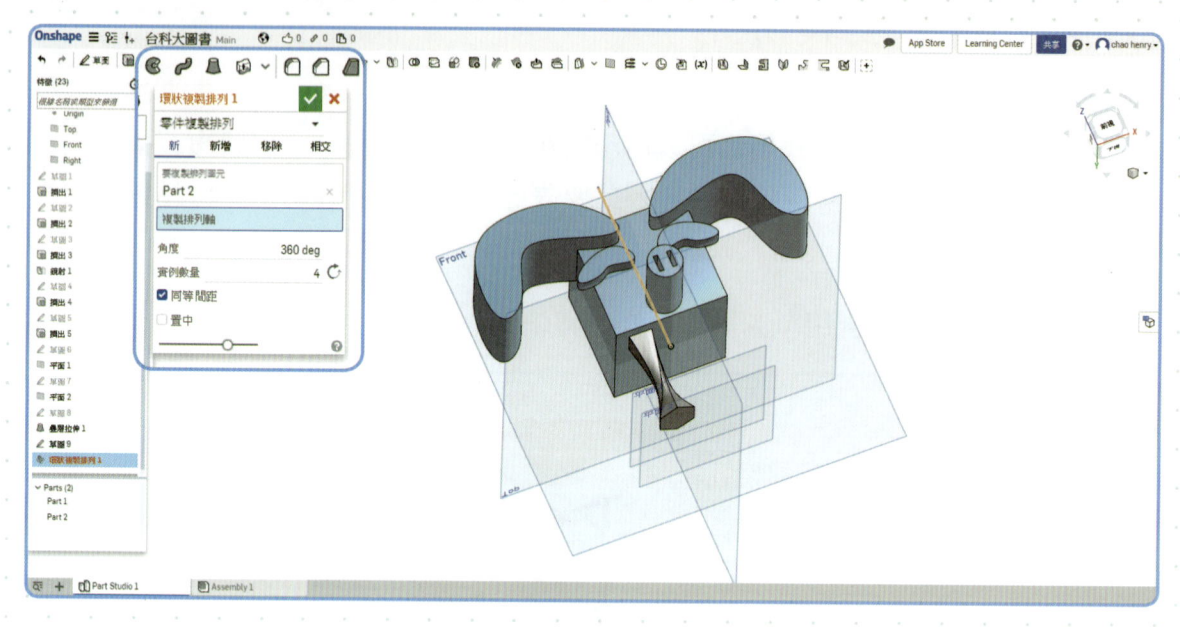

Step 03 點選旋轉軸和 Part 2，然後物件就會被複製了，可以在特徵欄中調整旋轉角度和數量。

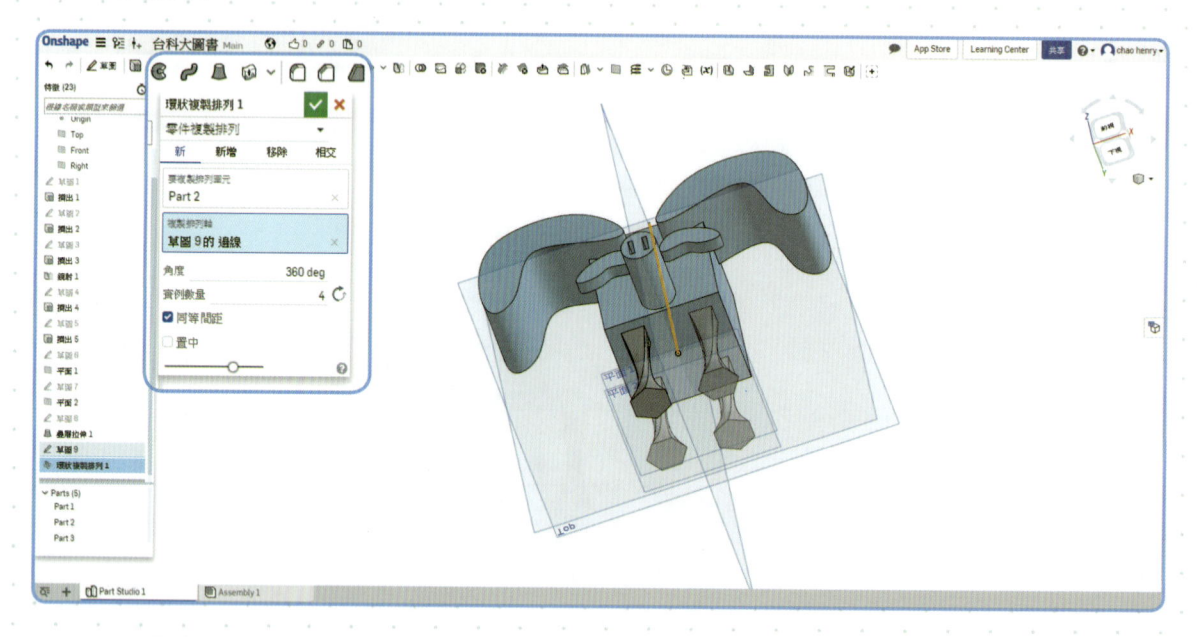

> **TIPS**
> 「鏡射」、「直線複製排列」和「環狀複製排列」都具有複製物件的功能，但是複製所產生之外觀會不同，因此在後續設計時要注意選擇適合的功能。

3-10　薄殼

當我們完成小動物之後可以試著把它變成盒子。這裡有個有趣的功能叫做「薄殼」，這個功能可以快速地幫我們做出像是衛生紙盒的樣子。

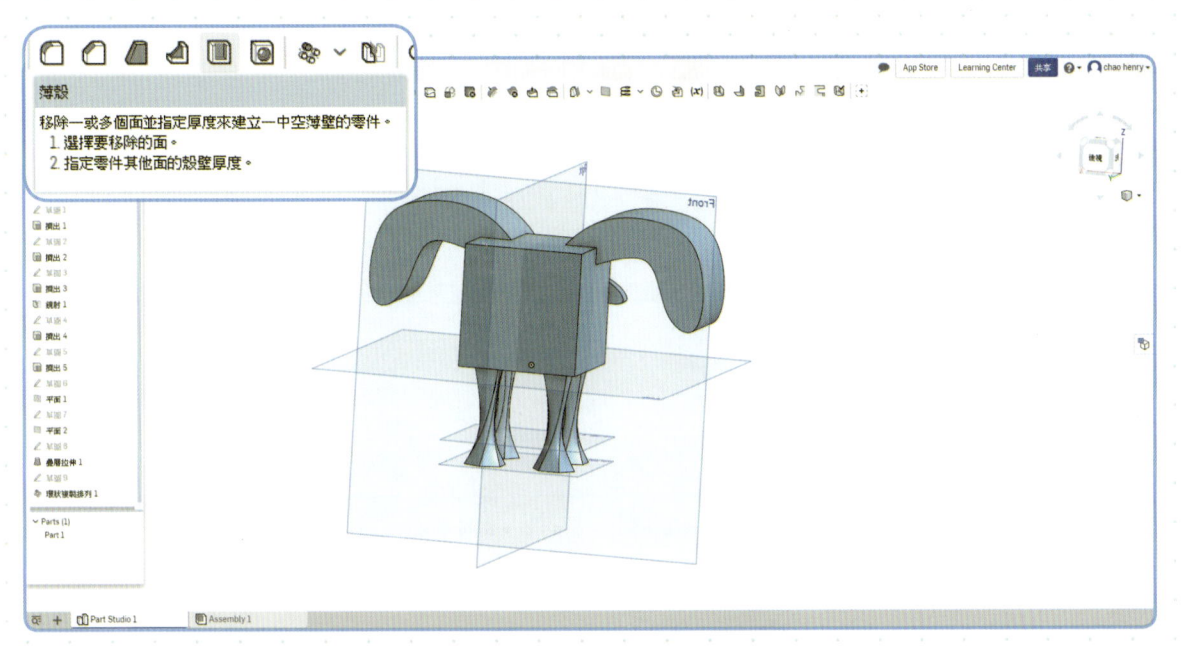

Step 01 點選「薄殼」。

Step 02 特徵欄點選要挖洞的平面。

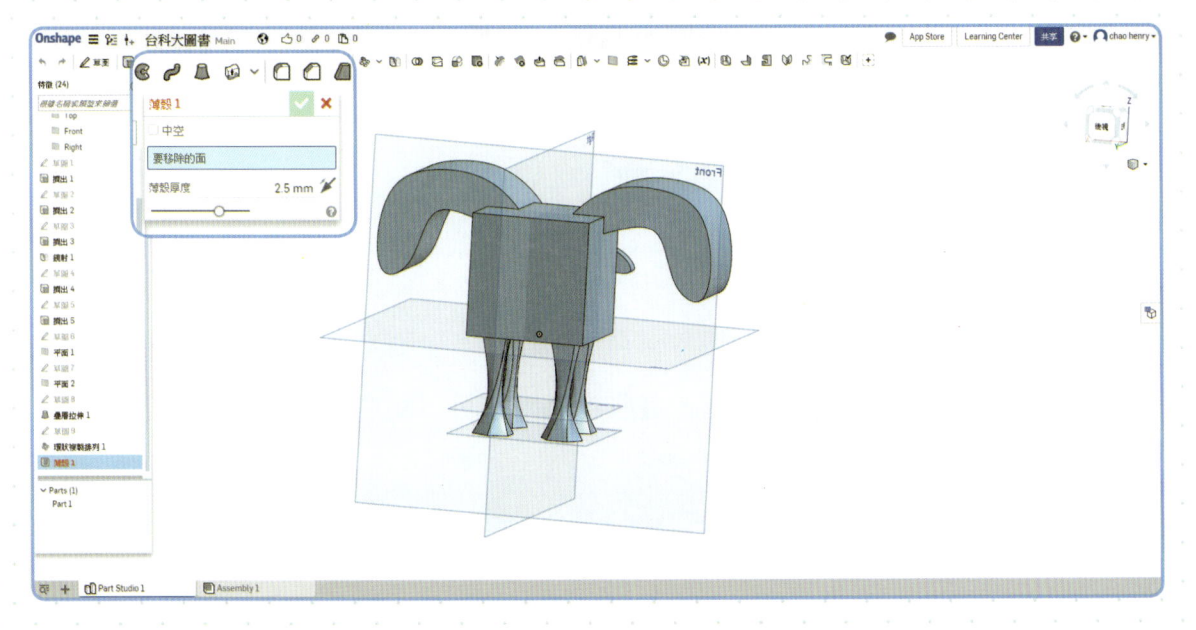

Step 03 當出現錯誤訊息，因為厚度算不出來，這時候調整薄殼大小即可。

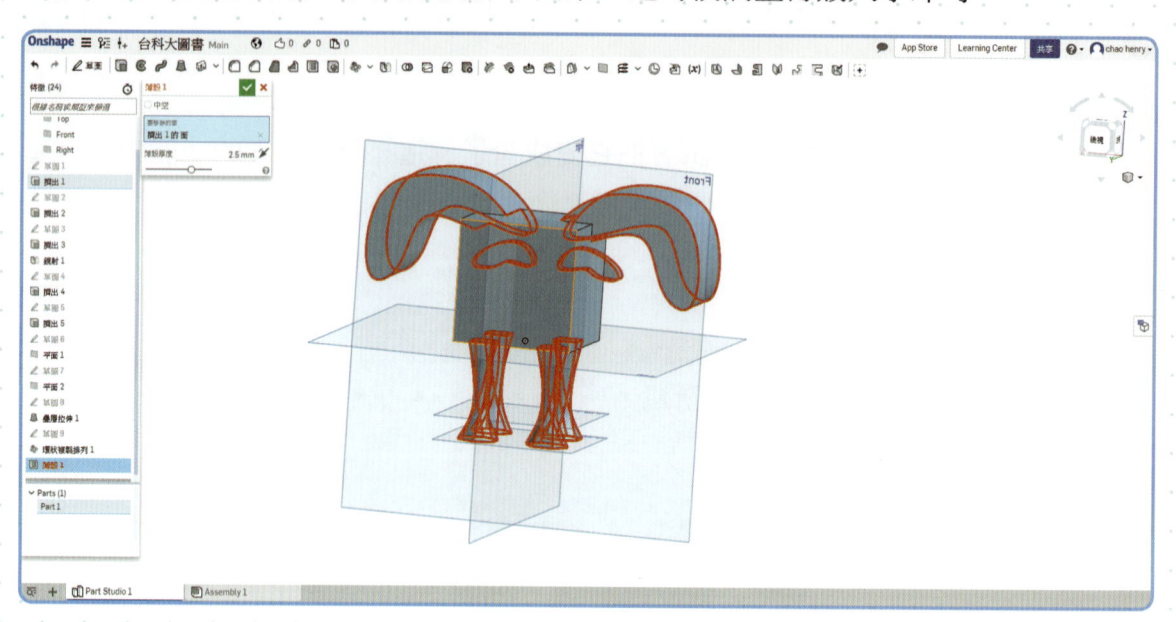

Step 04 薄殼完成。

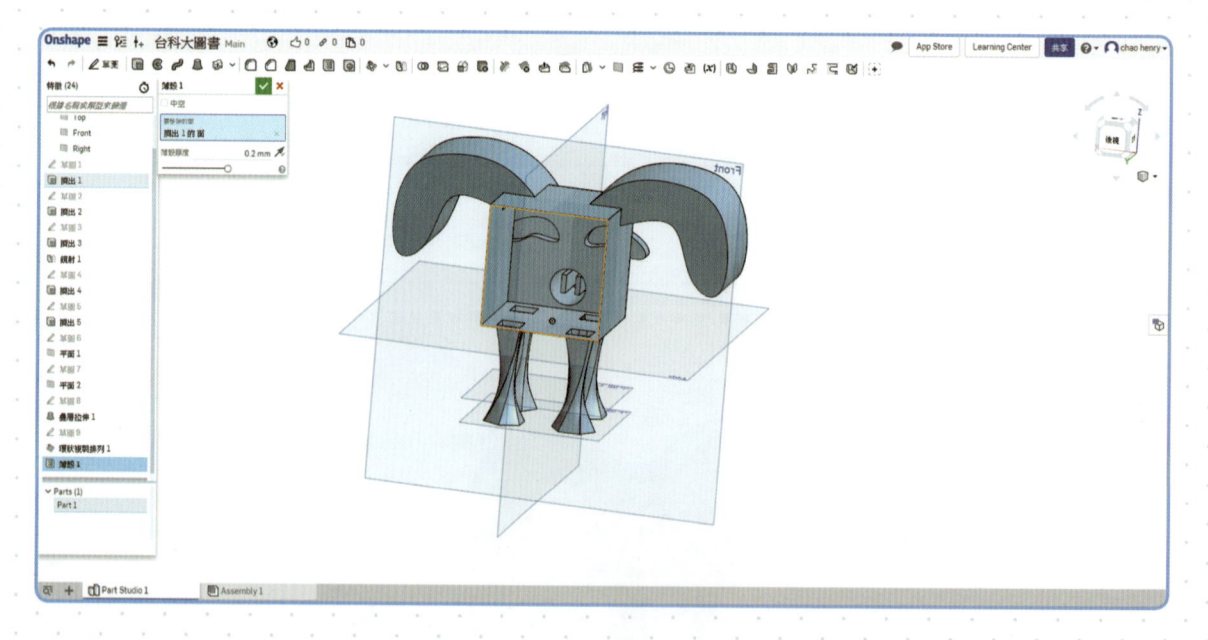

　　以上可愛 3D 小動物就完成囉，這些功能大家可以隨意搭配，完成自己希望的物件。

Chapter 3 學習評量

選擇題

(　　) 1. 點選物件應該怎麼操作？
(A) 點按左鍵　(B) 點按右鍵　(C) 長按右鍵　(D) 長按左鍵。

(　　) 2. 旋轉視角應該怎麼操作？
(A) 按著滑鼠左鍵移動滑鼠
(B) 按著滑鼠右鍵移動滑鼠
(C) 按著中間滾輪移動滑鼠
(D) 點一下滑鼠左鍵移動滑鼠。

(　　) 3. 在草圖上畫矩形應該怎麼操作？
(A) 點選平面、再點擠出
(B) 點選平面、再點選草圖、繪圖後再擠出
(C) 點選草圖、點選平面、繪圖後再擠出
(D) 點選左上方方形圖案，然後輸入邊長就完成了。

(　　) 4. 下面哪些操作是正確的？
(A) 製作耳朵時，在草圖繪製單邊耳朵，然後擠出、選擇「新」，然後做鏡射　(B) 製作耳朵時，在草圖繪製單邊耳朵，然後畫直線做鏡射，點選擠出、選擇「新」　(C) 耳朵鏡射後點選「新增」　(D) 使用環狀複製排列製作耳朵的形狀。

(　　) 5. 以下哪些事情 Onshape 可以做得到？
(A) 將「移除」進行環狀複製排列　(B) 將草圖上的圓做環狀複製排列
(C) 環狀複製排列 100 個圓柱　(D) 在草圖頁面點選立體物件。

實作題

1. 在 Google 上搜尋「椅子」，選一張然後將它繪製出來。

NOTE

Chapter 4 馬克杯進階建模操作

學習了基礎操作後,接下來我們挑戰看看繪製馬克杯,來一起學習進階的 Onshape 3D 繪圖操作吧。

4-1　平口馬克杯繪製

平口馬克杯完成圖

使用功能
1. 使用（投影／轉換）
2. 掃出
3. 圓角

範例實作

繪製馬克杯杯身

Step 01 先在「Top 平面」上建立草圖，然後畫出一個直徑恰為馬克杯外壁的圓。

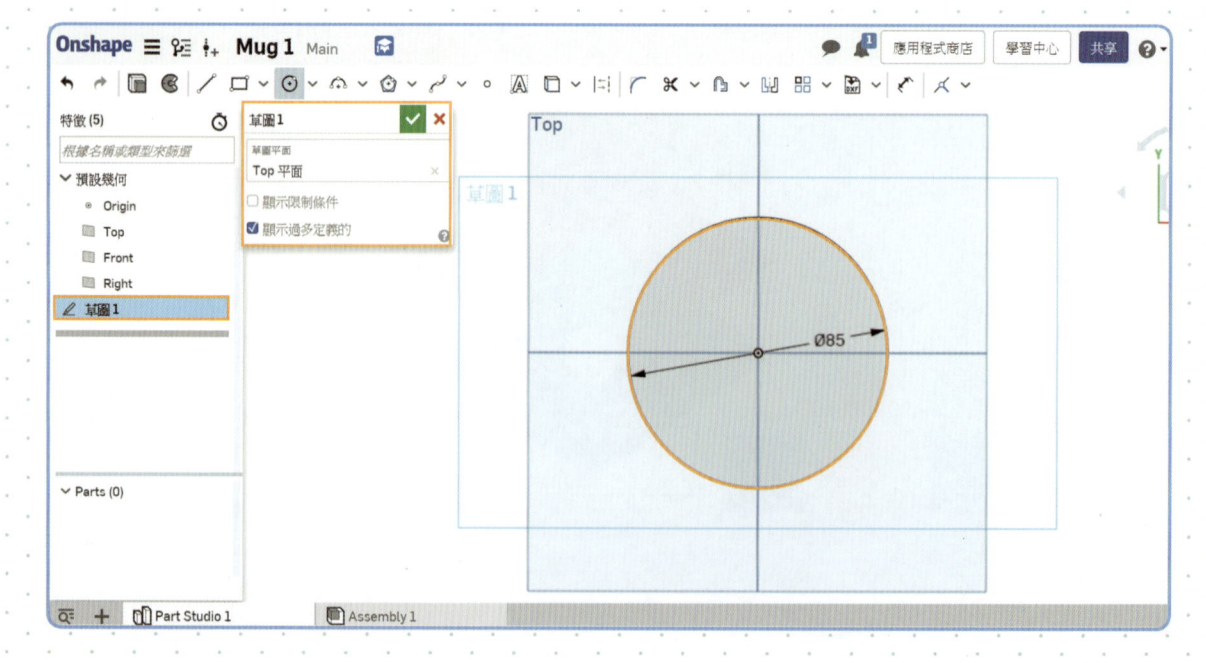

Step 02 「擠出」馬克杯的高度。

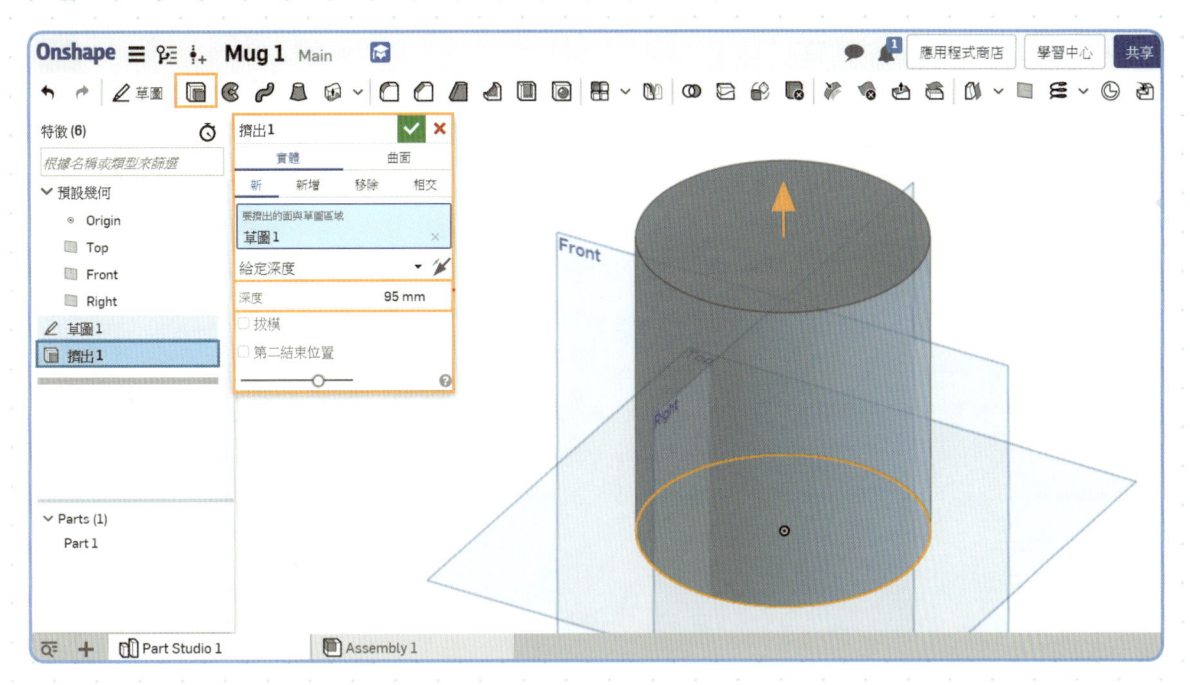

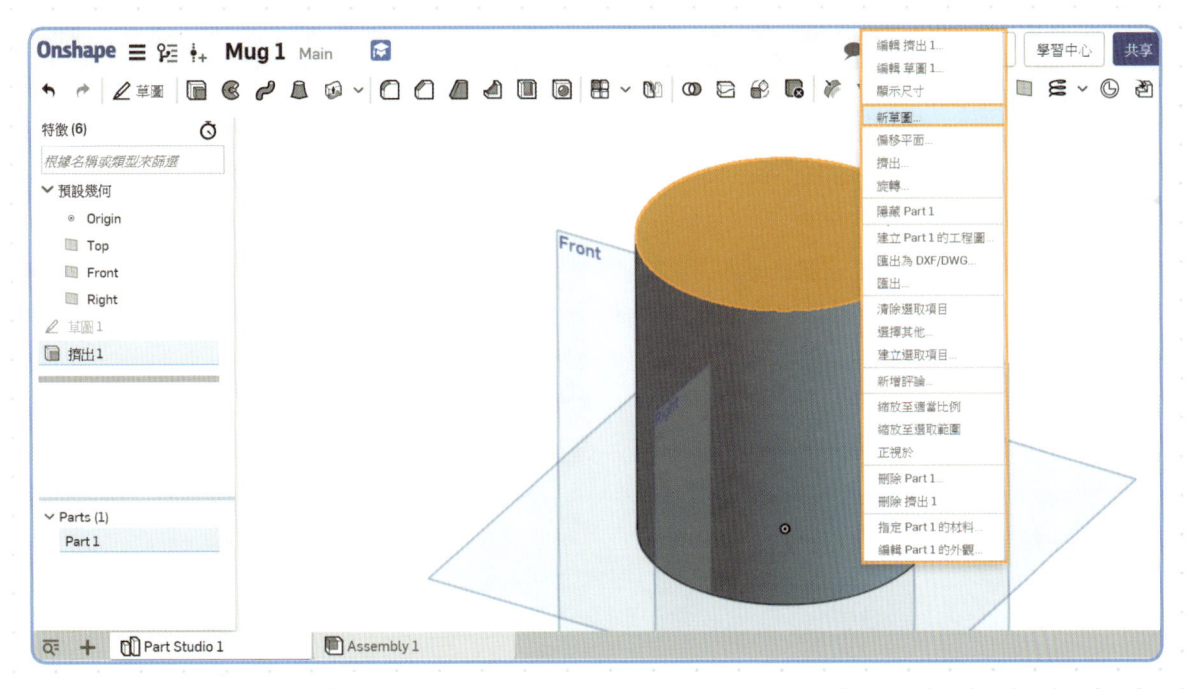

Step 03 接著點一下圓柱體上方平面,按「右鍵」選擇「新草圖」。

Step 04 並在草圖 2 上畫一個圓，直徑等同馬克杯的內壁。

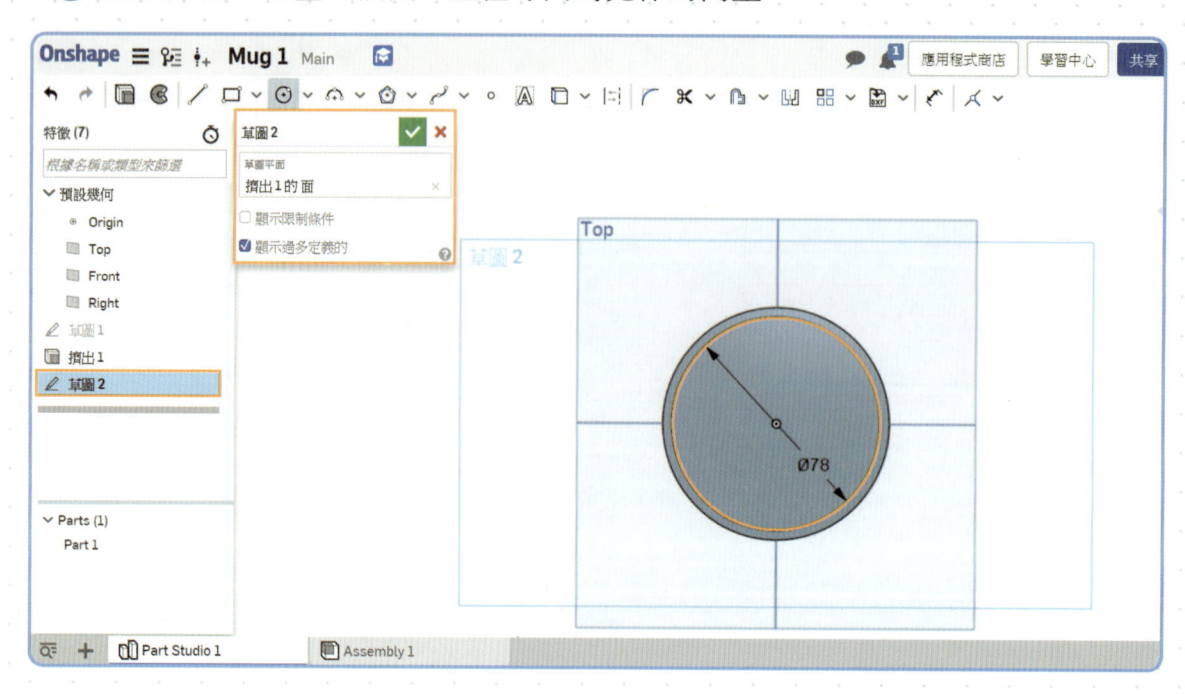

Step 05 使用「擠出」，但這一次要選擇「移除」，擠出的深度就是馬克杯中間能夠裝水的深度，設為「90 mm」。

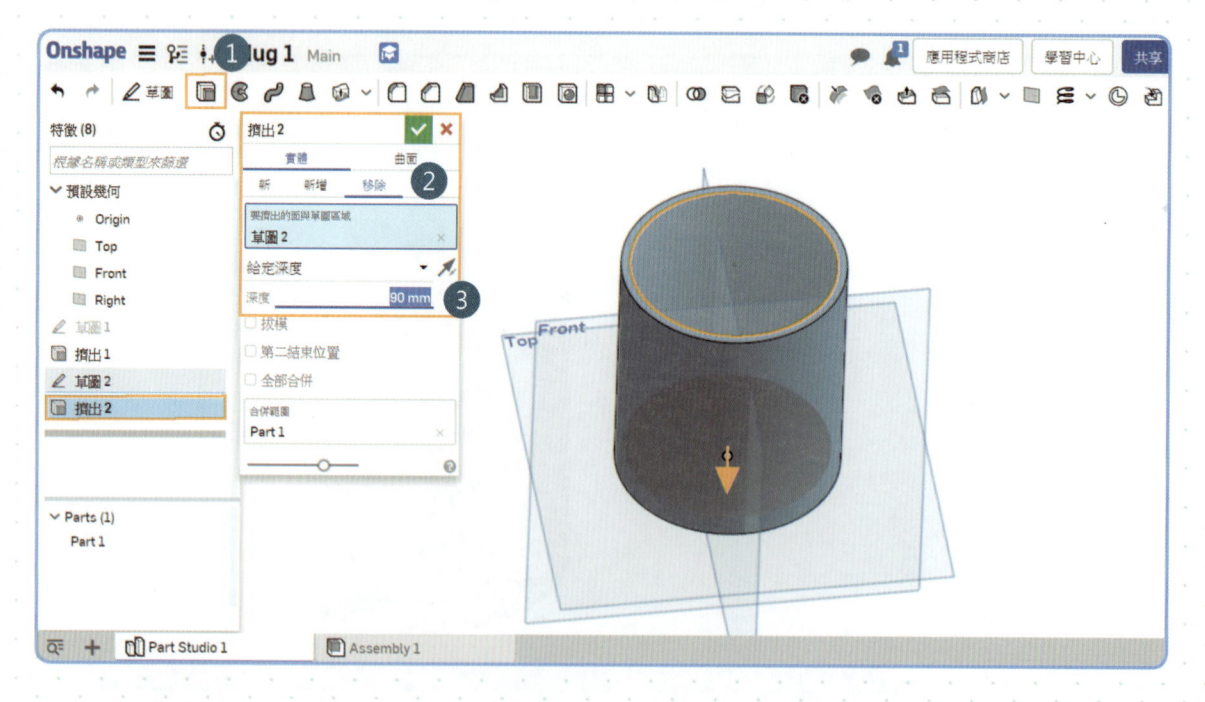

做到這裡，已經完成了馬克杯的杯體，再加上把手就完成囉！

繪製馬克杯把手

01 在「Front 平面」上建立草圖（草圖 3），運用「使用（投影/轉換）」功能搭配「建構線」讓杯體的邊緣線顯示在草圖上，作為繪製把手參考線。

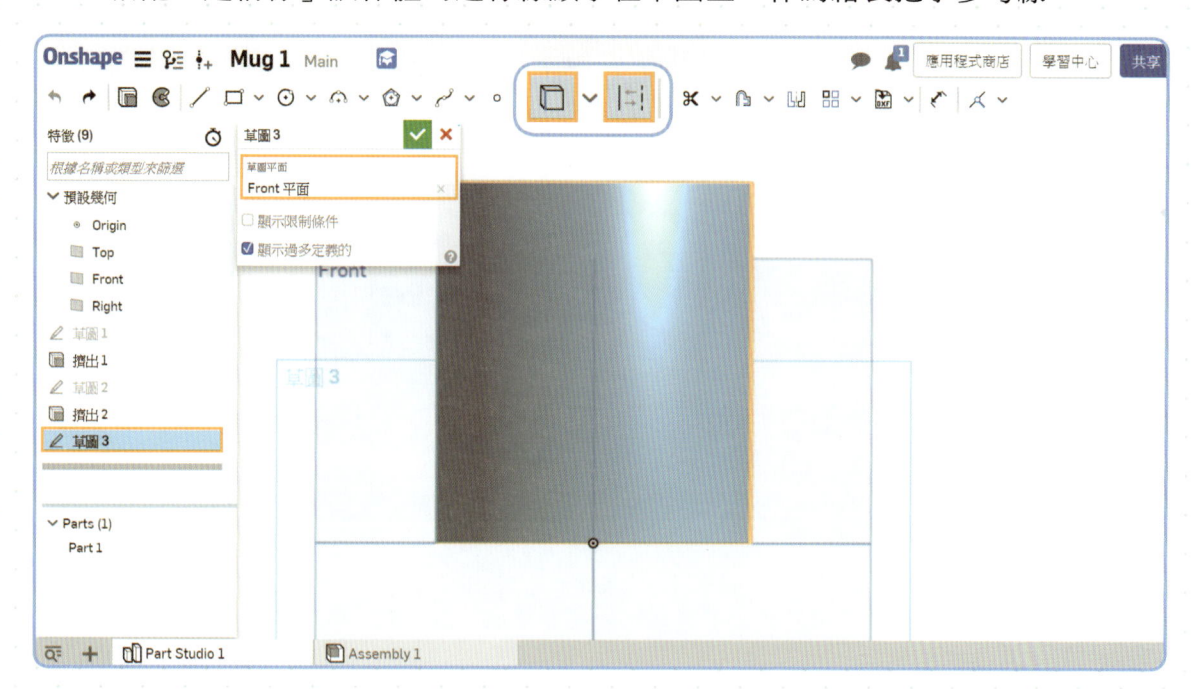

02 使用「直線」加上「建構線」畫出把手位置的參考線。

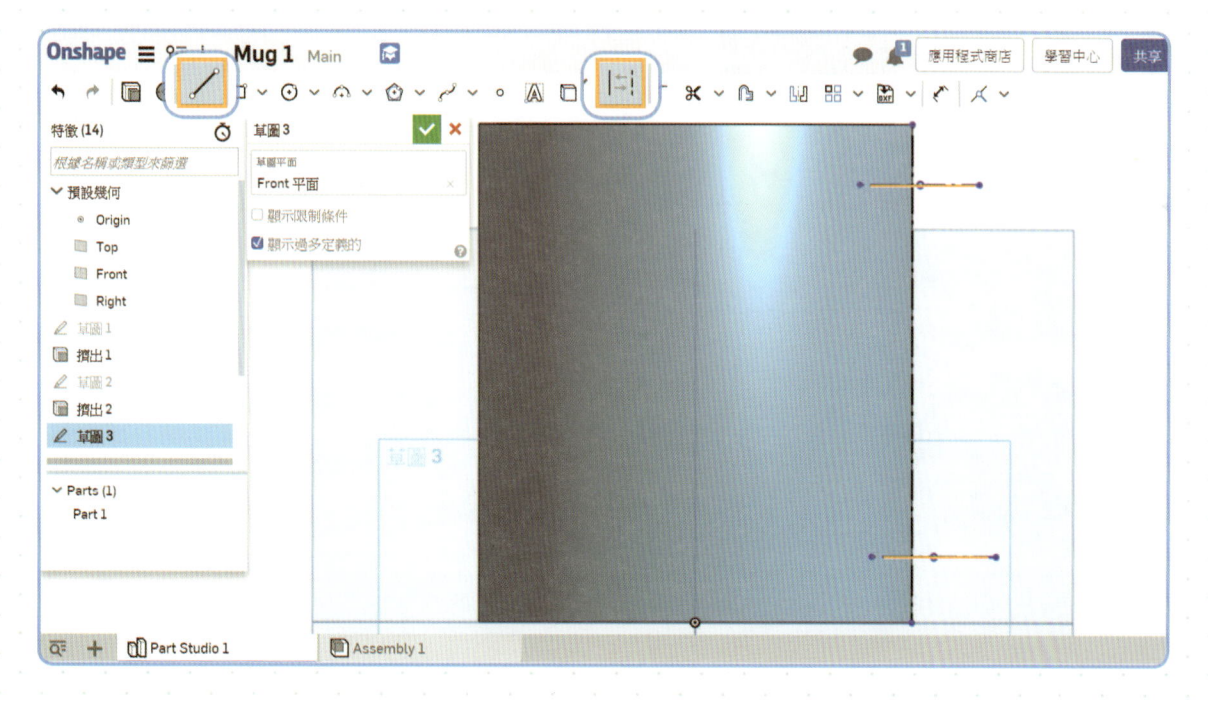

step 03 使用「不規則曲線」功能繪製把手。

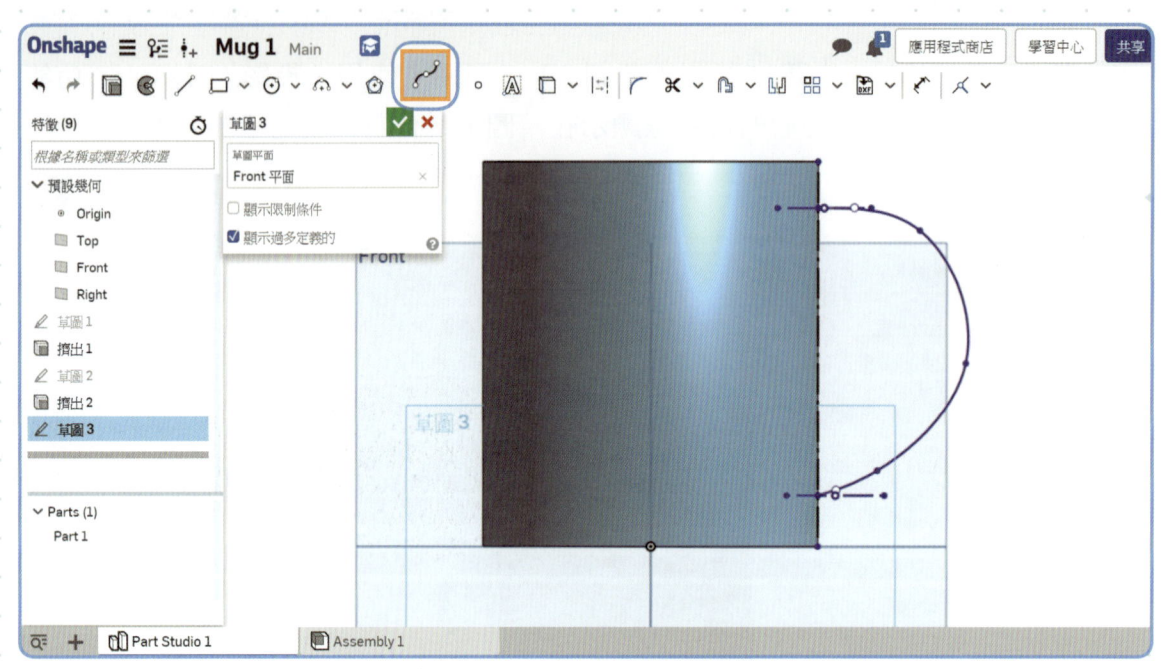

TIPS
把手的起始位置和終點位置必須要超出杯體參考線，否則把手會變成獨立的零件，而不會跟杯體合而為一。

馬克杯進階建模操作　Chapter 4

Step 04 點選把手和畫好的兩條參考線，選擇限制條件中的「相切」。

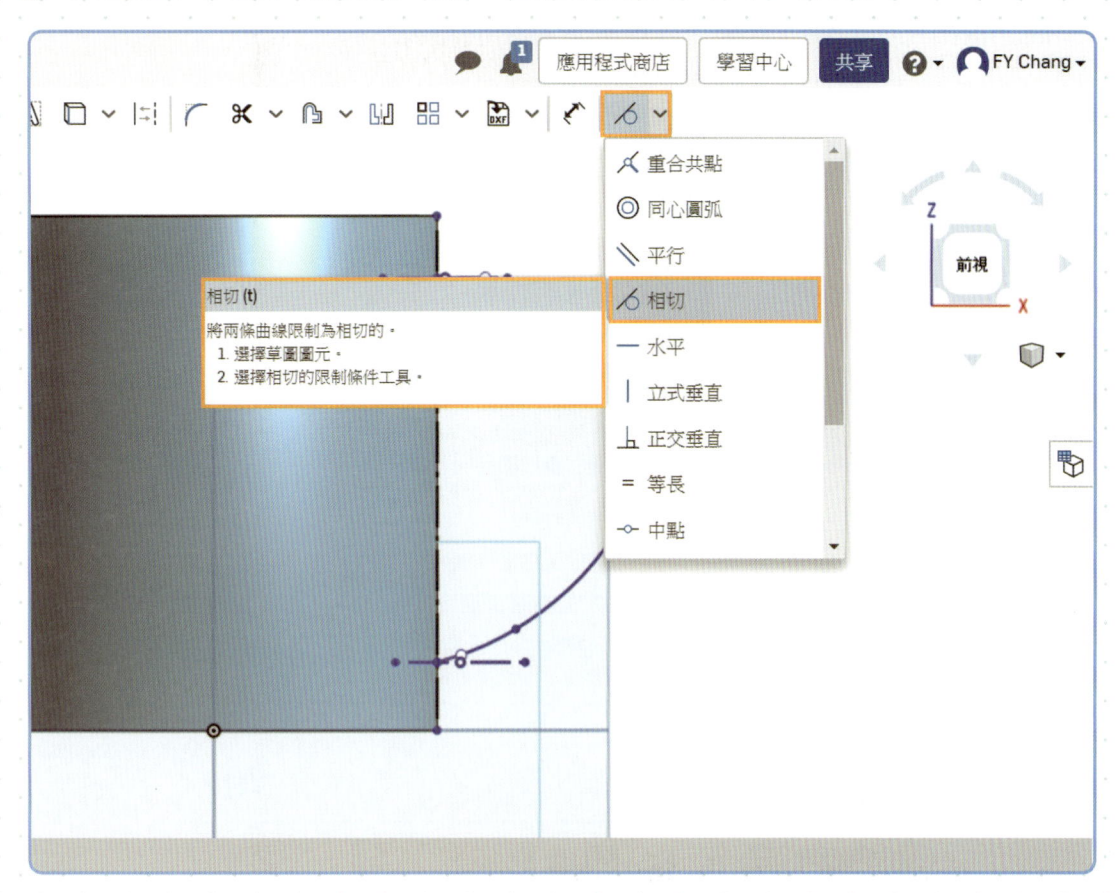

Step 05 讓曲線跟參考線相切，就可以點選綠色勾勾完成草圖繪製。

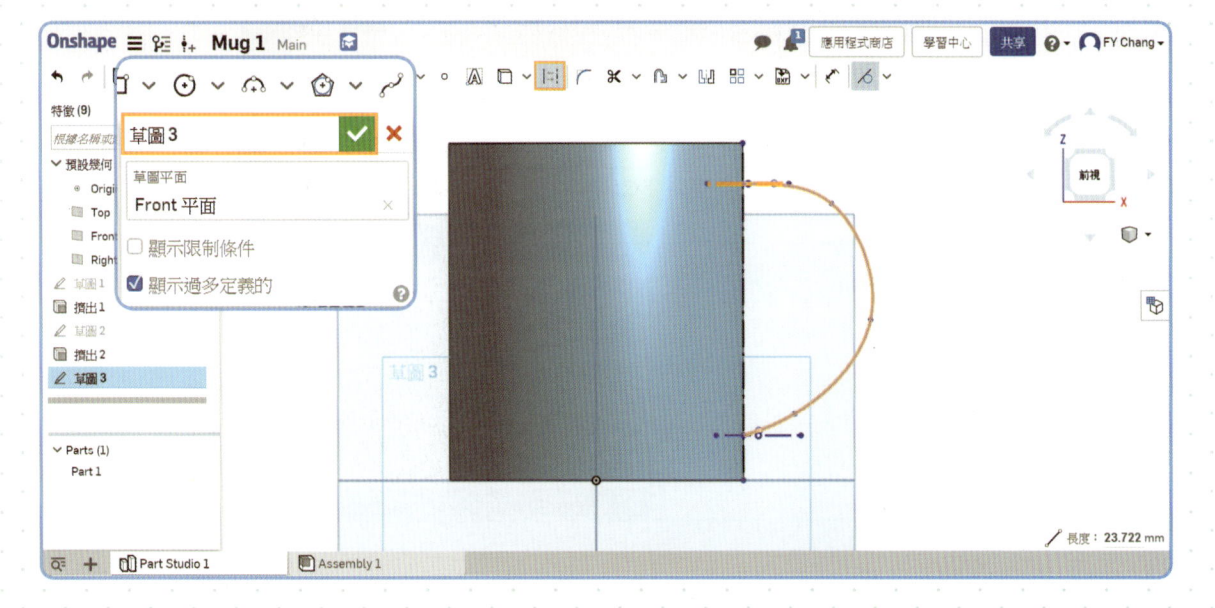

step 06 在「Right」平面上按「右鍵」選擇偏移平面,建立一個虛擬平面,並且在平面上畫出把手的圓弧效果,才能完成把手的繪製。

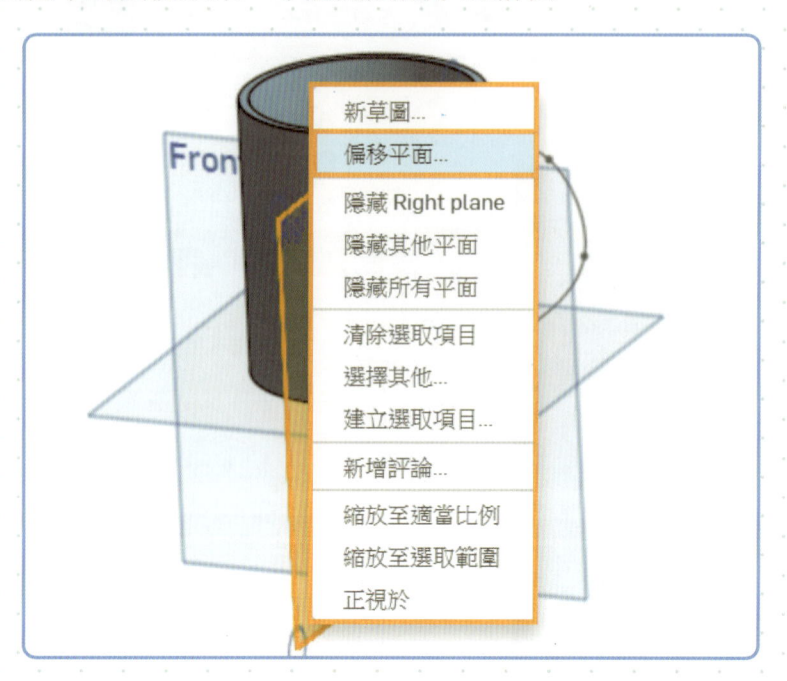

step 07 在特徵欄的地方選擇「平面點」。

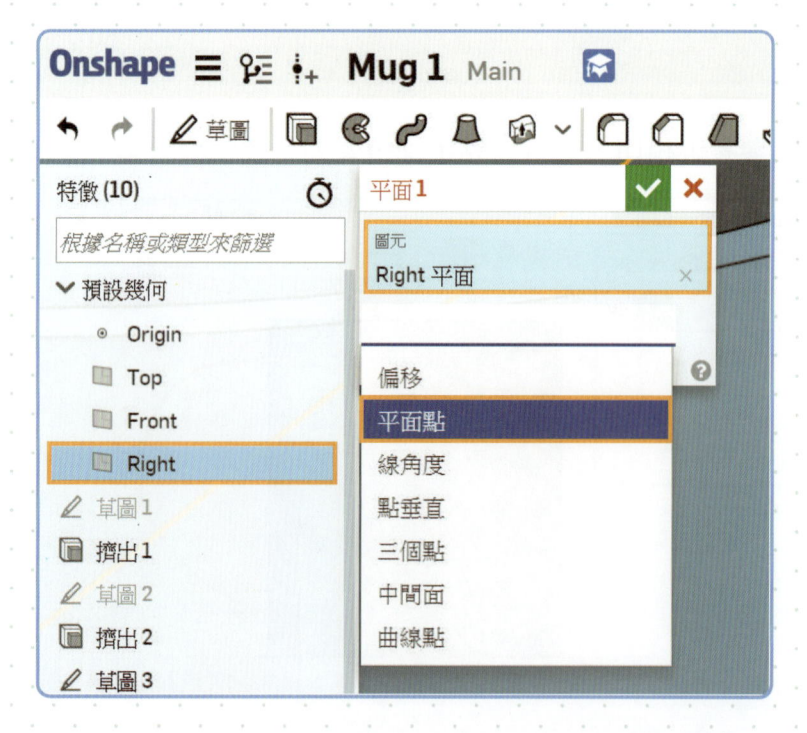

馬克杯進階建模操作　Chapter 4

Step 08　這是利用一個平面和一個點，建立出新平面的方式，按一下把手的起始點，就能看到新平面（平面 1）出現。

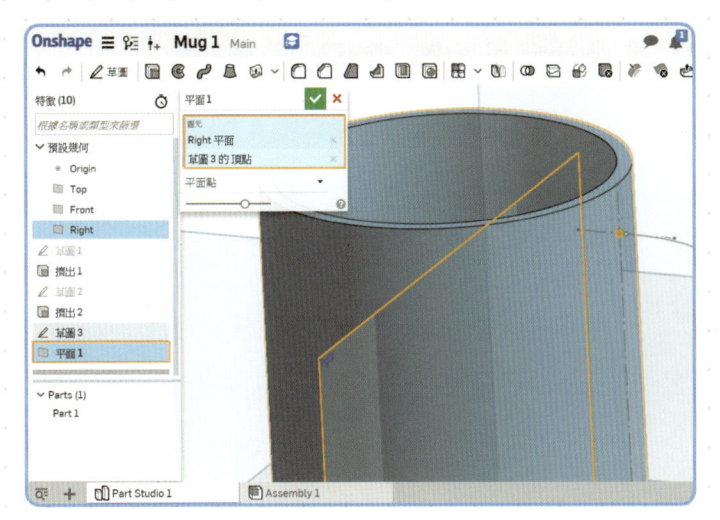

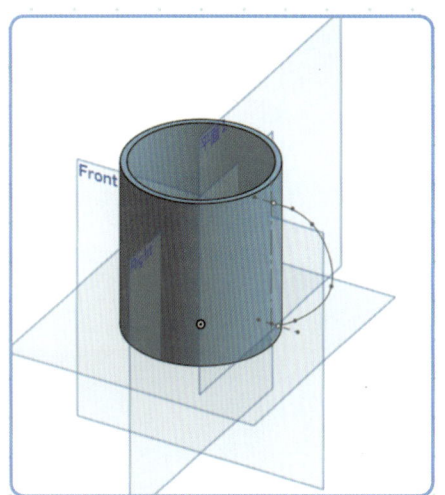

Step 09　在平面 1 上建立草圖（草圖 4），並以把手的起始點為中心畫出一個橢圓，完成之後點選綠色勾勾結束草圖繪製。

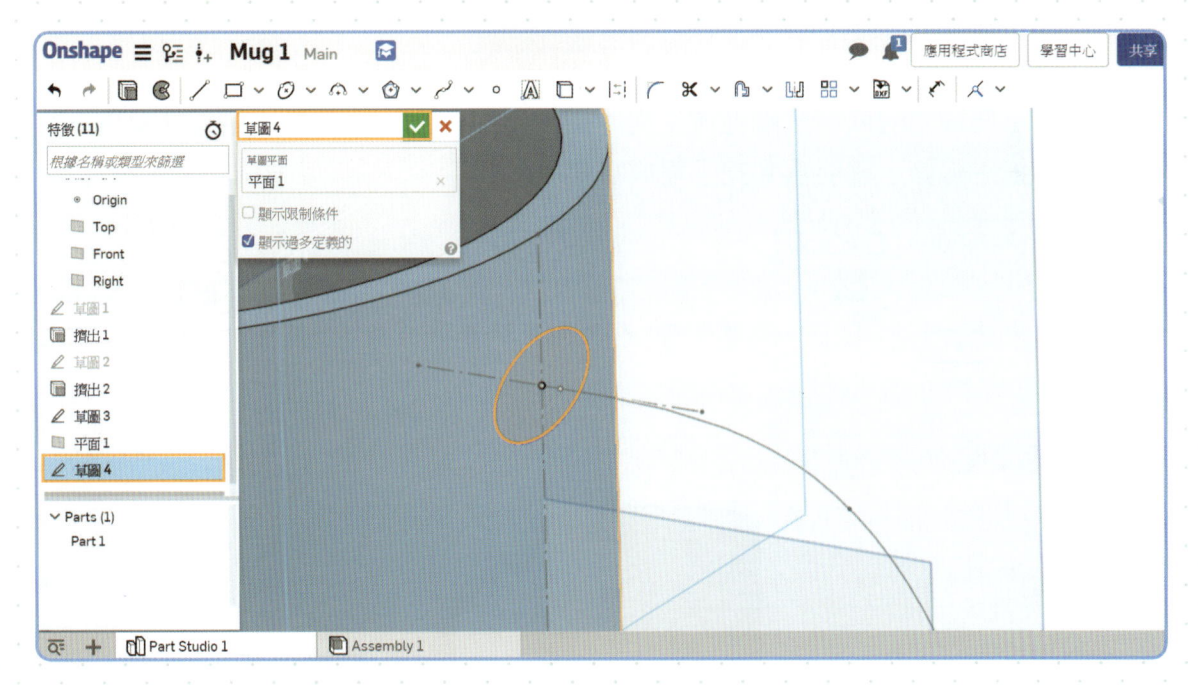

Step 10 選擇「掃出」工具，點選剛剛畫好的橢圓（草圖 4）。

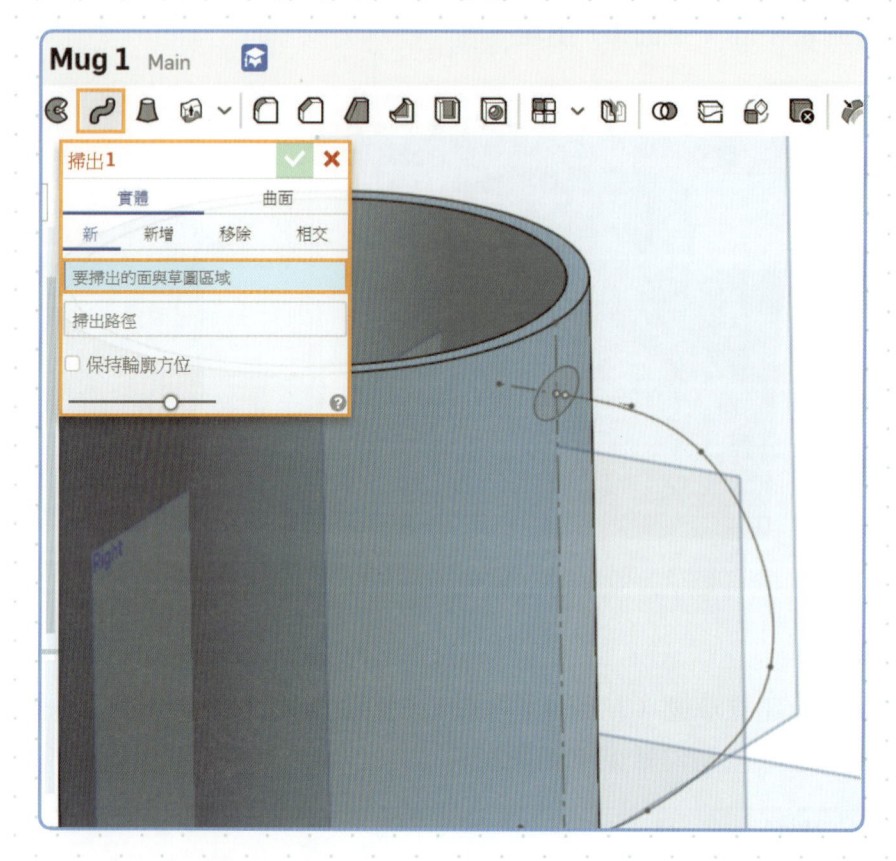

Step 11 設定「要掃出的面與草圖區域」與「掃出路徑」來生成把手，選擇（草圖 3）上的把手線條，就能看到把手變成實體。

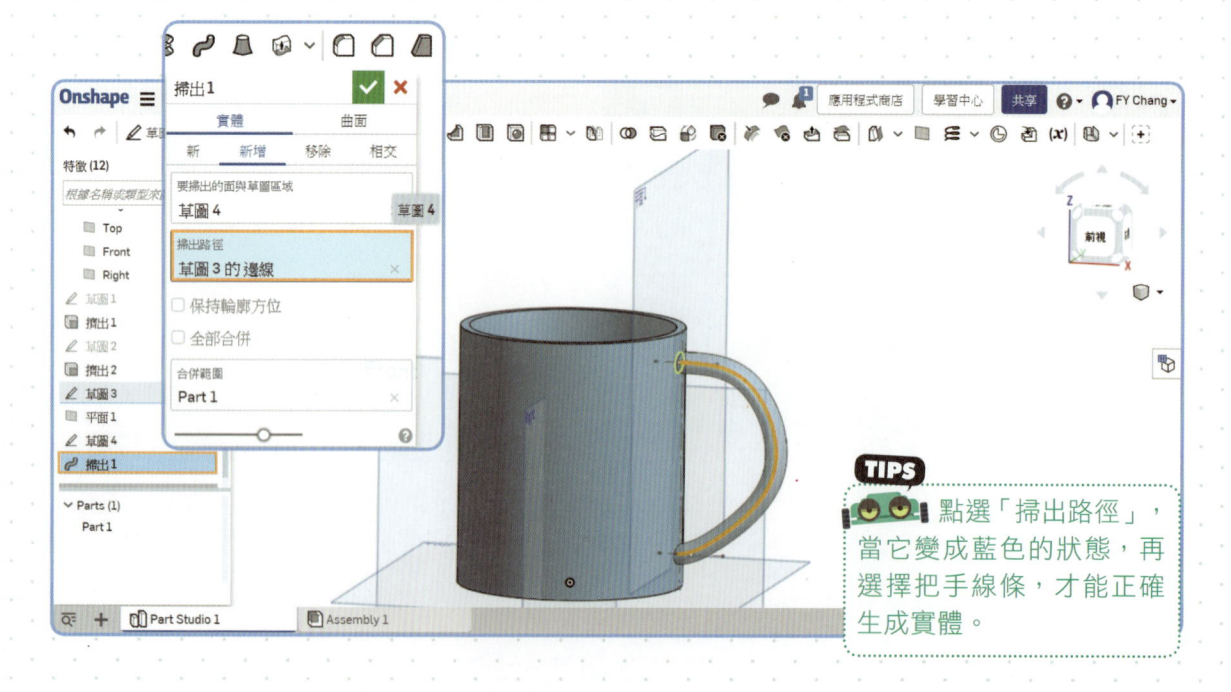

TIPS 點選「掃出路徑」，當它變成藍色的狀態，再選擇把手線條，才能正確生成實體。

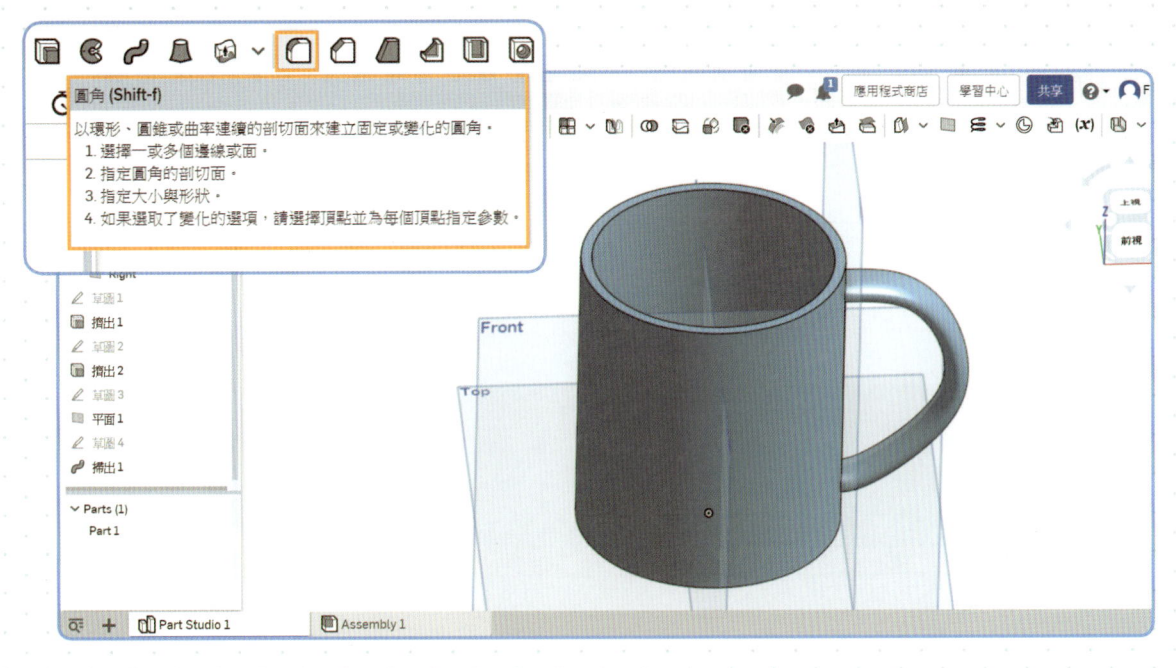

Step 12 使用「圓角」功能來處理模型的邊緣。

Step 13 點選所有要做圓角處理的邊線並設定「半徑」為 0.5 mm，再按下綠色勾勾完成圓角。

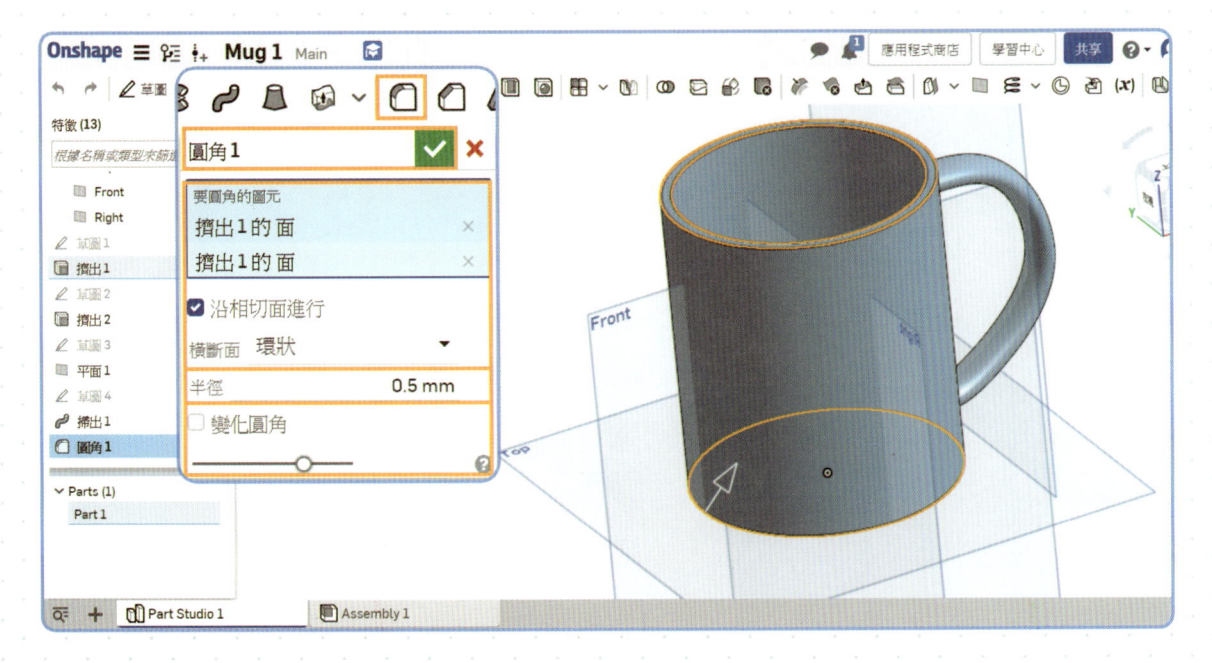

Step 14 為了更接近真實的馬克杯，設定把手的圓角為 8 mm 即可完成。

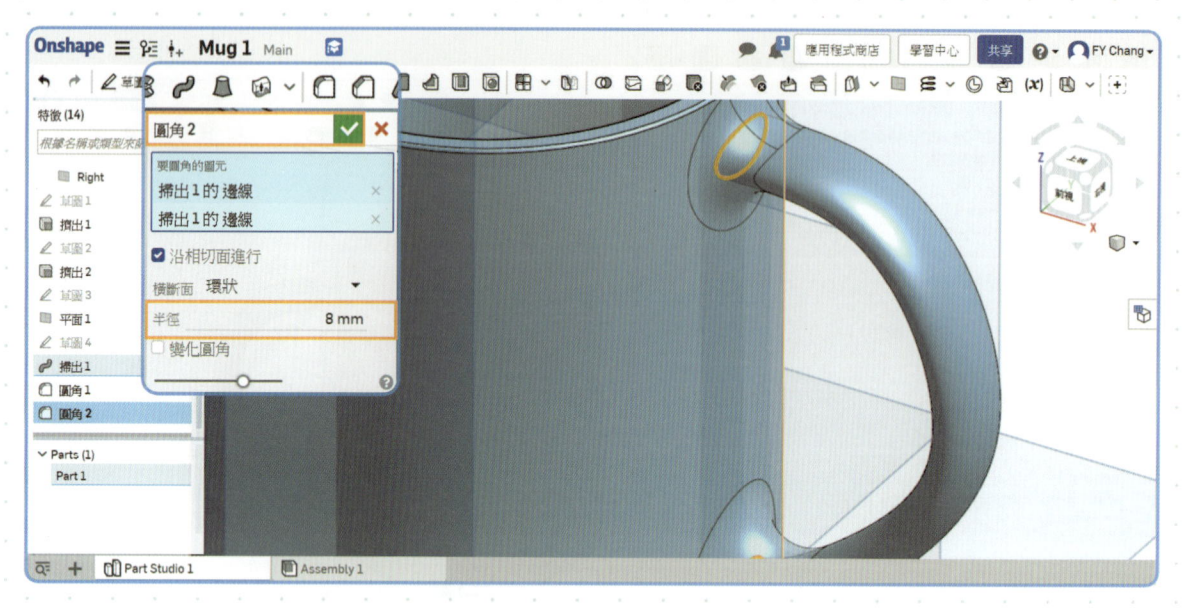

Step 15 要感受馬克杯的圓角效果，可以在畫面右邊的顯示類型中選擇「無邊線塗彩」。

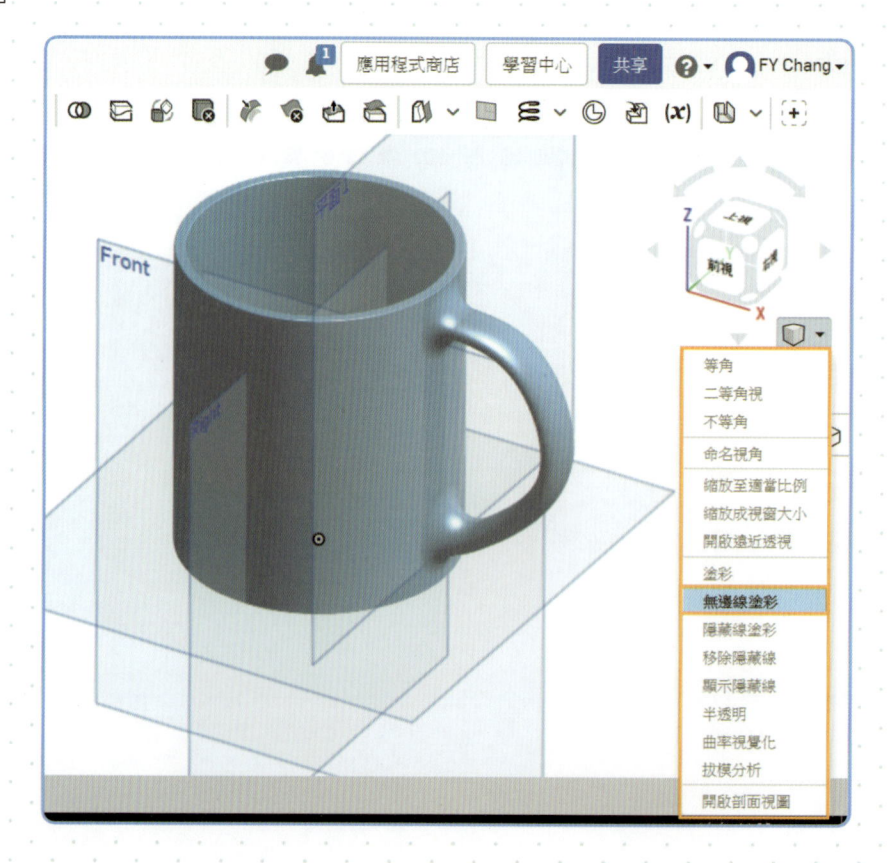

馬克杯進階建模操作　Chapter 4　67

Step 16 再到任一平面上點選「右鍵」選擇「隱藏所有平面」，就可以看到精緻的平口馬克杯模型。

4-2　曲線馬克杯繪製

曲線馬克杯完成圖

使用功能
1. 旋轉
2. 掃出
3. 圓角

範例實作

繪製曲線馬克杯杯身 - 旋轉功能

曲線造型的馬克杯不能夠用「擠出」的方式來繪製，而是要透過「旋轉」來製作。

Step 01 在「Front 平面」上建立草圖，並使用「直線」和「建構線」畫出一條通過原點的旋轉軸。

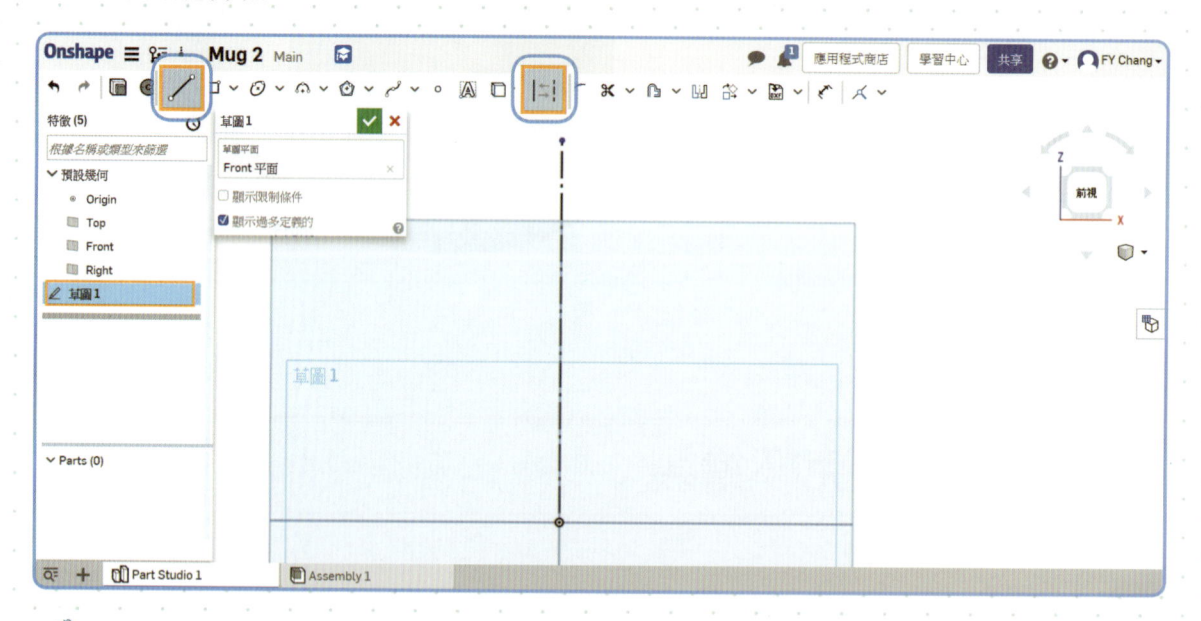

Step 02 在草圖上（草圖 1）畫出杯體的剖面形狀

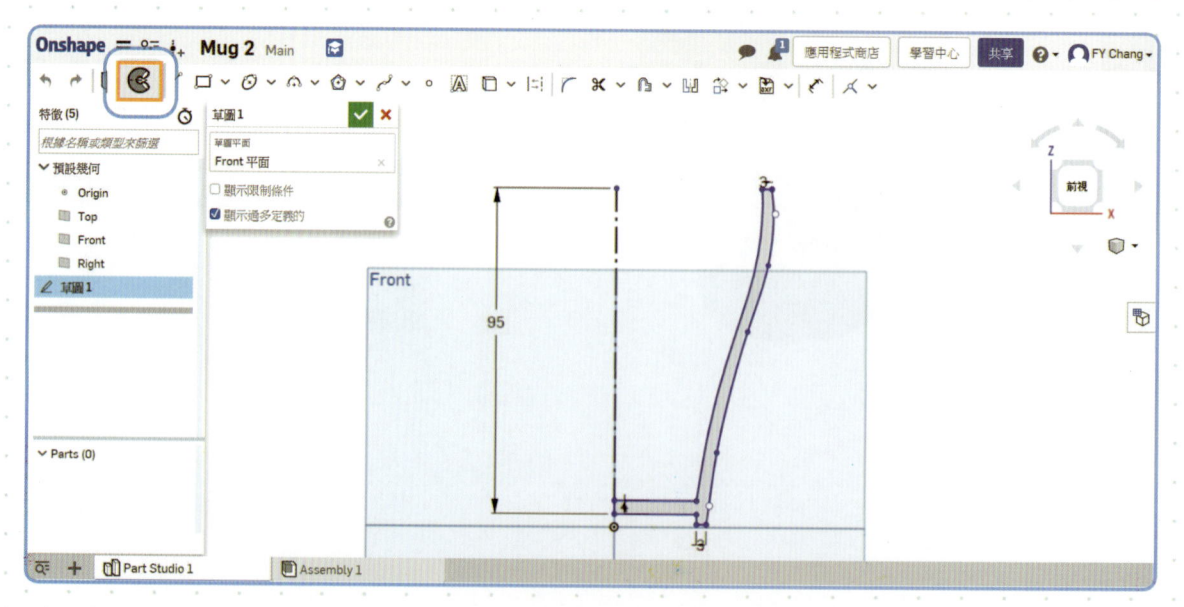

馬克杯進階建模操作　Chapter 4　69

步驟 03 點選功能列上的「旋轉」，會看到「旋轉軸」呈現藍色狀態。

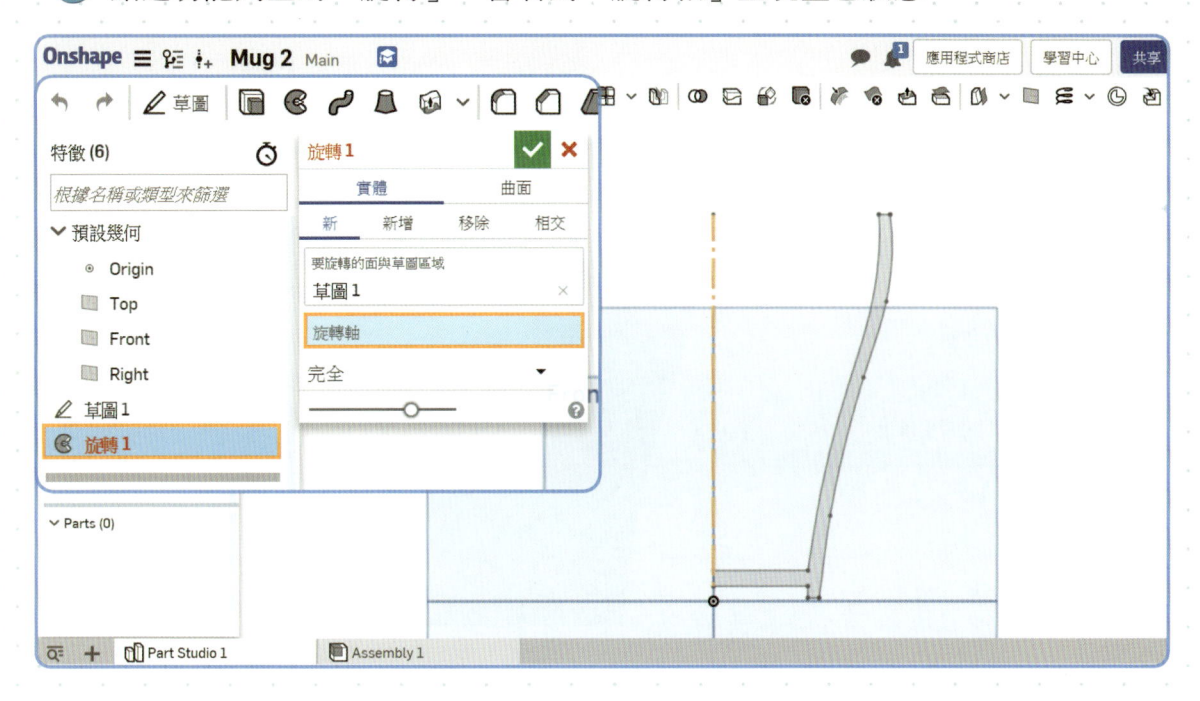

步驟 04 點選剛剛畫在草圖 1 上的建構線，設定旋轉軸，確認旋轉特徵，再按下綠色勾勾就可以完成曲線杯體成形。

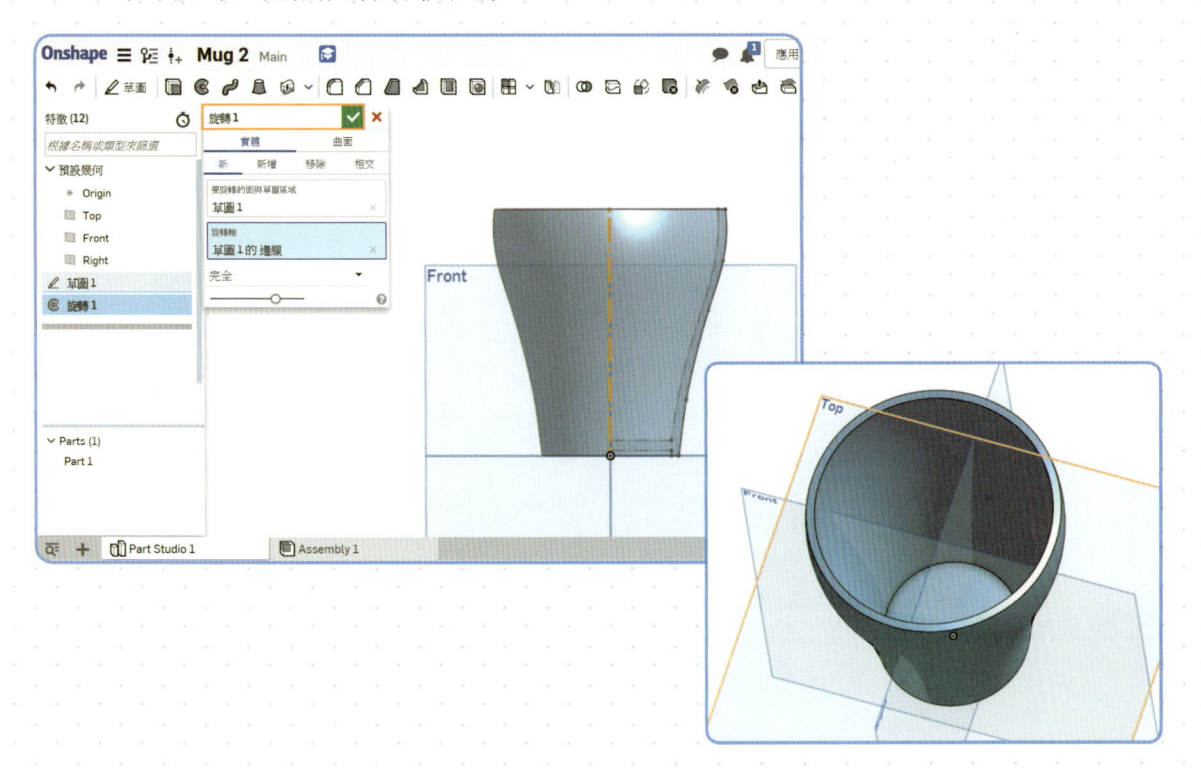

繪製曲面馬克杯把手

Step 01 在「Front 平面」上畫出把手的曲線。

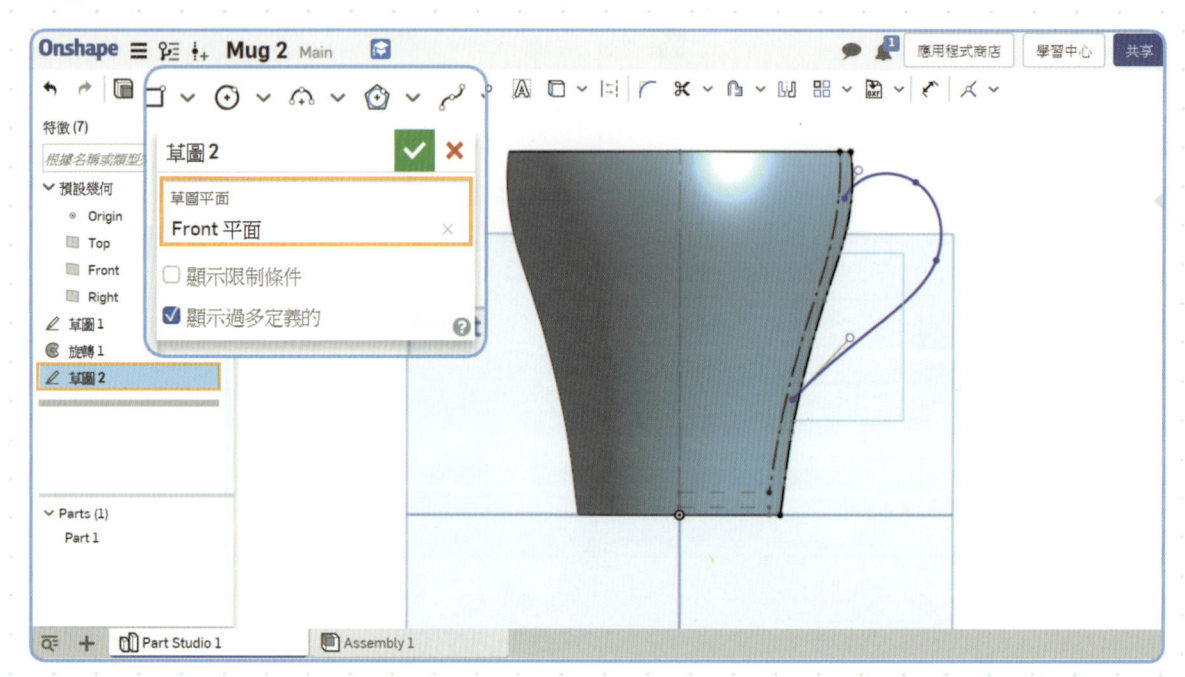

Step 02 在曲線的起始位置生成虛擬平面（平面1），並畫出橢圓。

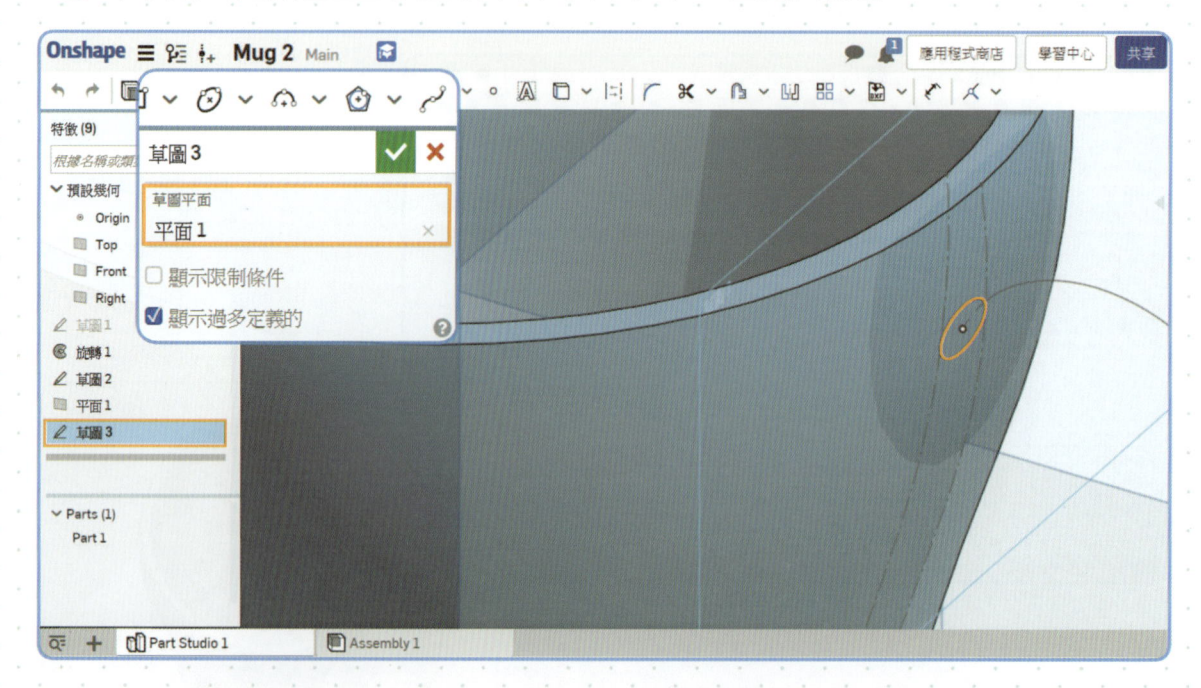

step 03 「掃出」把手。

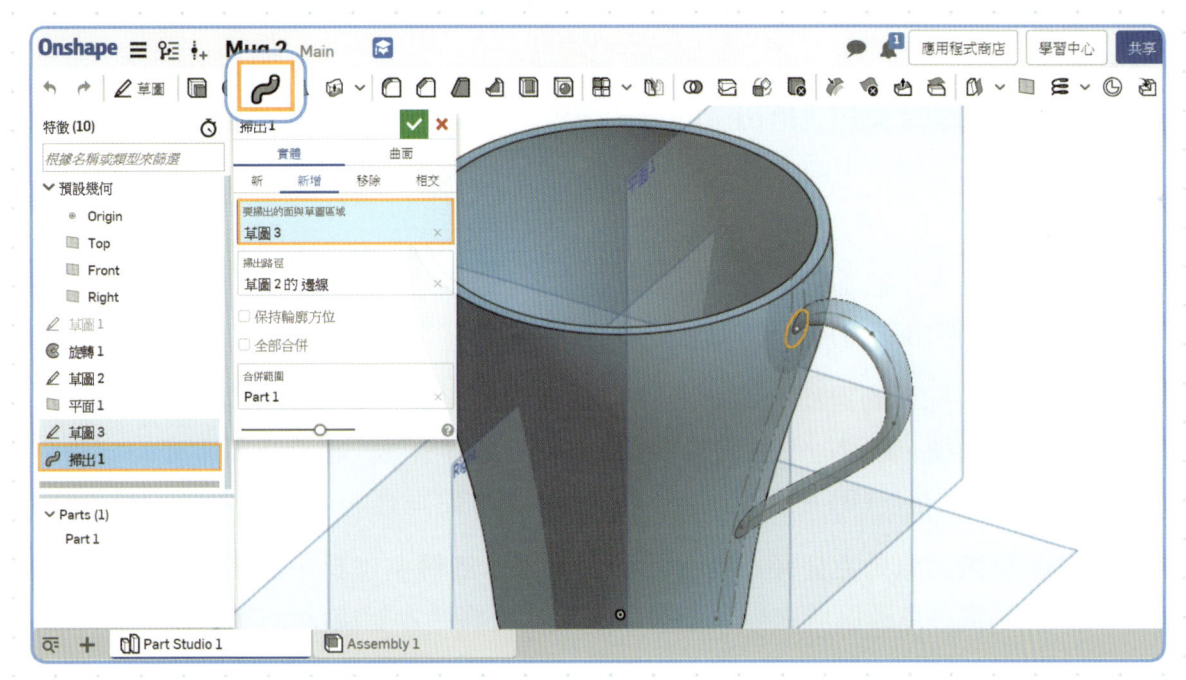

step 04 處理圓角後即可完成曲線馬克杯。

　　雖然本章的範例是繪製馬克杯,但其實這個章節介紹的「掃出」和「旋轉」功能,應用範圍都非常廣泛。大家可以試著運用相同的概念,練習畫出高腳杯、花瓶或是茶壺等器物。

Chapter 4 學習評量

選擇題（單選）

(　　) 1. 假如想要使用「擠出」的方式繪製平口馬克杯的杯體,請問應該把草圖建立在哪個平面上？
 (A) Top　(B) Right　(C) Front　(D) 以上皆是。

(　　) 2. 讓馬克杯把手成為實體的工具是？
 (A) 擠出　(B) 掃出　(C) 旋轉　(D) 鏡射。

(　　) 3. 繪製把手的過程中,需要建立一個虛擬平面,使用方法是：偏移 Right 平面後,點選把手曲線的端點。請問,這屬於哪一種產生新平面的方法？
 (A) 偏移　(B) 平面點　(C) 線角度　(D) 點垂直。

(　　) 4. 繪製曲線馬克杯杯口時,我們用到了「旋轉」工具,是用這項工具時除了選擇草圖區域之外,還必須設定什麼條件才能成功生成特徵？
 (A) 深度　(B) 半徑　(C) 旋轉軸　(D) 掃出路徑。

(　　) 5. 假如希望只繪製一個草圖就能完成高腳杯,那麼我們需要用到的工具是？
 (A) 擠出　(B) 掃出　(C) 旋轉　(D) 疊層拉伸。

實作題

1. 試說明繪製曲線馬克杯的步驟有哪些？

Chapter 5 從工程識圖到完成第一個工程物件

3D 建模除了幫我們製作出腦中所想像的 3D 物件,也可以讓我們透過工程圖來複製一模一樣的物件。下面我們就來看看要怎麼進行這神奇的操作吧。

我們學會了如何用 Onshape 軟體畫圖，接下來就讓我們學習如何讓 3D 建模的物件要與身邊的物品結合，如果家中的蓮蓬頭架壞了，我們就能自行測量原本蓮蓬架大小、繪圖、然後透過 3D 列印來更換壞掉的元件；或是設計一組機器人，讓列印出來的機器人零件能跟其它現成的材料結合，像是用來將零件固定在一起的螺絲等等。現在就跟著書上的步驟一步一步的操作，一起來畫出第一個實體物件吧。

5-1 前置作業　繪圖前的準備

繪圖前的準備：測量

在畫 3D 物件之前，需要先了解我們要畫的物件和真實物件應該如何配合？

1. 初步的測量或是工程圖的識圖。

2. 認識測量工具 - 游標卡尺。

而工具測量則是我們較常使用的方式。生活中常用的測量工具除了直尺以外就是游標卡尺了，其測量範圍的尺寸限制剛好和教學現場所使用的 3D 印表機或是雷射切割機加工範圍相符，因此在一般課堂中可以多多練習使用游標卡尺唷。

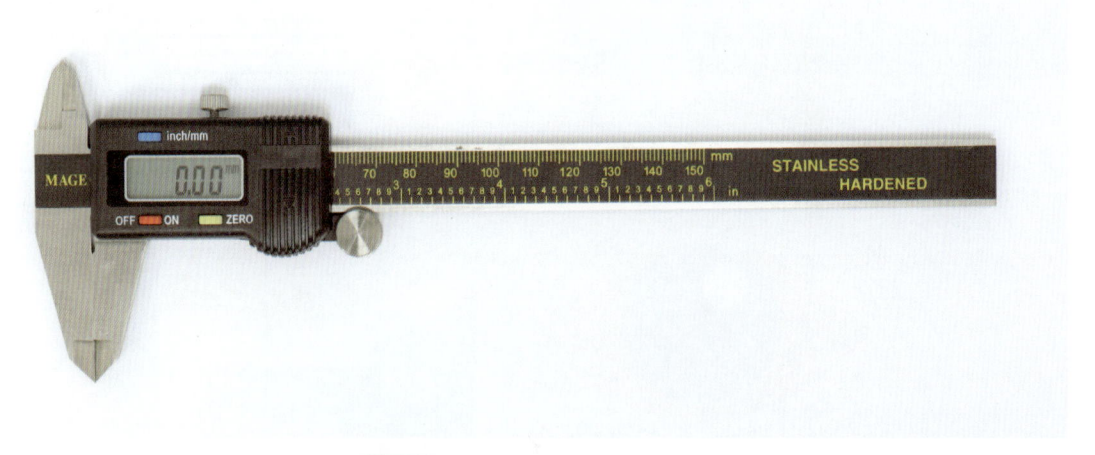

圖 5-1　數位式游標卡尺

從工程識圖到完成第一個工程物件　Chapter 5　75

　　游標卡尺可以量測物體的「外徑」、「內徑」以及「深度」三種數值，因此我們可以快速的了解身邊物體的尺寸並進行物件繪製。過去我們常使用刻度式的游標卡尺或是指針式的游標卡尺，而現在有了數位式的游標卡尺，因此降低不少閱讀數值上的困難，大家也可以買一支放在身邊，方便自己隨時測量物件。

step 01 測量物體「外徑」。

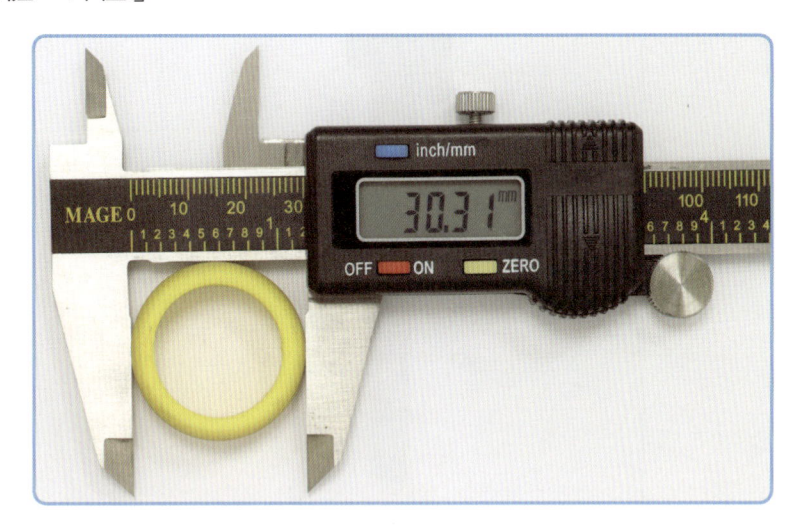

step 02 測量物體「內徑」。

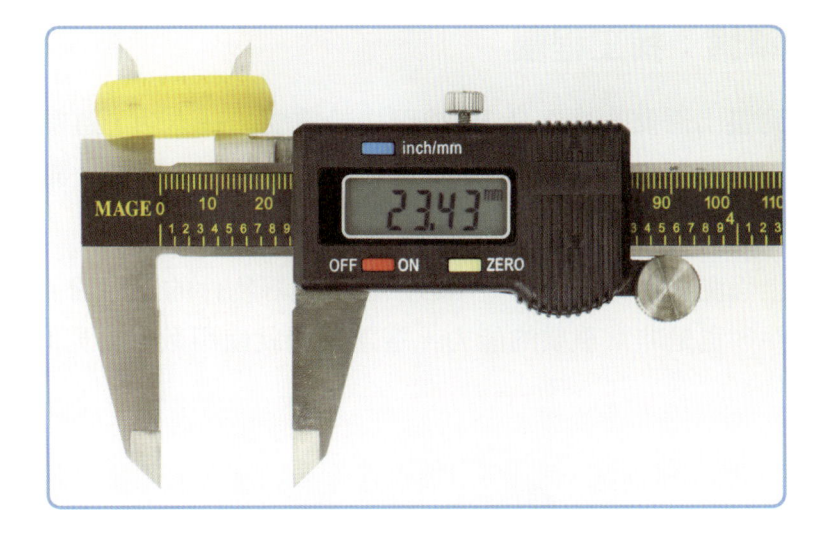

Step 03 測量物體「深度」。

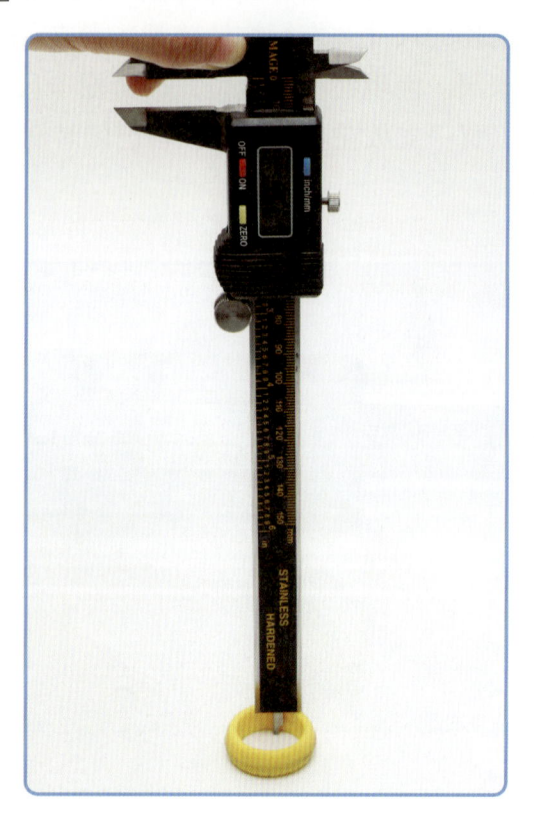

繪圖前的準備：找工程圖

　　從工程圖到畫出需要的物件是 3D 繪圖中最重要的基本功，這個操作除了可以透過 3D 列印做出替代物，最重要的是可以在電腦中模擬、組裝、測試，來了解我們所設計的東西是否能符合期望中的樣子？

　　因此除了上面測量的方法，另一個方法就是找尋物件的工程圖，透過工程圖了解要繪製的物件，也是非常重要的能力。這邊我們就使用教室常見的 TT 直流減速馬達來做示範。

圖 5-2　TT 直流減速馬達

找工程圖

首先進入 Google，打上「TT 直流減速馬達工程圖」，然後按搜尋，再將搜尋結果調到「圖片」，就可以在下方發現關於 TT 直流減速馬達的工程圖；而如果單純在搜尋下，則可以找副檔名 PDF 類型的檔案，多半會是這顆馬達的資料或是工程圖。

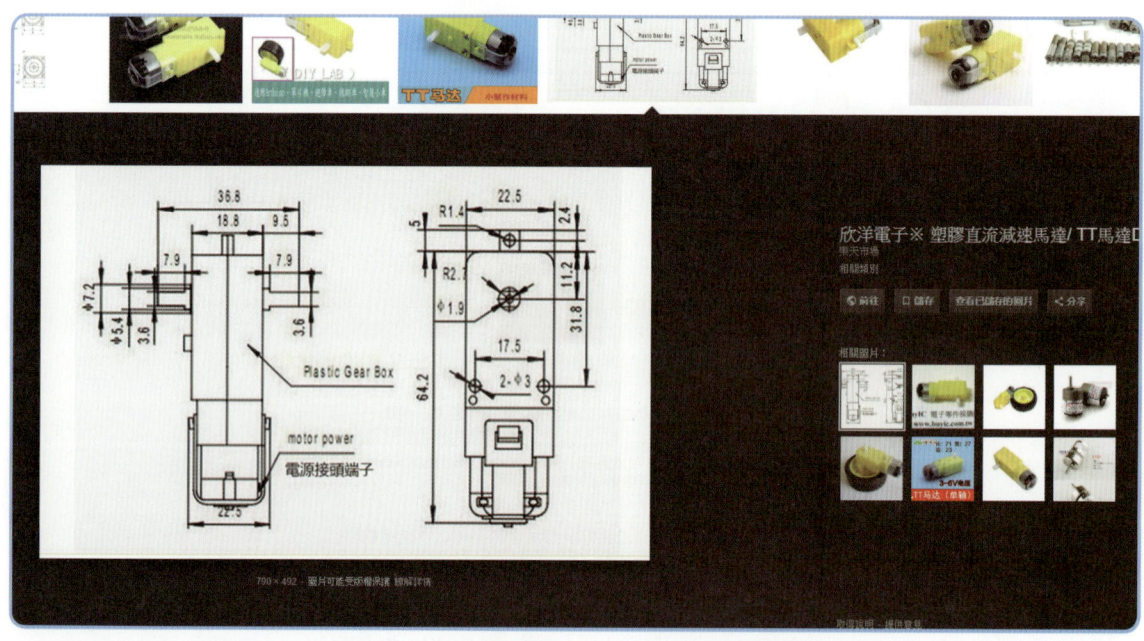

繪圖前的準備：確認物件尺寸

　　一張工程圖上面，會有非常多的標註，這時候請不要緊張，一般來說在繪製物件時會從最大的範圍開始畫，再慢慢地補上細節，而圖面上的資訊是固定的，當你畫了越多細節在 3D 模型中，剩下需要畫上的東西就越少，因此只要靜下心來慢慢做一定可以完成的。

5-2　TT 直流減速馬達

TT 直流減速馬達完成圖

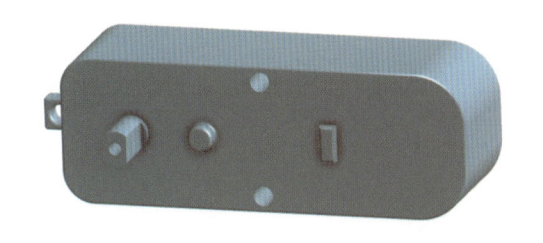

使用功能
1. 擠出
2. 圓角
3. 工程識圖

範例實作

TT 直流減速馬達 (主體)

　　找到工程圖之後我們就可以來畫我們的 TT 減速直流馬達了。首先開啟 Onshape，並建立一個新的文件。下面我們的動作會參考圖 5-3 來進行繪製。

step 01 首先先從最大的範圍畫起，最大範圍是指這個物件的最大長寬範圍。像這張工程圖中，我們就可以先從中間有馬達的區域開始畫起，而他的長 × 寬 × 高分別為：64.2mm × 22.5mm × 18.8mm。

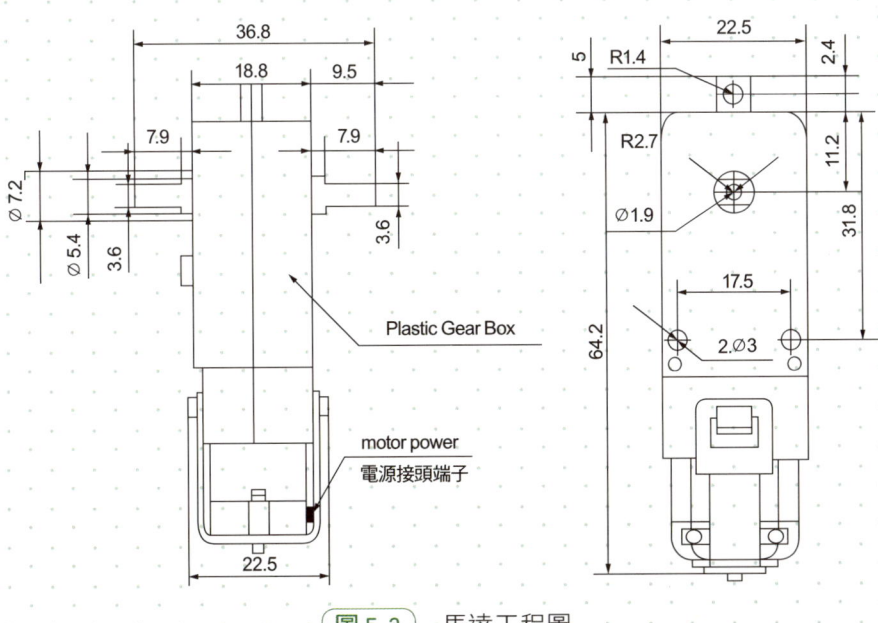

圖 5-3　馬達工程圖

> **TIPS** 沒有單位時則依據取得工程圖的來源地區進行判斷，一般來說亞洲使用的單位都為公厘（mm），畫圖前先確認後就可以直接標上了，而有時候圖面上會少提供某些資訊，這時候我們就要用游標卡尺把它量出來了。

step 02 依據工程圖，草圖 1 先從最大的範圍畫起，如這張工程圖，就可以先從中間有馬達的區域開始，他的長 × 寬 × 高分別為：64.2mm×22.5mm×18.8mm。

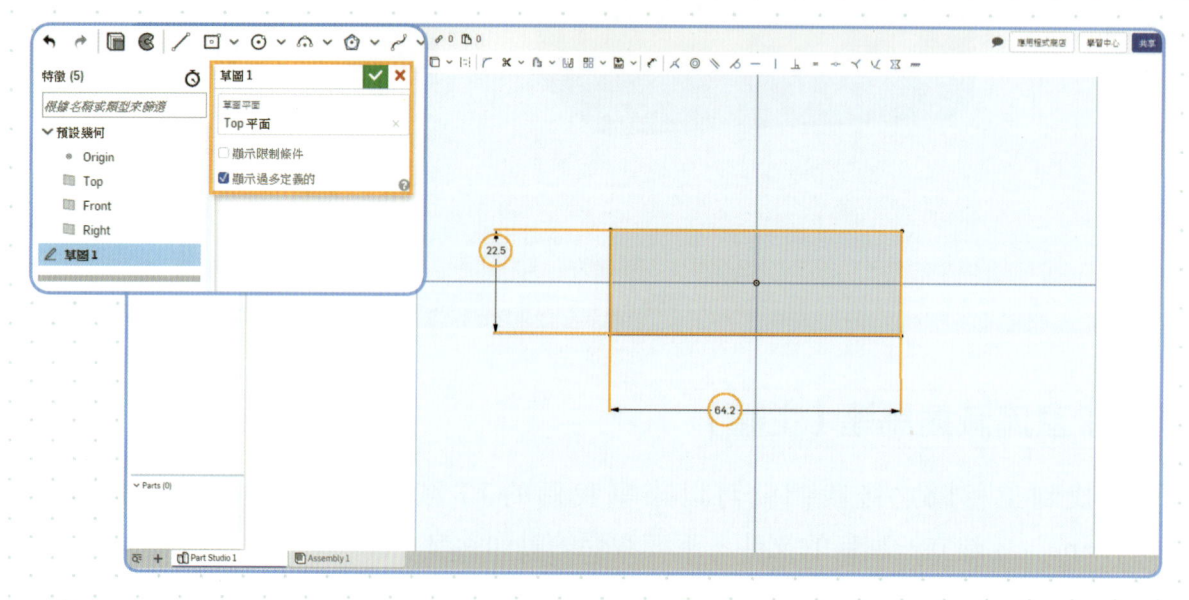

step 03 加出厚度（18.8mm）

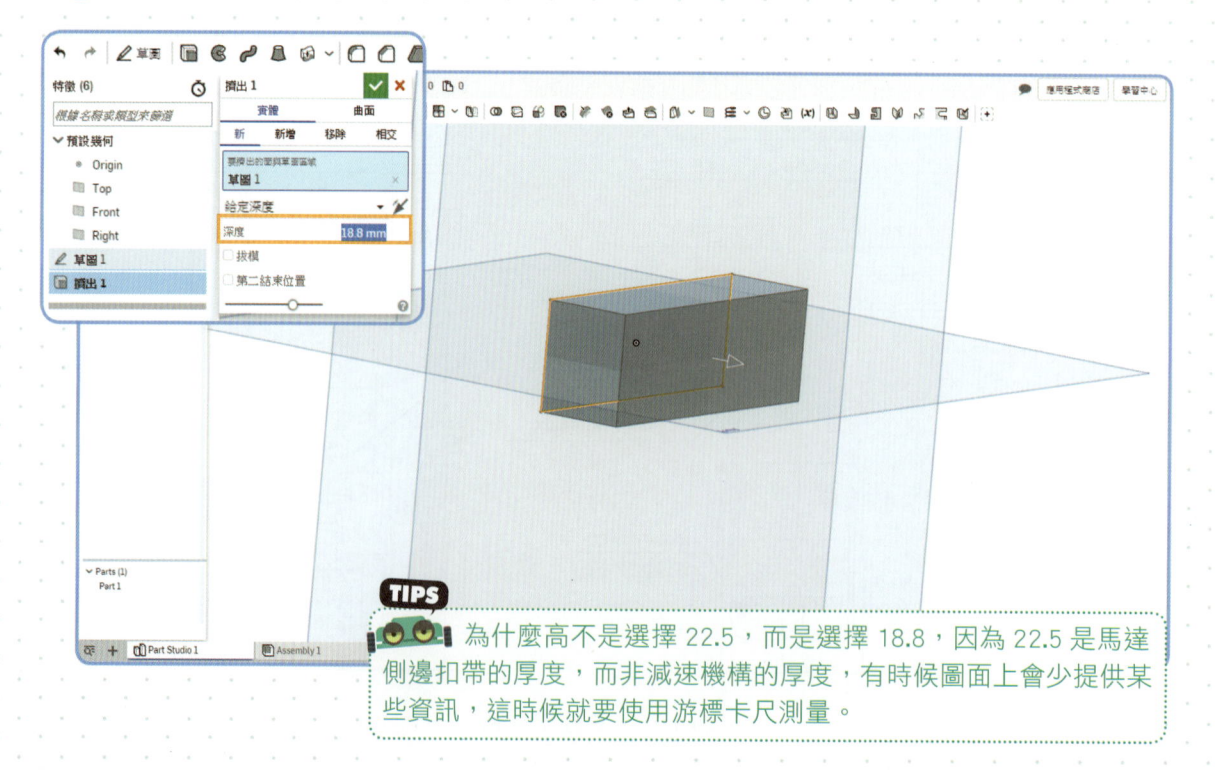

> **TIPS** 為什麼高不是選擇 22.5，而是選擇 18.8，因為 22.5 是馬達側邊扣帶的厚度，而非減速機構的厚度，有時候圖面上會少提供某些資訊，這時候就要使用游標卡尺測量。

從工程識圖到完成第一個工程物件　Chapter 5　81

step 04　先在中央畫出一條長度 11.2 的直線做為參考線。

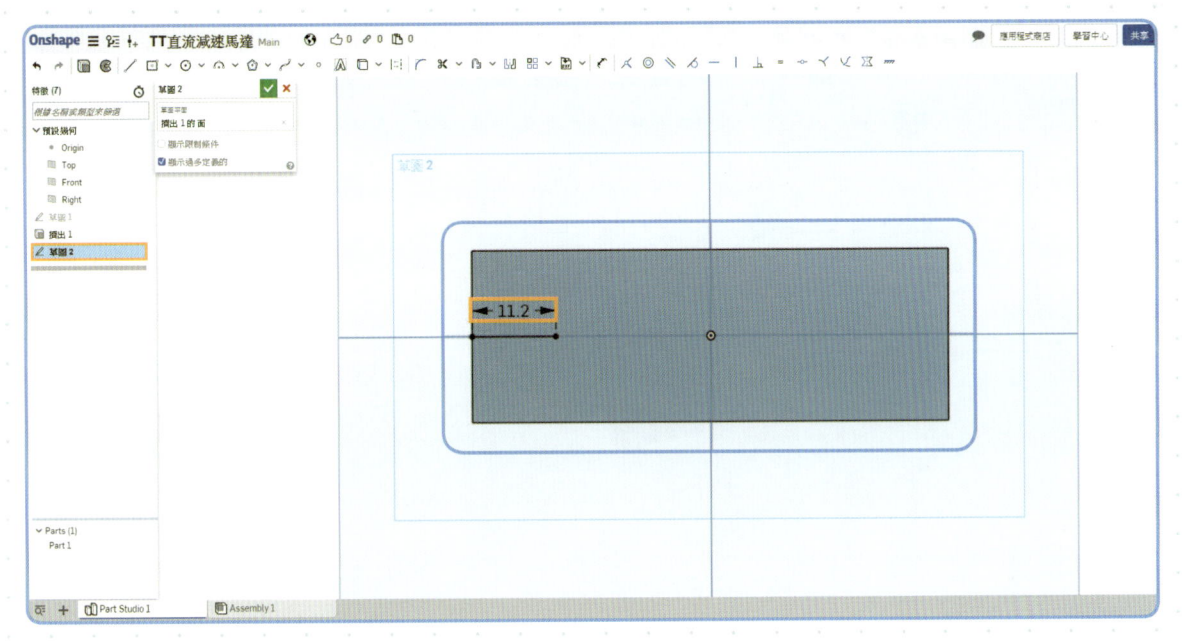

step 05　畫出直徑 5.4mm 的圓。

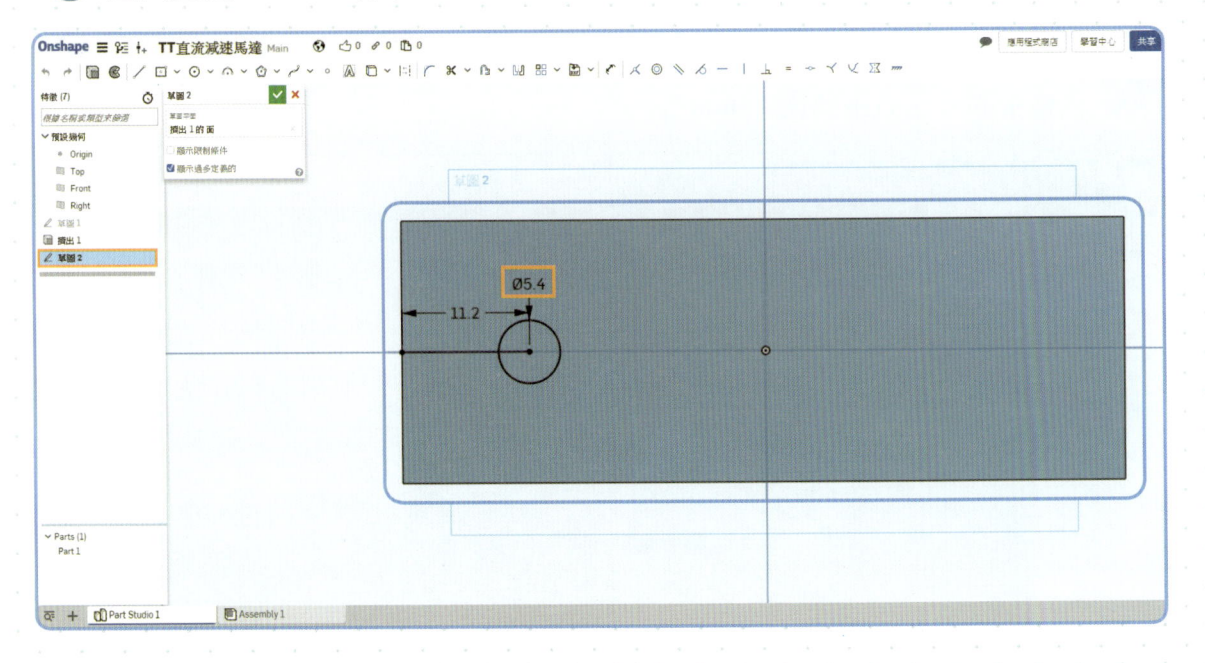

動手入門 Onshape 3D 繪圖到機構製作

Step 06 擠出厚度 9mm，並設為「新」。

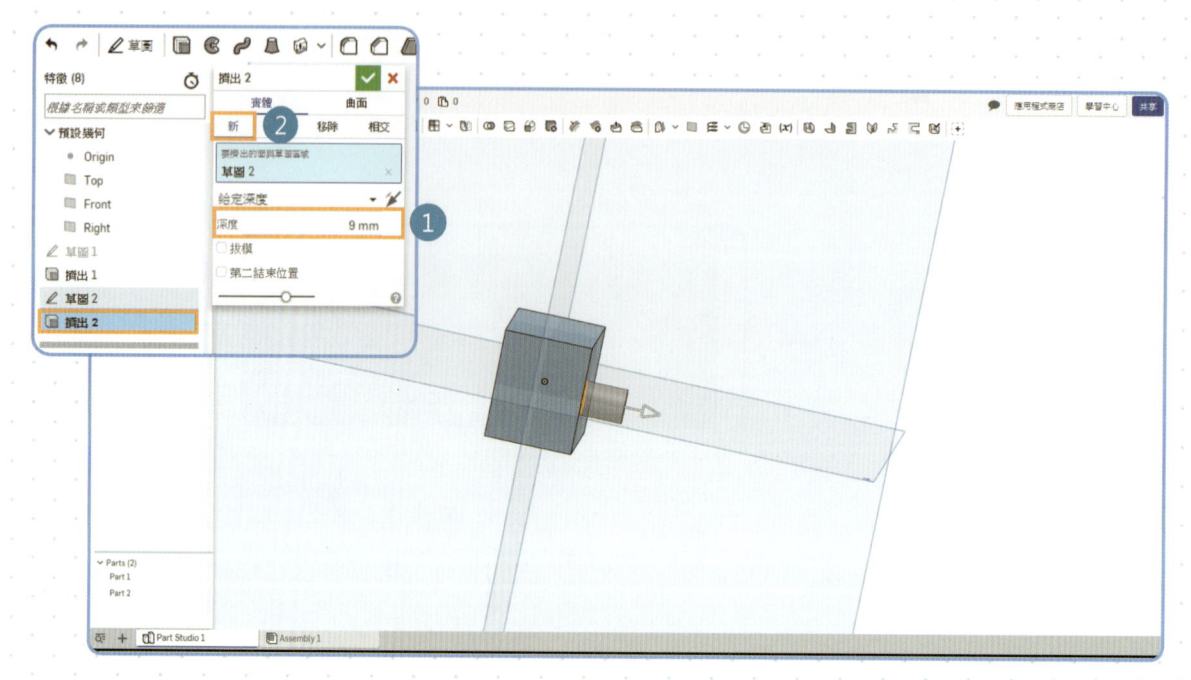

> **TIPS**
> 左右兩側軸上各有兩個小小的切口，要確實把它畫出來。繪製的技巧是先看出這兩個切口距離為 3.6mm，且深度為 7.9mm。

Step 07 先從中間往左右兩側畫 18mm。

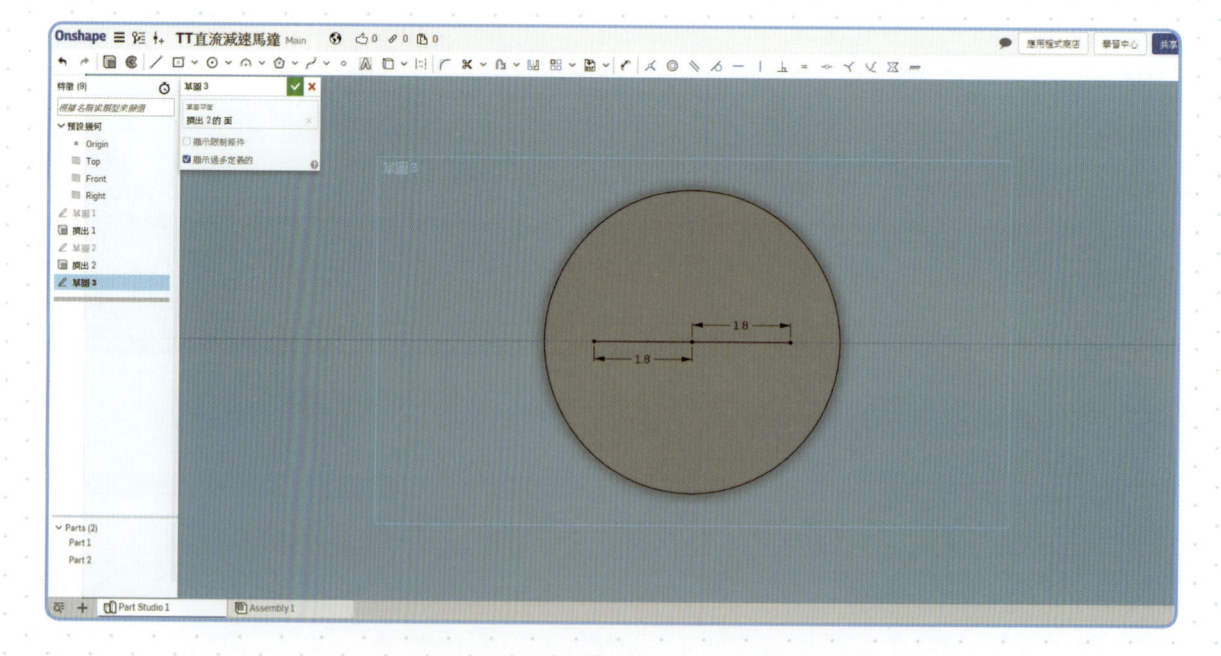

從工程識圖到完成第一個工程物件　Chapter 5　83

Step 08　在直線兩端往上下畫垂直的直線。

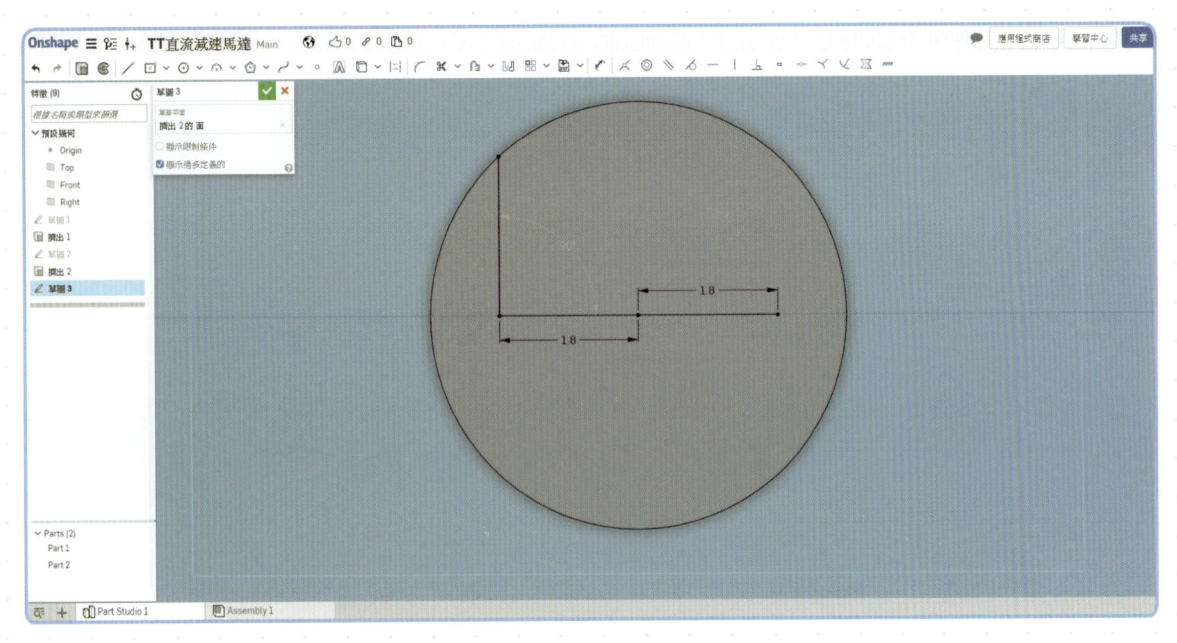

Step 09　從中心畫一個直徑 5.4mm 的圓。

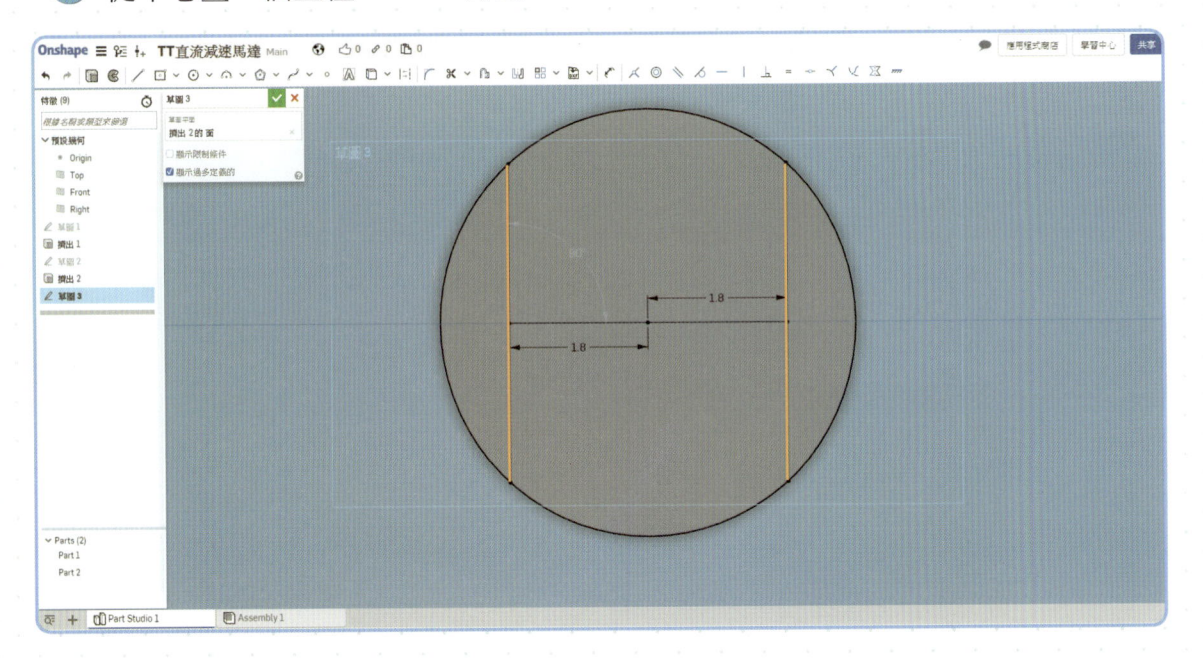

Step ⑩ 把不要的地方全部用「修剪」剪掉。

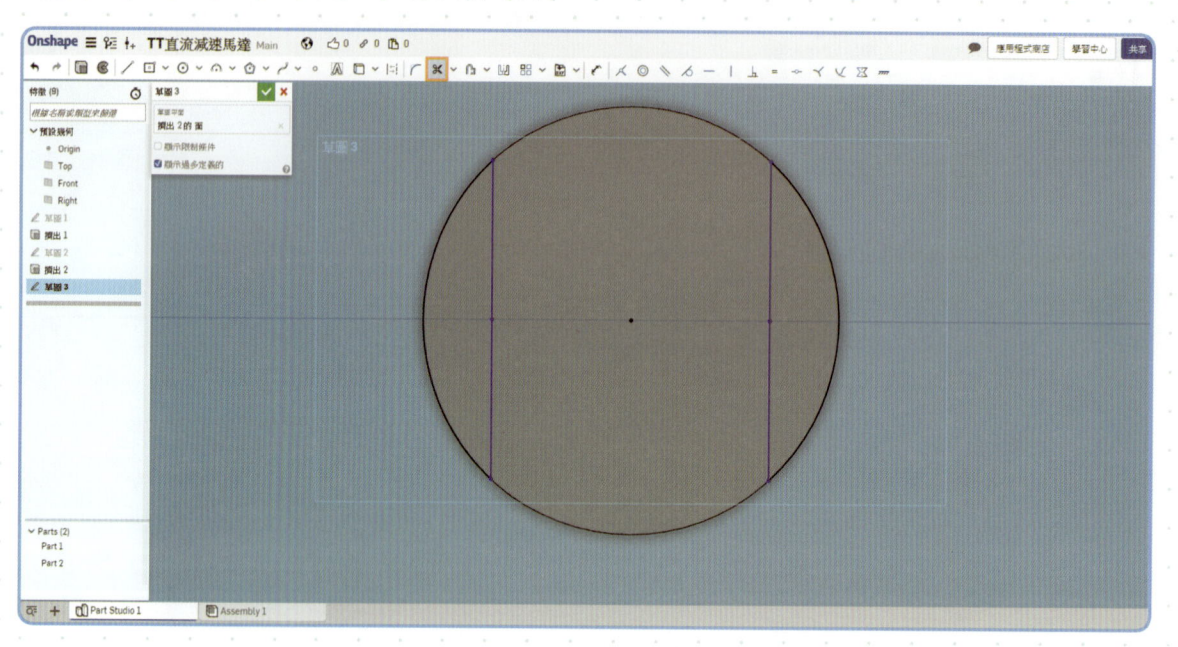

Step ⑪ 選擇「擠出」中的深度，深度 7.9mm。

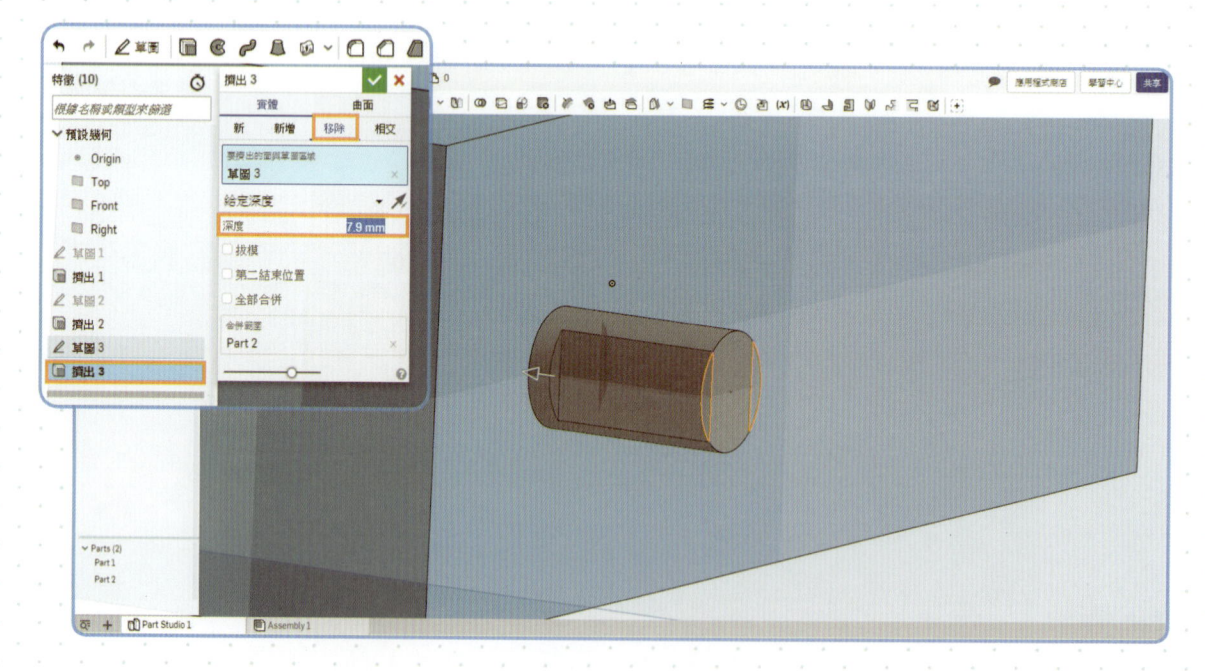

Step 12. 完成中間的洞（看到工程圖的右側標註一個直徑為 1.9mm 的洞，這部分自行先畫上，可以先將深度設為 9mm，跟軸的深度一致即可）。

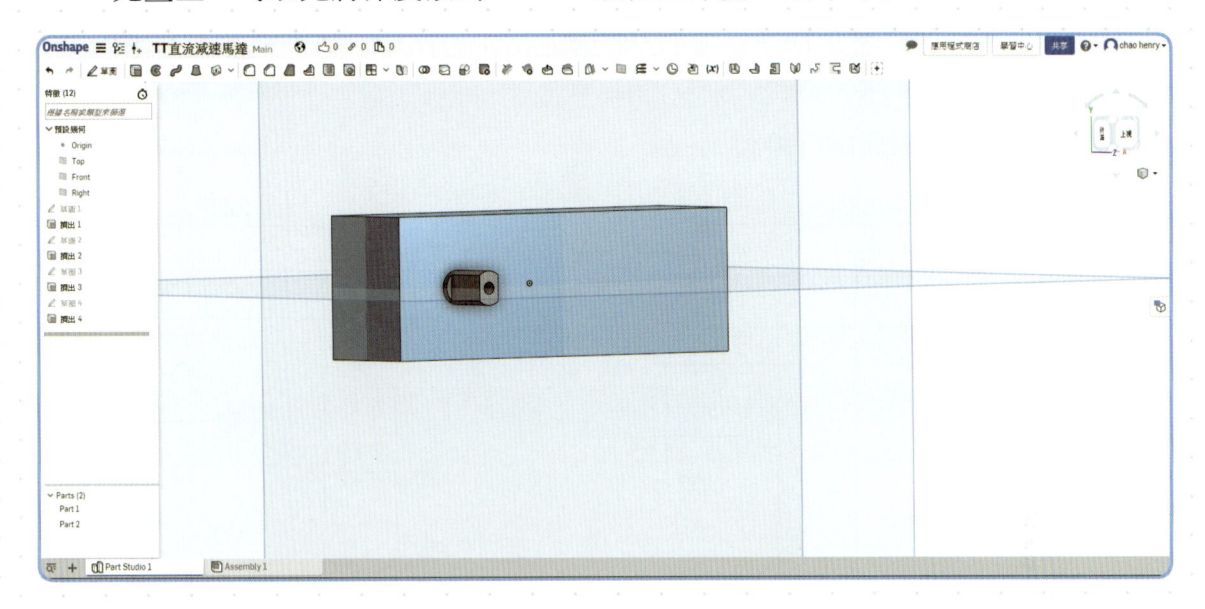

Step 13. 依據中央平面做鏡射（左邊軸）。

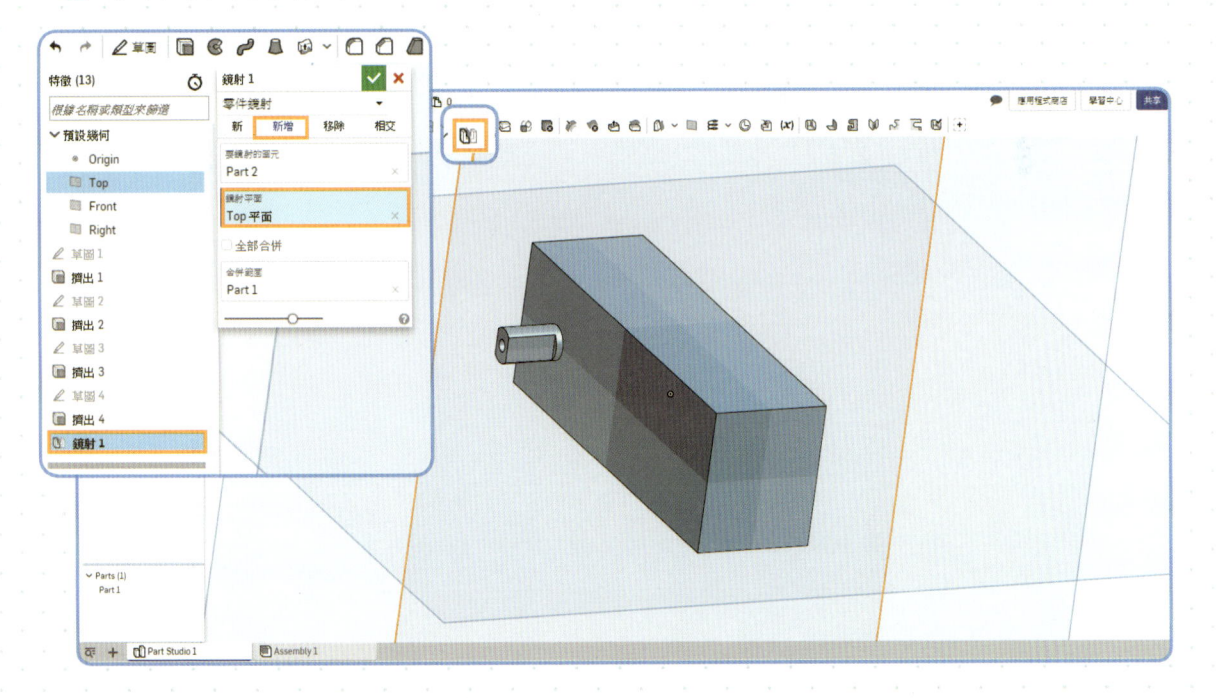

繪圖前的準備：物件尺寸確定

首先先找孔的距離和孔徑，兩個孔距離 17.5mm，且距離邊線為 31.8mm，而孔徑為 3mm。

馬達工程圖參考圖進行繪製。

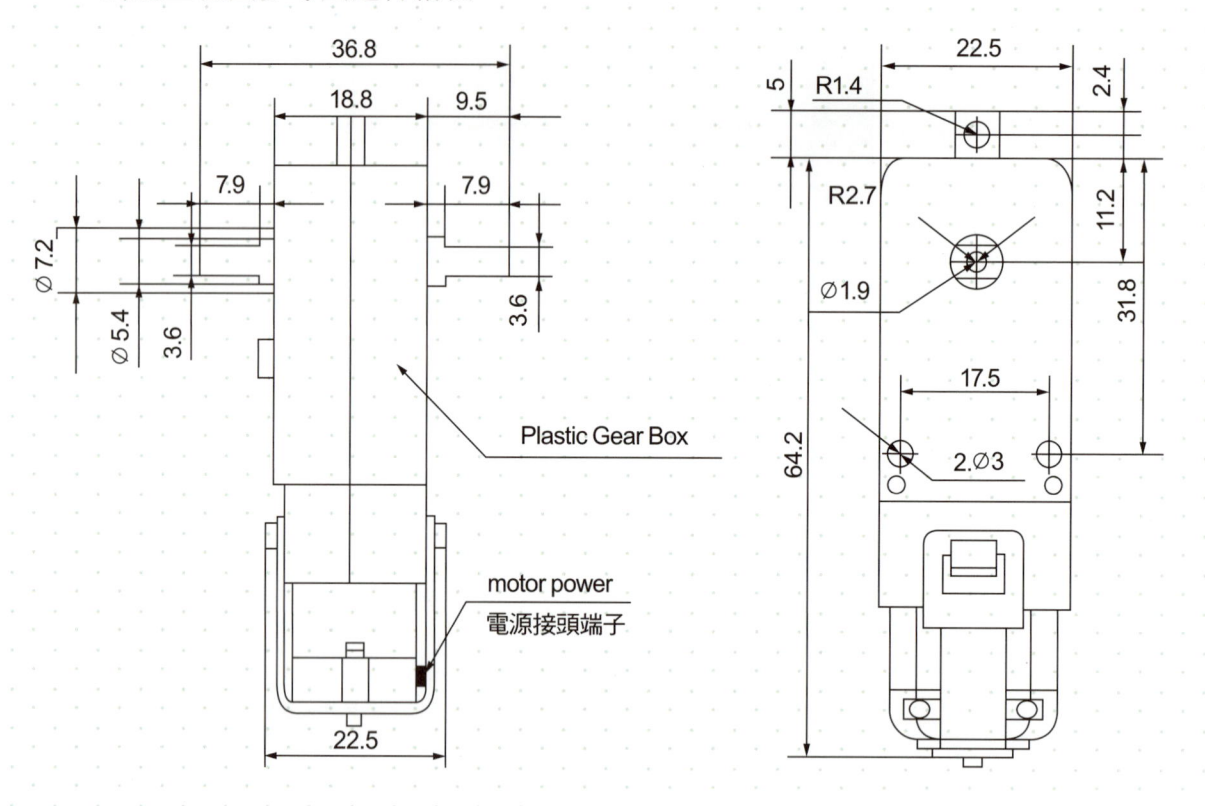

TT直流減速馬達（固定物件　螺絲孔）

Step 01 用直線畫出輔助線，31.8mm 以及 8.75mm(17.5/2=8.75mm)，然後畫出 3mm 的圓。

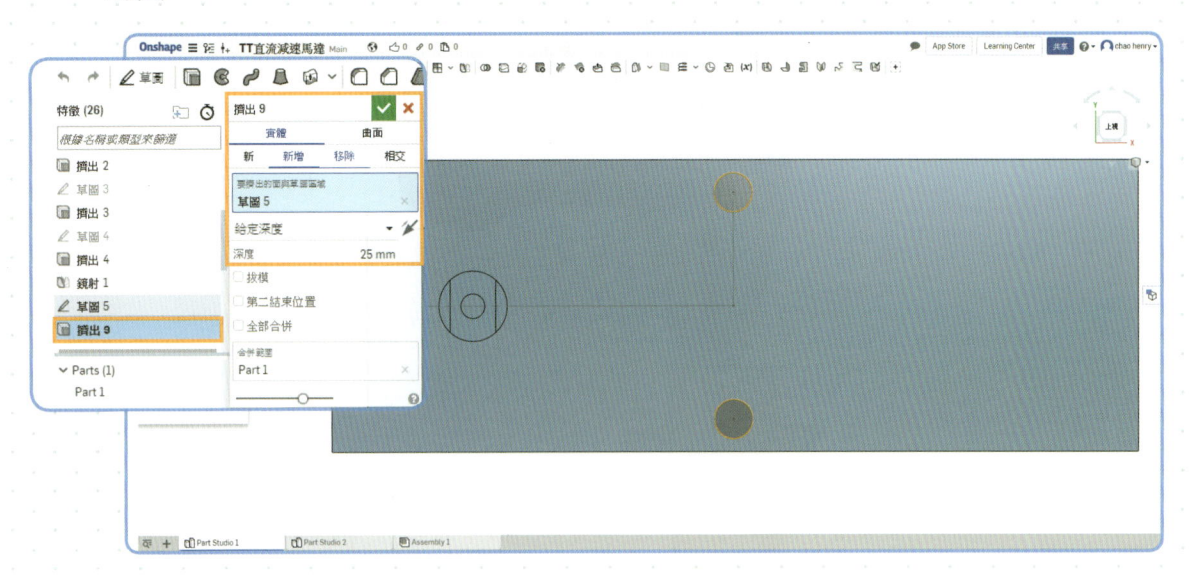

Step 02 選擇「擠出」、「移除」即可完成孔洞。

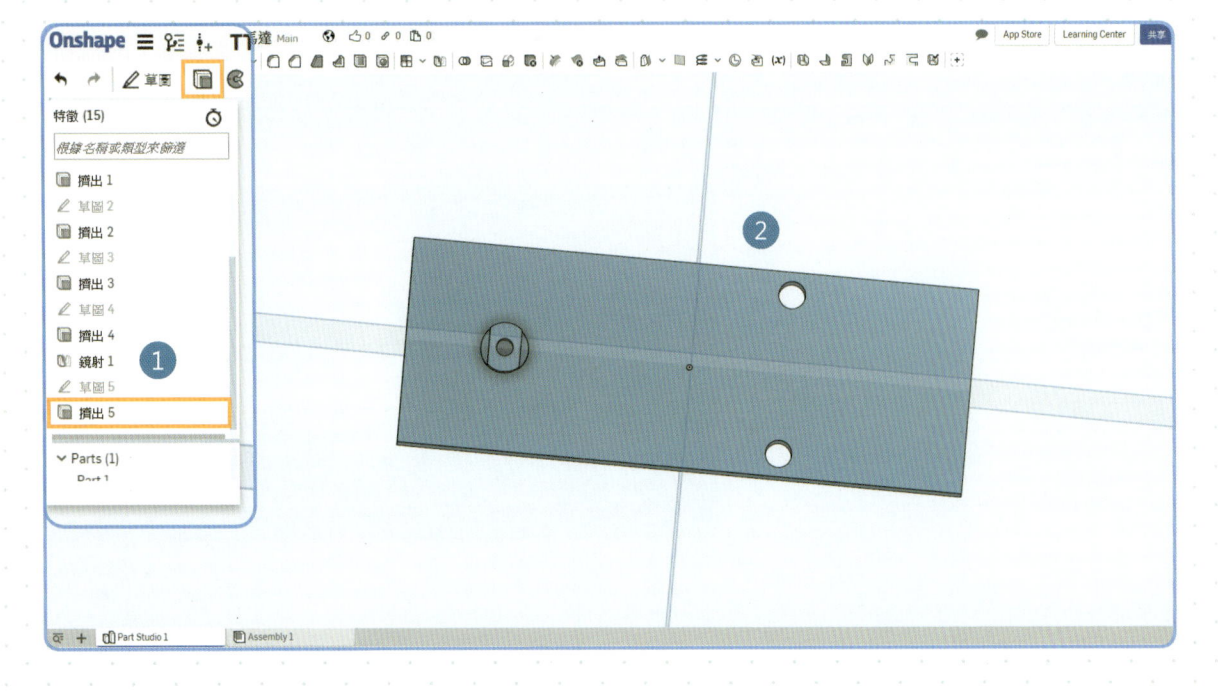

TT 直流減速馬達（前端及部分物件）

Step 01 使用游標卡尺測量物件寬度。

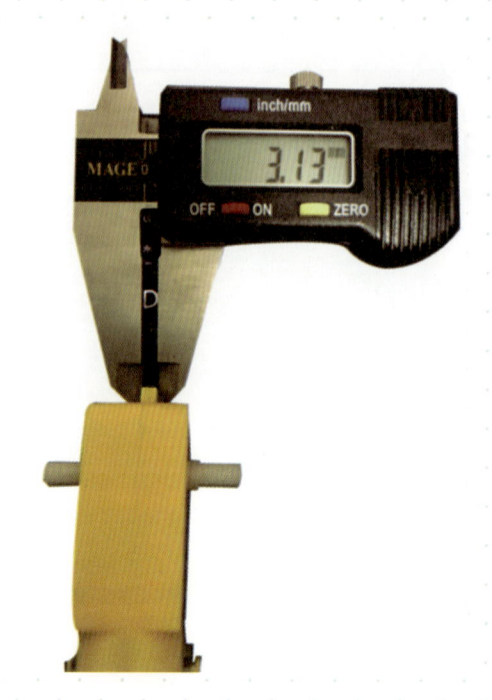

> **TIPS**
> 部分由於圖面提供的資訊不足，因此需要以游標卡尺協助完成。

Step 02 先依照工程圖上畫出基本外型。

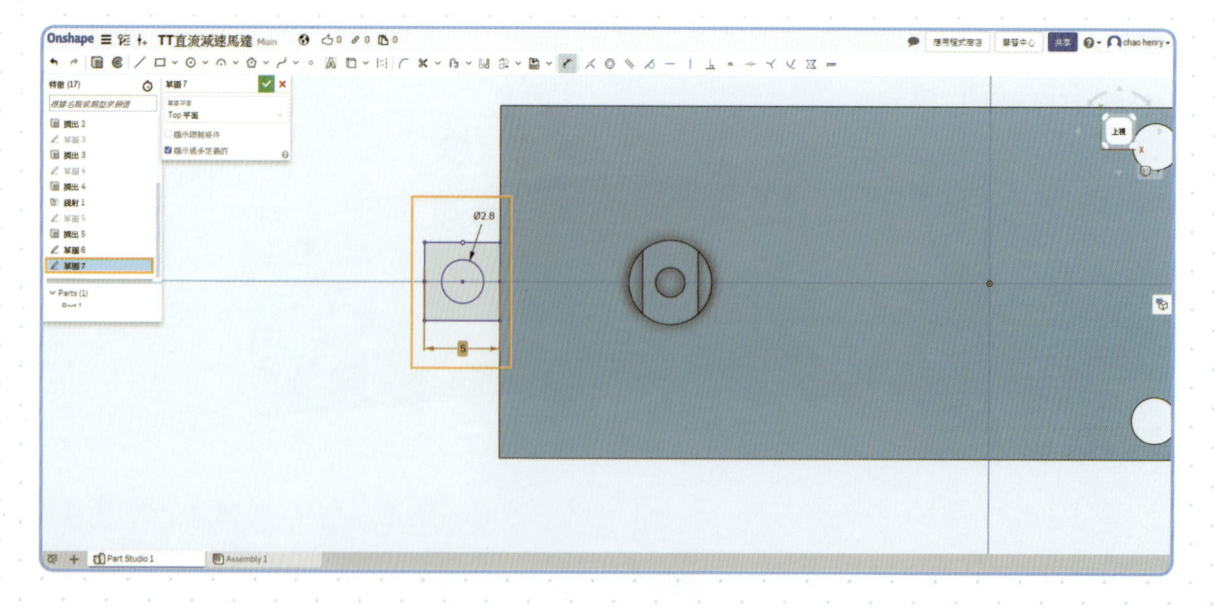

從工程識圖到完成第一個工程物件　Chapter 5

step 03 再依照測量出來的數值畫出厚度 3.2mm。

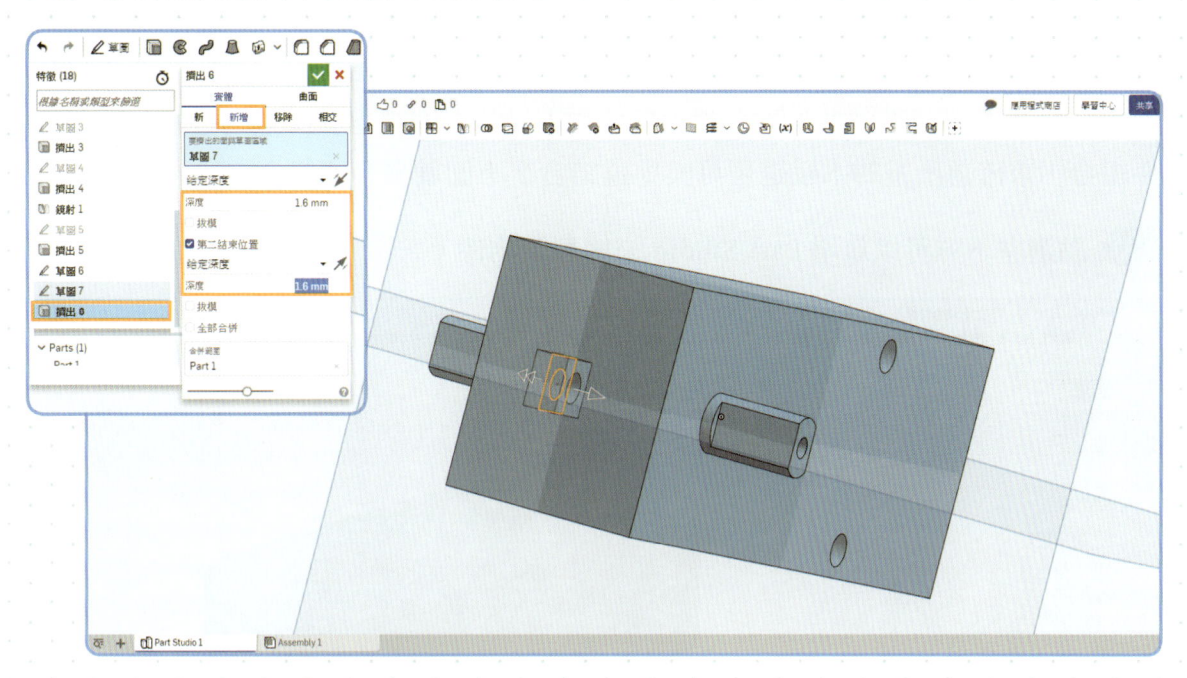

step 04 圖形上適當地加上圓角就完成了。

TT 直流減速馬達（結合測試）

　　畫出自己的物件是第一步，後續更重要的是「結合測試」，這邊假設要把馬達鎖在一塊木板上，所以先依照馬達的尺寸和上面的孔洞畫出要固定的位置後，將物件組合，來確認所畫的木板是否可與馬達結合？下面就來介紹組合方法。

Step 01　點選左下方可以新增 Part Studio 來繪製新物件。

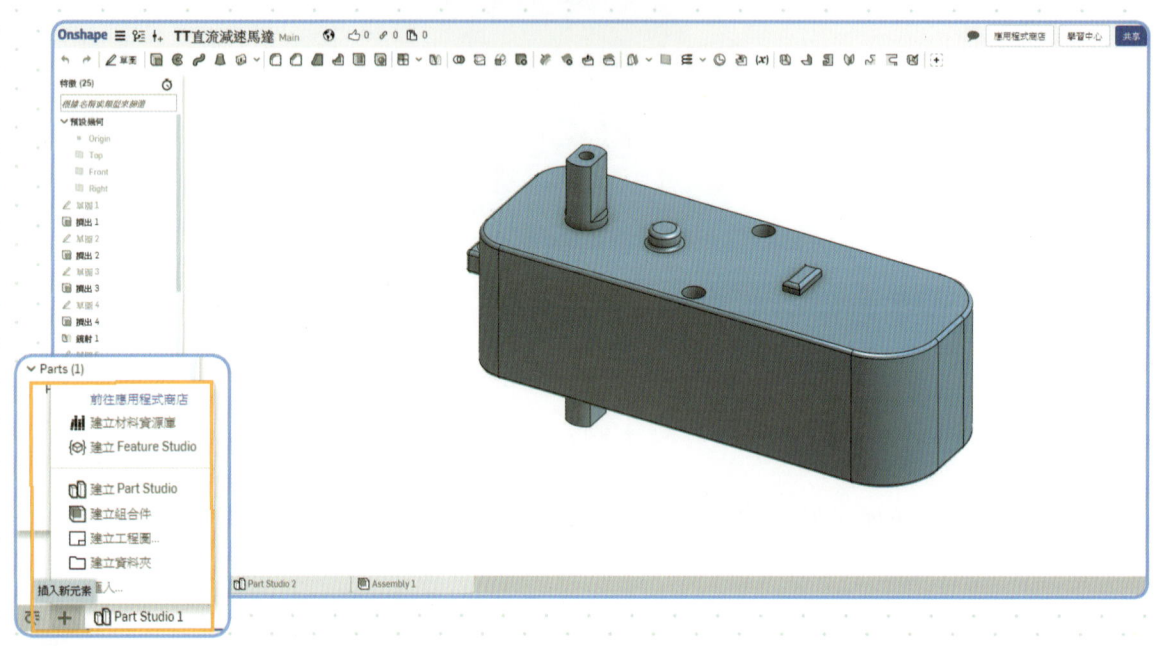

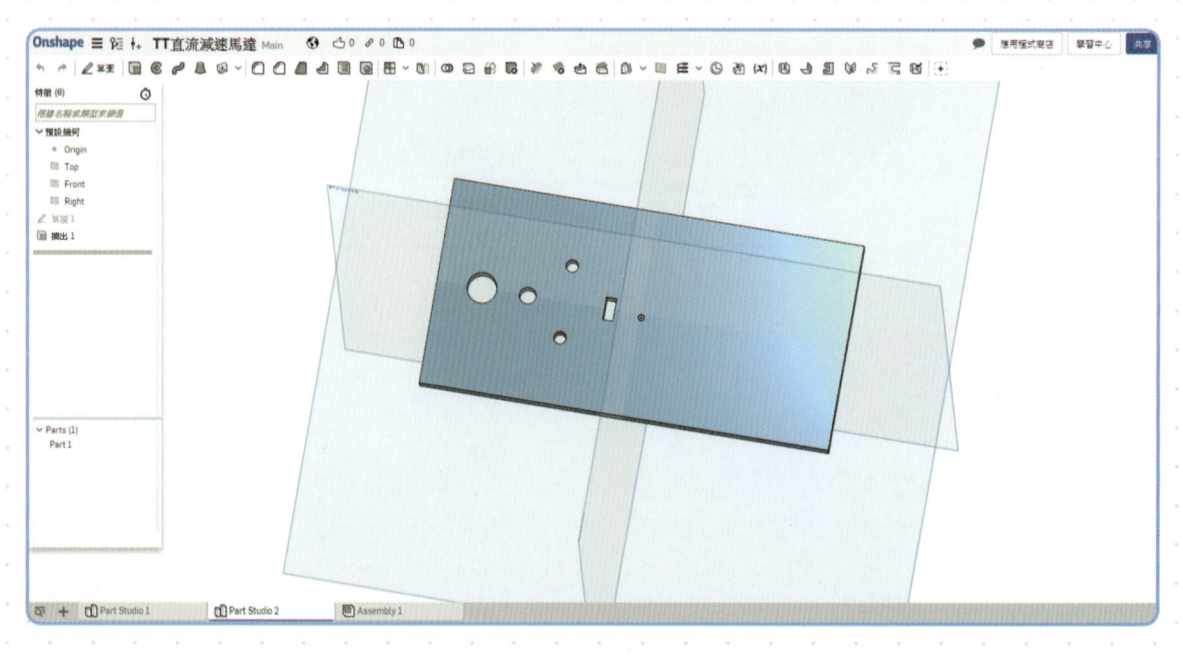

Step 02　繪製木板。

Step 03　點選下方 Assembly（組合）。

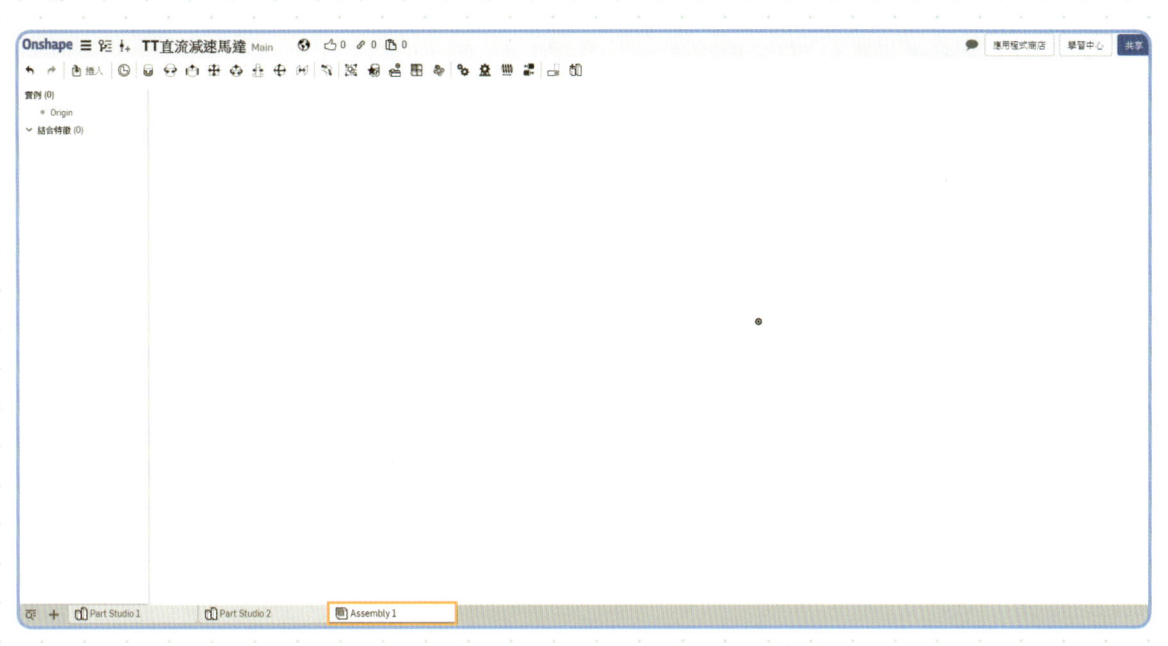

Step 04　點選左上方「插入」來加入物件

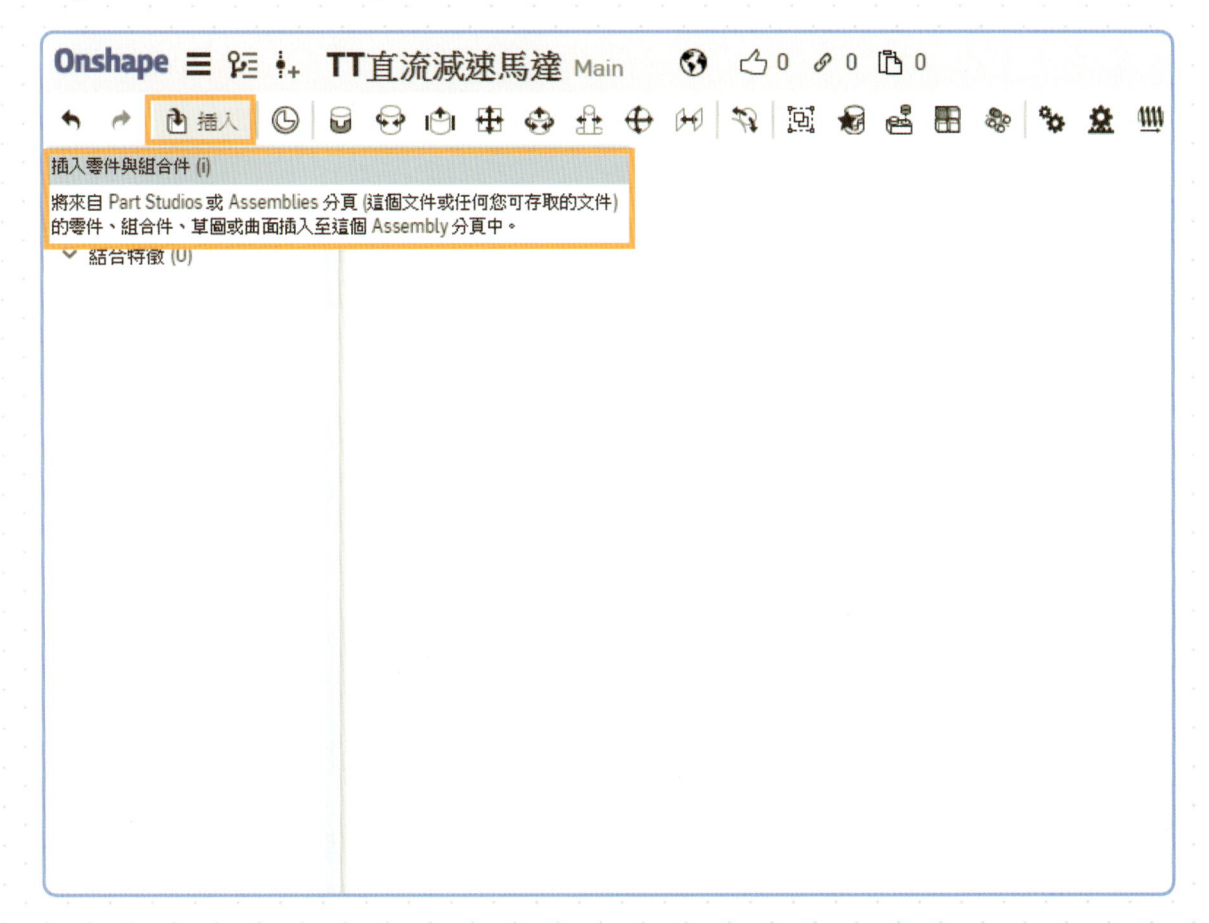

step 05 點選要插入的物件，然後滑鼠往右滑來插入我們畫好的物件。

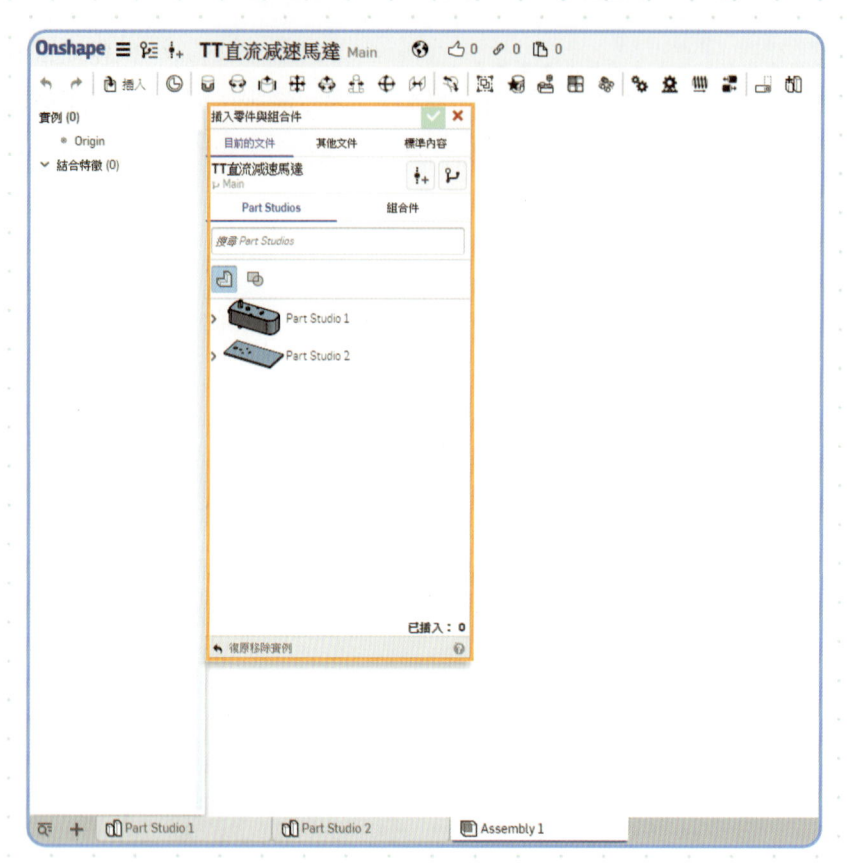

step 06 點選左上方「緊固結合」。

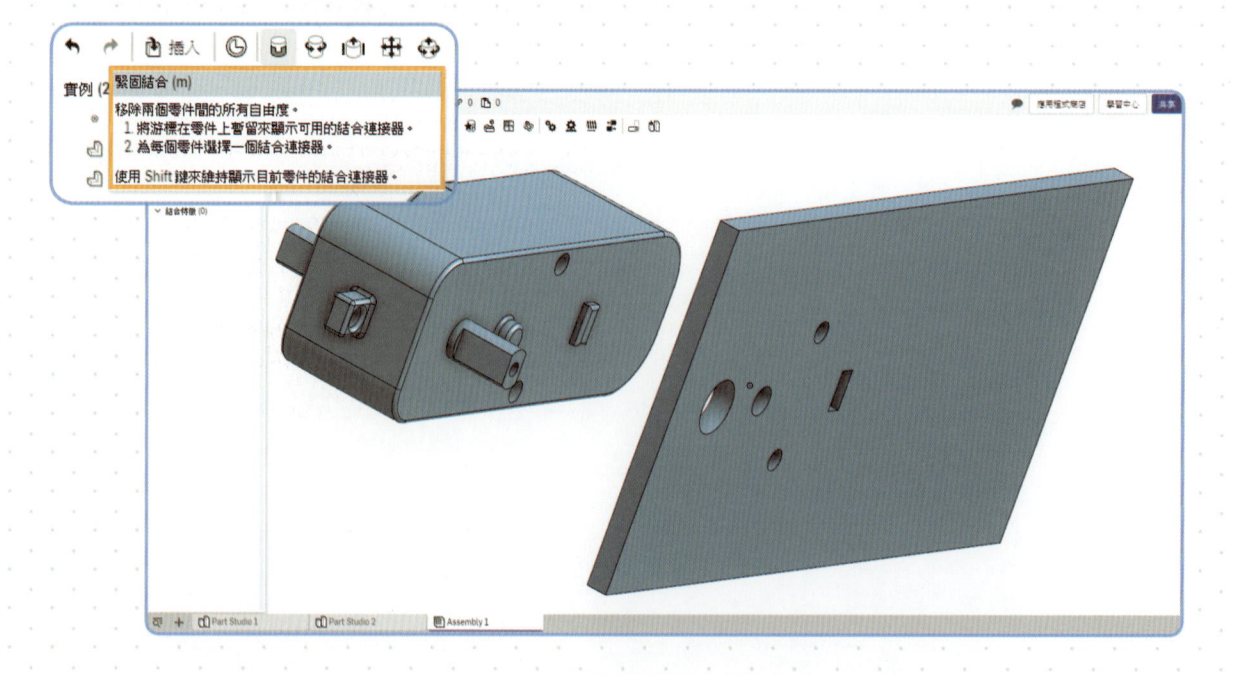

從工程識圖到完成第一個工程物件　Chapter 5　93

Step 07　盡量點選小範圍、明確的區域做緊固結合，然後藍色線條彼此相對，則物件就會依照藍色線段組合。

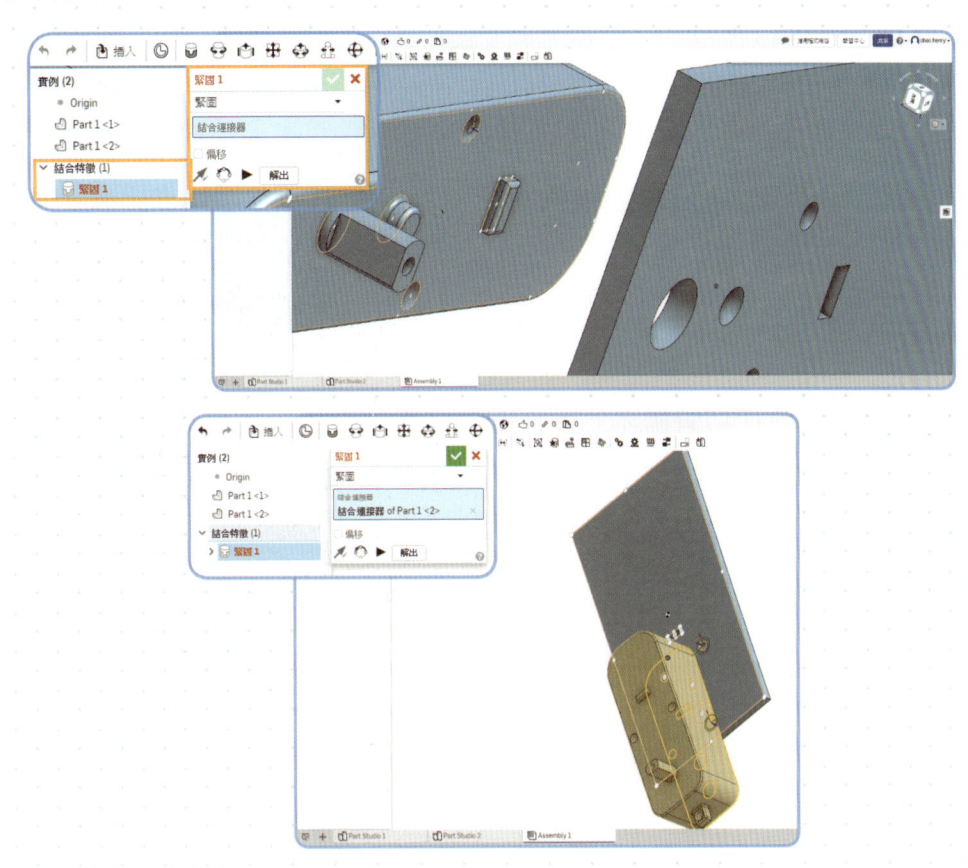

Step 08　組合後確認木板上所有孔位都符合真實物件的位置，就可以放心的把零件加工出來囉！

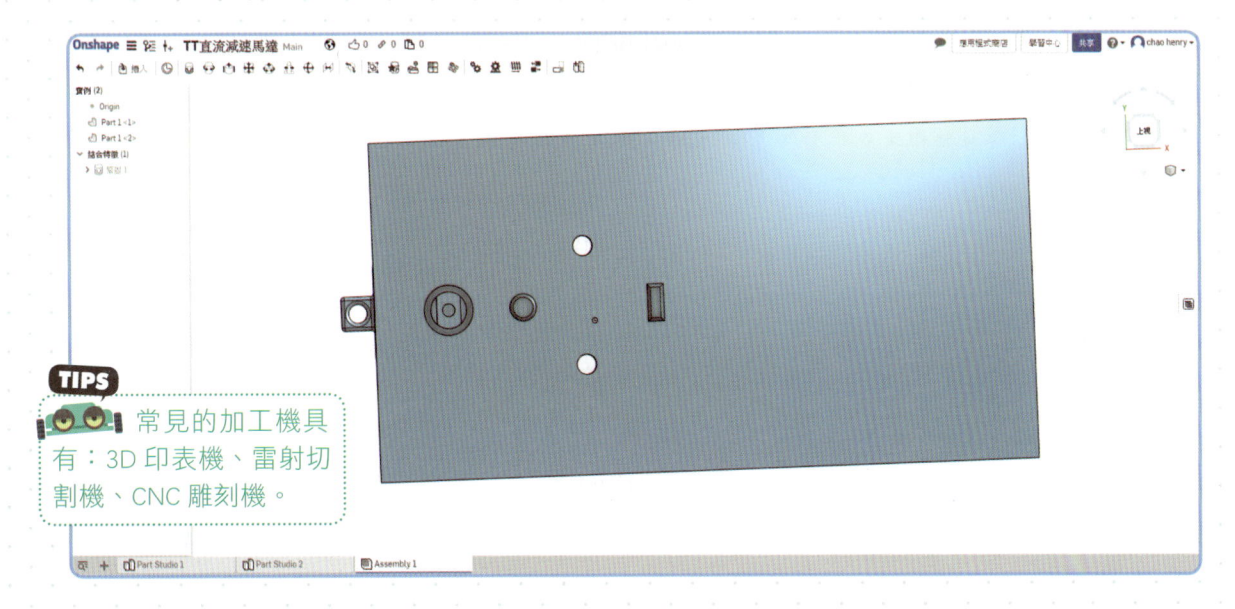

TIPS　常見的加工機具有：3D 印表機、雷射切割機、CNC 雕刻機。

5-3 物件動態模擬

前面我們看了如何把我們繪製的物件組合並製作出工程圖，但很多時候如果可以看到動畫或是運作影片的話會更容易理解，下面我們就來試試看要怎麼操作吧。

如果要用 Onshape 來做動態模擬的話，可以先把所有零件畫出來，再製作成組合物件，然後製作動畫，就可以看到自己設計的機構是怎麼運作的囉！

開啟組合件

Step 01 首先，把所有零件繪製出來。零件的方向和位置可以隨意擺放。

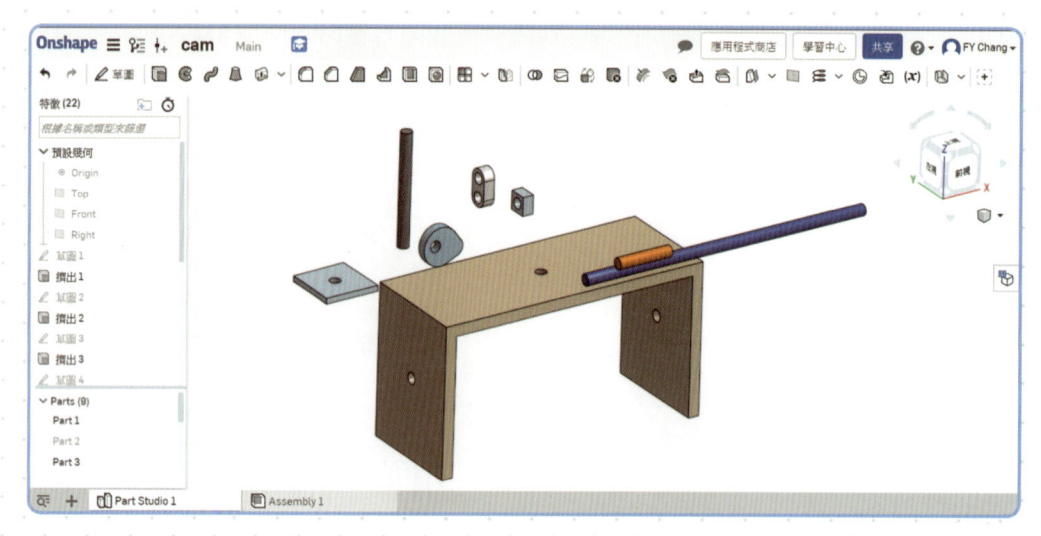

Step 02 接著，點選右邊的 Assembly 1，會開啟組合件的分頁。

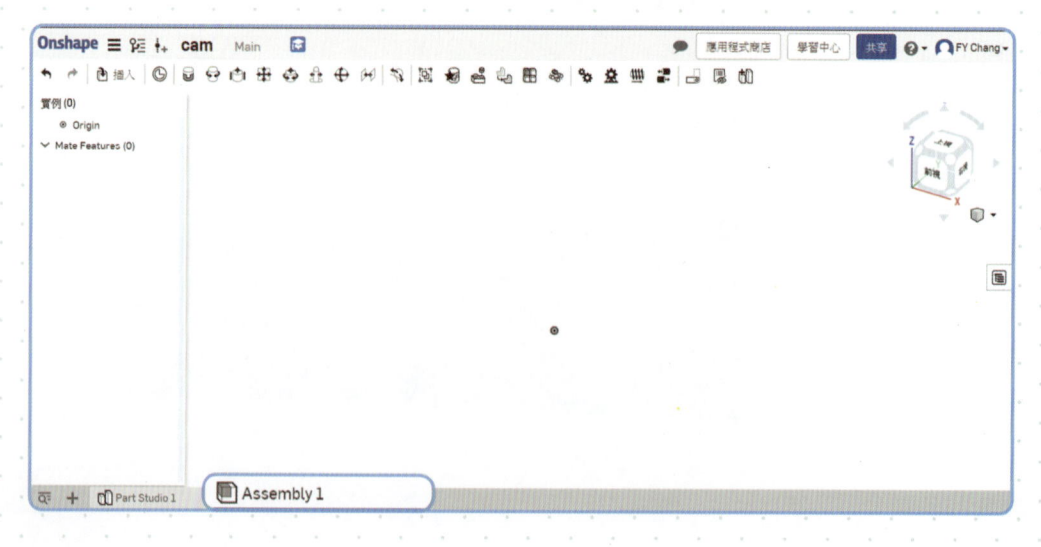

從工程識圖到完成第一個工程物件　Chapter 5

Step 03 開啟組合件後，要先把零件放進來，點選上方功能表中的「插入」，選擇零件後打勾後，零件出現在組合件畫面中。

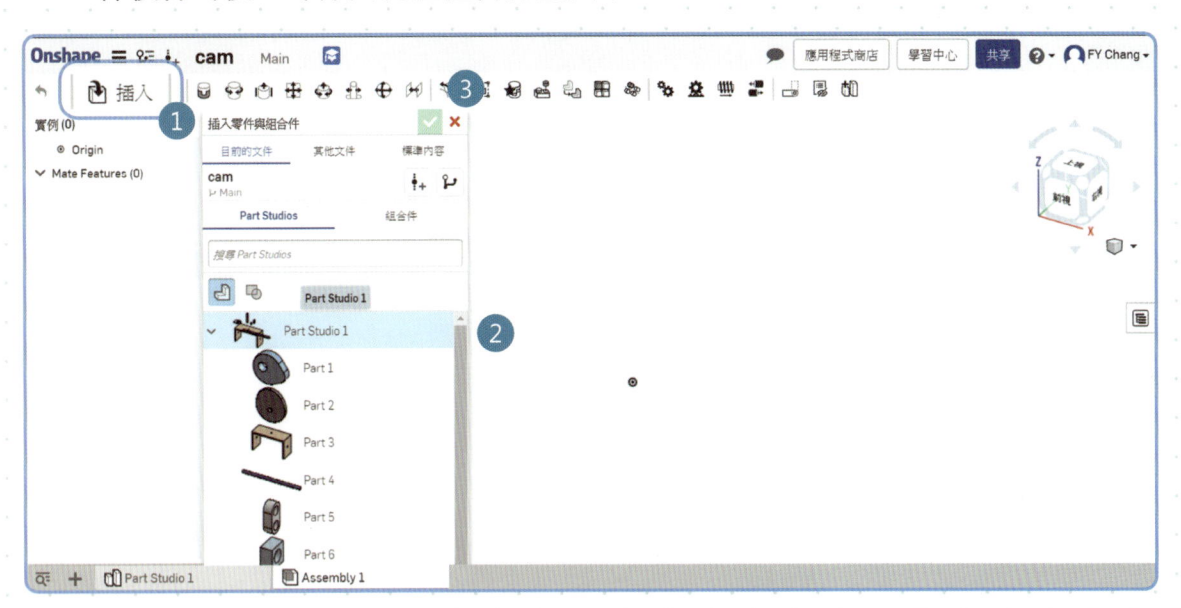

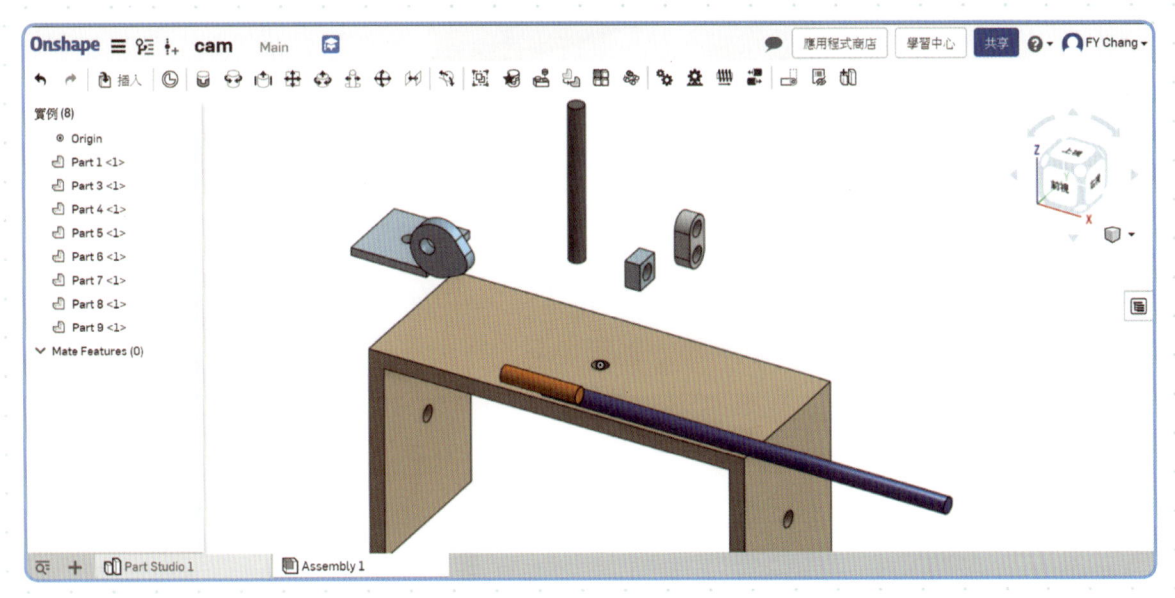

> **TIPS**
> 零件數量少的話，一次全放或依序放入都可以；但如果零件多或是彼此關係比較複雜，建議設定好一項再放入下一個零件比較不會亂掉。

設定結合條件

接下來就要依據零件彼此的關係,設定他們的位置。以範例 - 凸輪玩具的基座來說明。

Step 01 先在基座上點選右鍵,選擇「固定」。

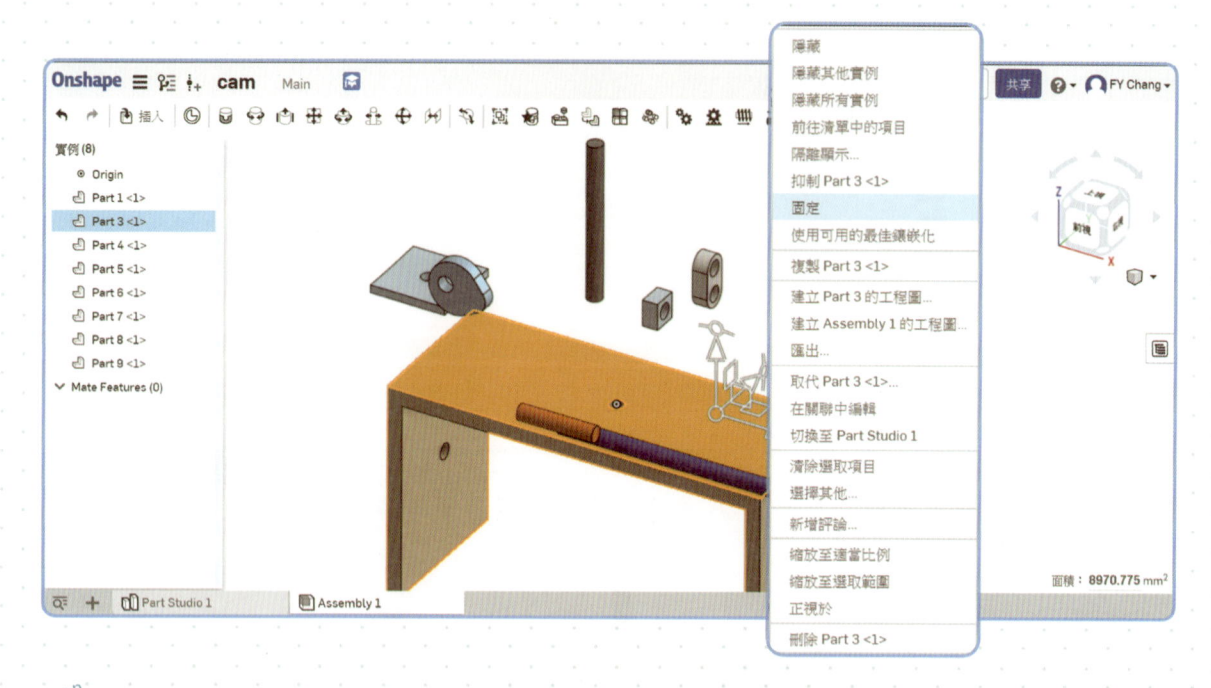

Step 02 接著把從動件組裝起來。這邊會用到功能列上的「緊固結合」,代表這兩樣東西組裝之後不會有相對運動,就像用強力膠把零件黏住一樣。

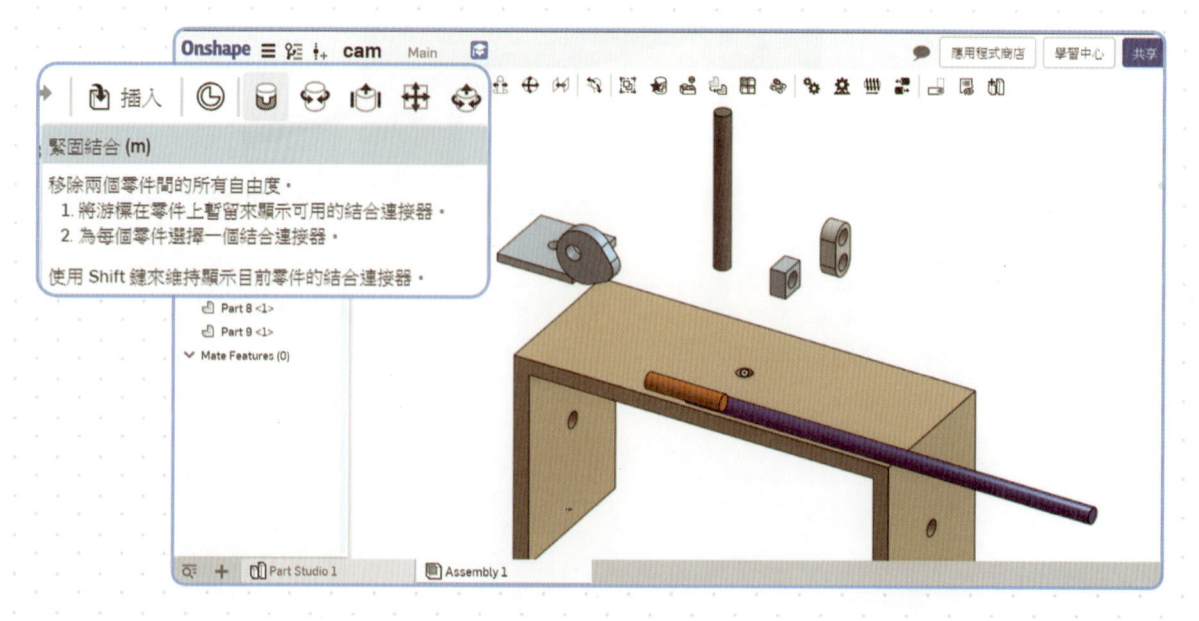

Step 03 點選「緊固結合」後，先點選方形零件的孔洞中心。

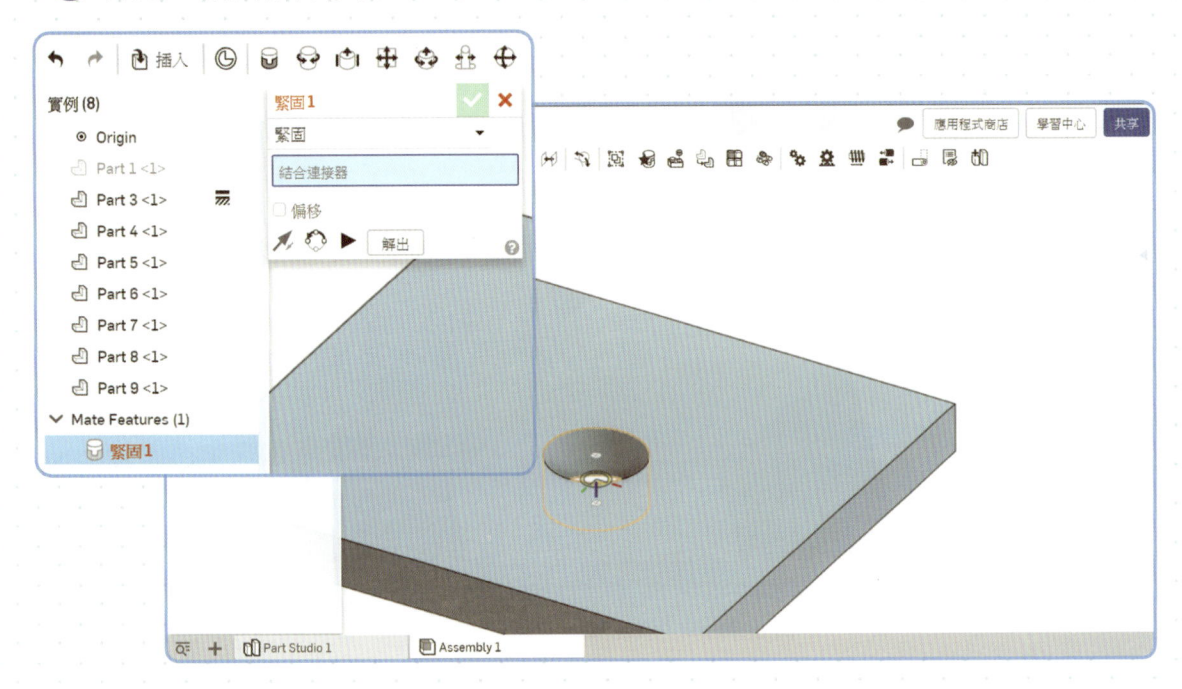

Step 04 再點選圓柱底部的圓心，兩個零件就會被固定在一起。

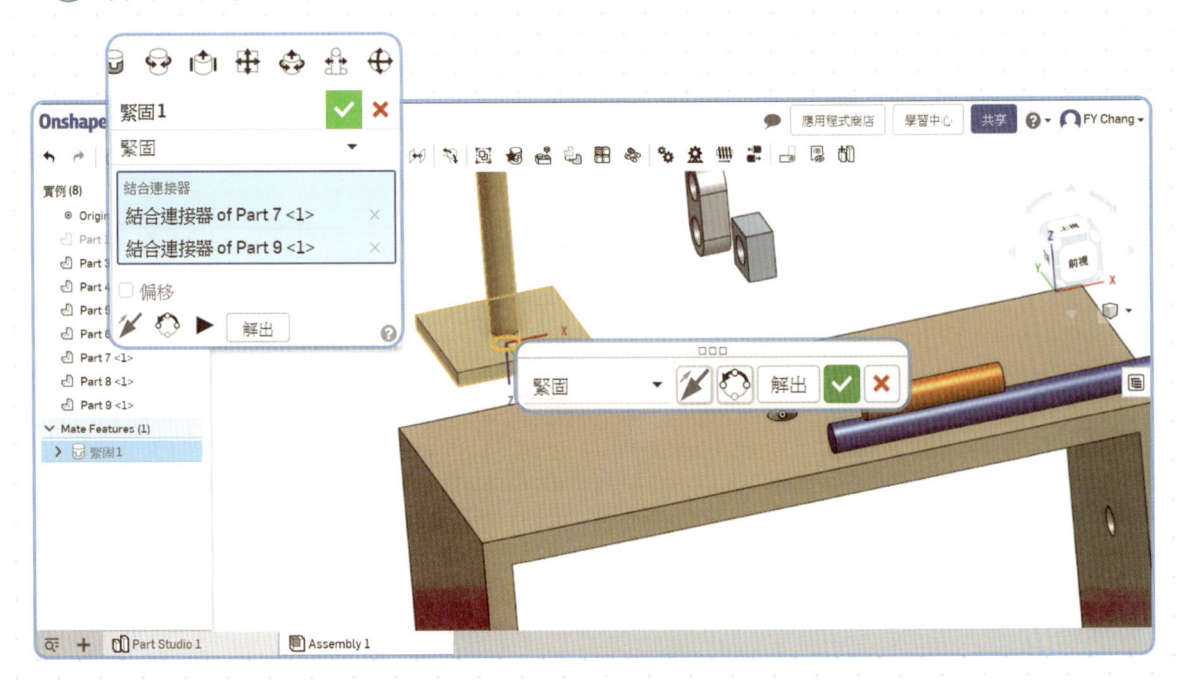

Step 05 接下來用同樣的方法將把手裝到連接件上。

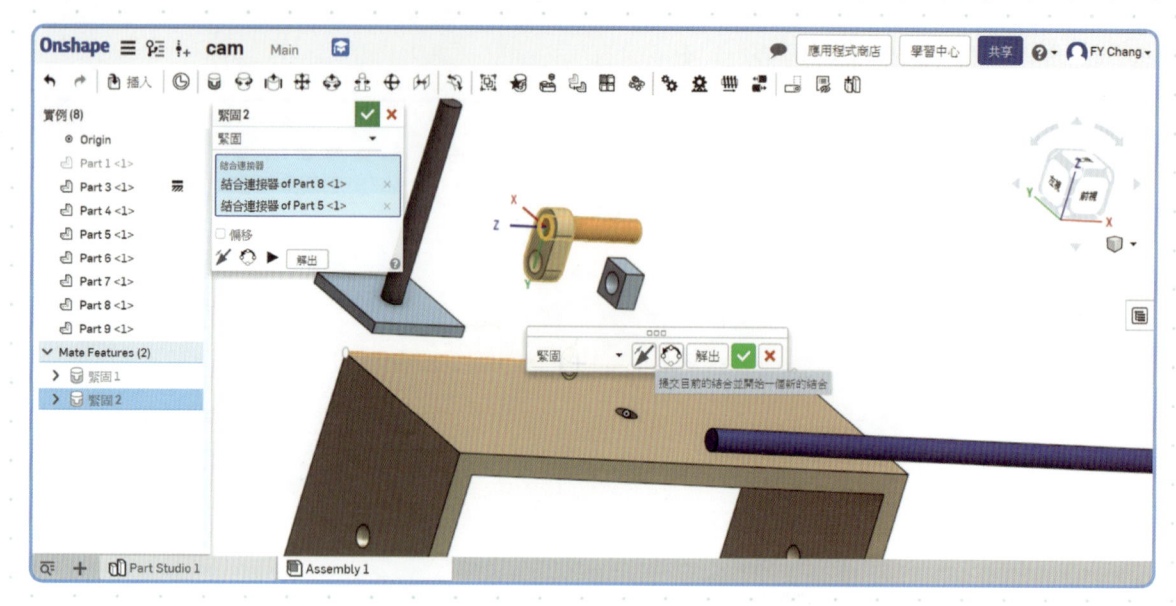

Step 06 傳動軸也用同樣的方法處理。

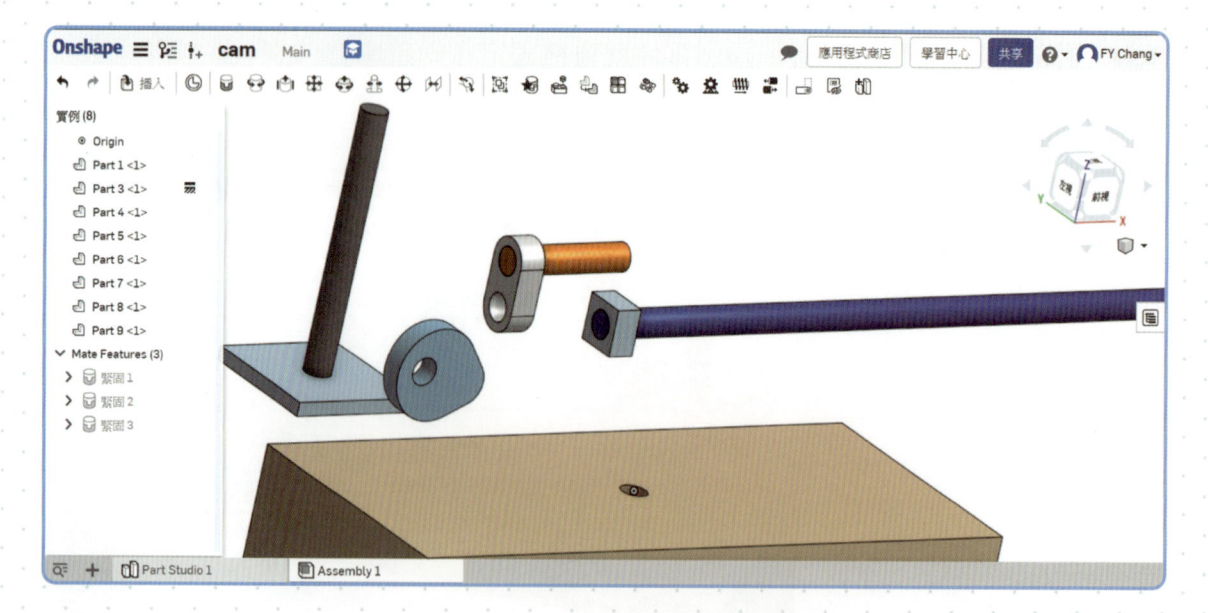

Step 07 凸輪則是固定在傳動軸中央。

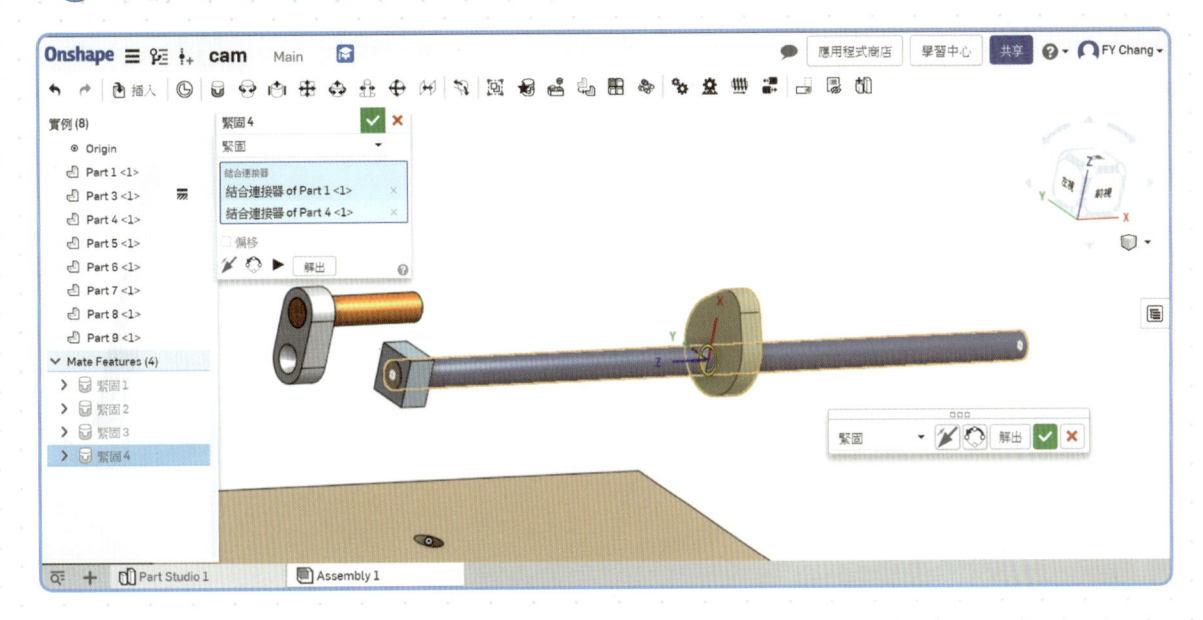

Step 08 「從動件」和「基座」使用功能表中的「滑動結合」。看圖示就知道這代表圓棒可以在基座上的孔中自由滑動。

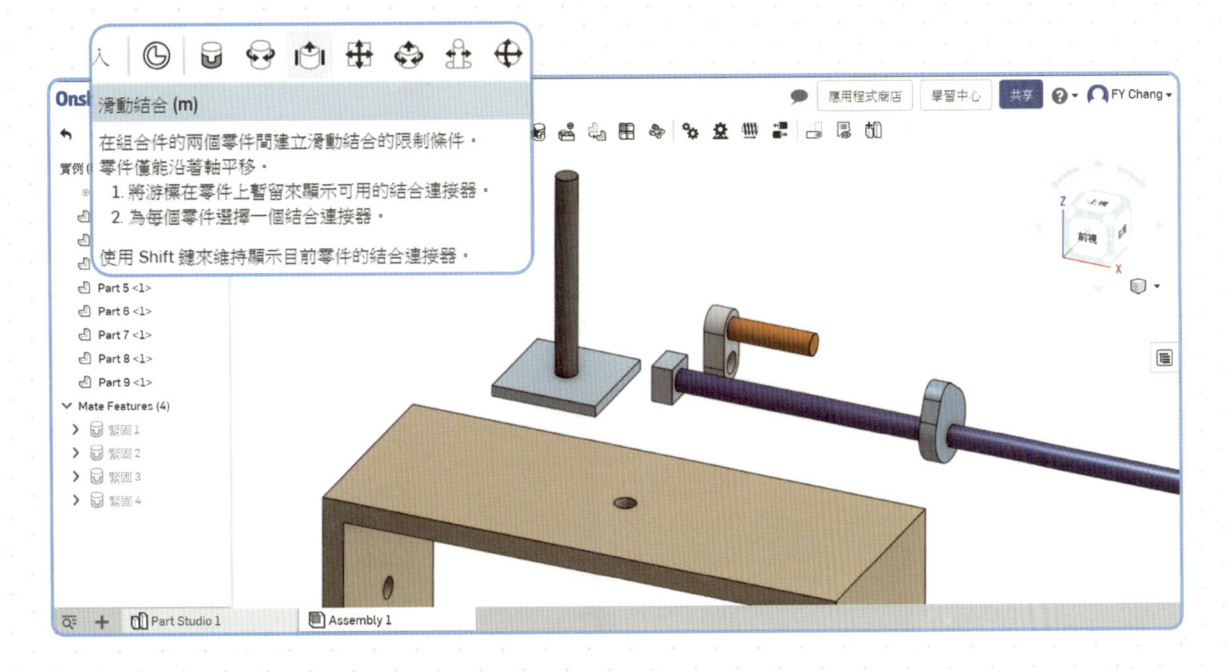

step 09　結合方式是先點選圓棒的中心，再選擇圓孔的中心。

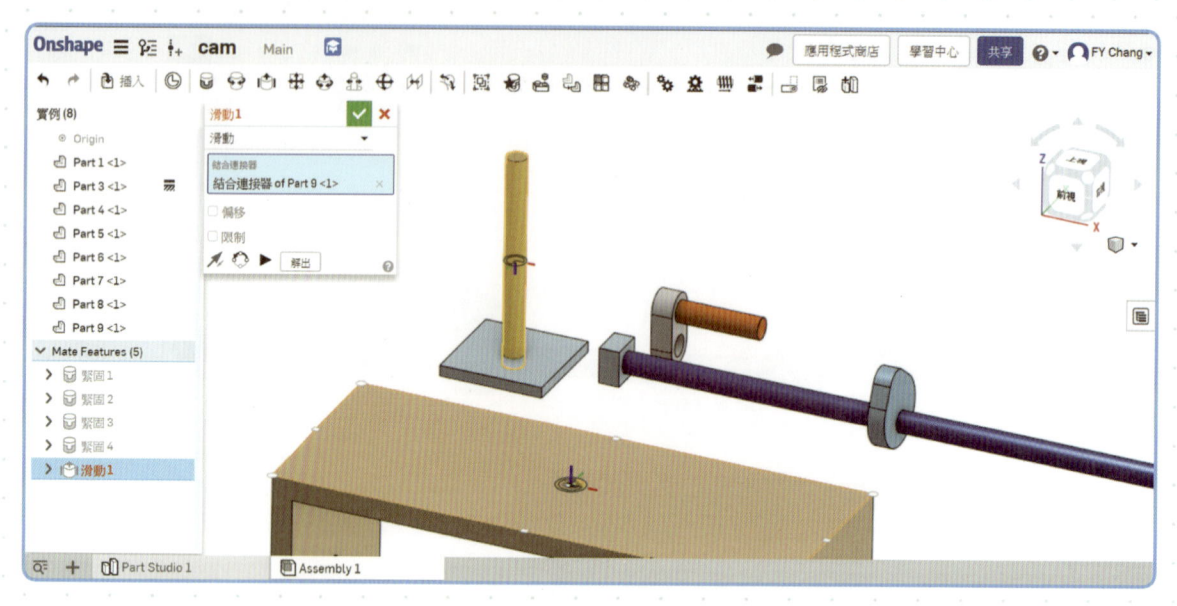

> **TIPS**
> 因為是滑動結合，如果選擇圓棒的端面圓心也一樣能順利組裝；在這裡選擇中心做為參考位置，是為了組裝傳動軸時不用再移動從動件。

step 10　組合傳動軸所使用的功能是「轉動結合」，讓傳動軸能在基座中旋轉。

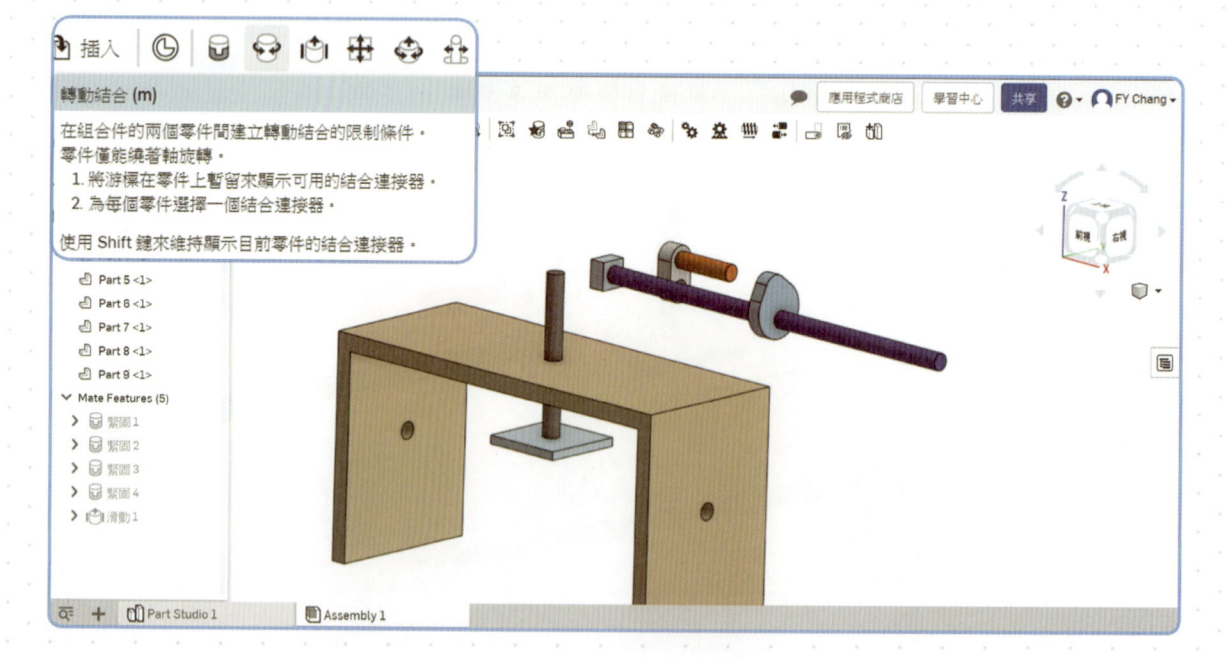

從工程識圖到完成第一個工程物件　Chapter 5　101

Step 11　選擇「轉動結合」後，先點選傳動軸的末端圓心，再點選基座的圓孔中心，然後勾選「偏移」設定偏移距離為 6mm。

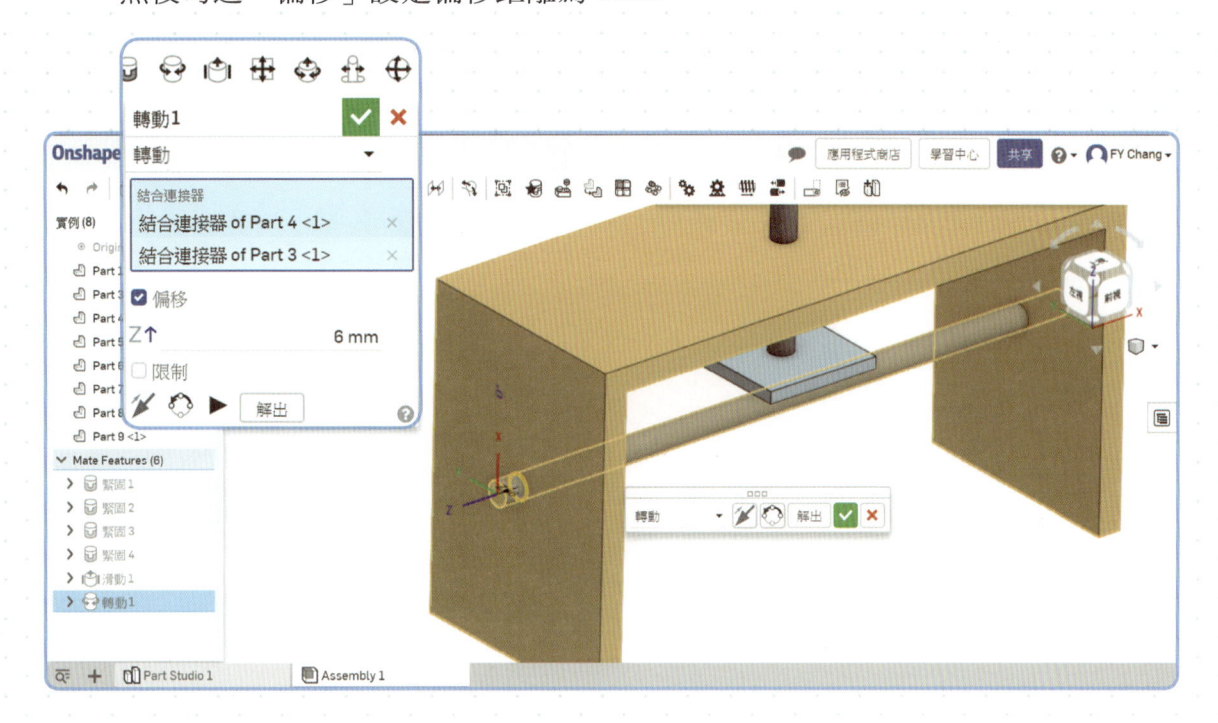

Step 12　設定偏移距離後，最末端的固定塊才不會跟基座重疊在一起。

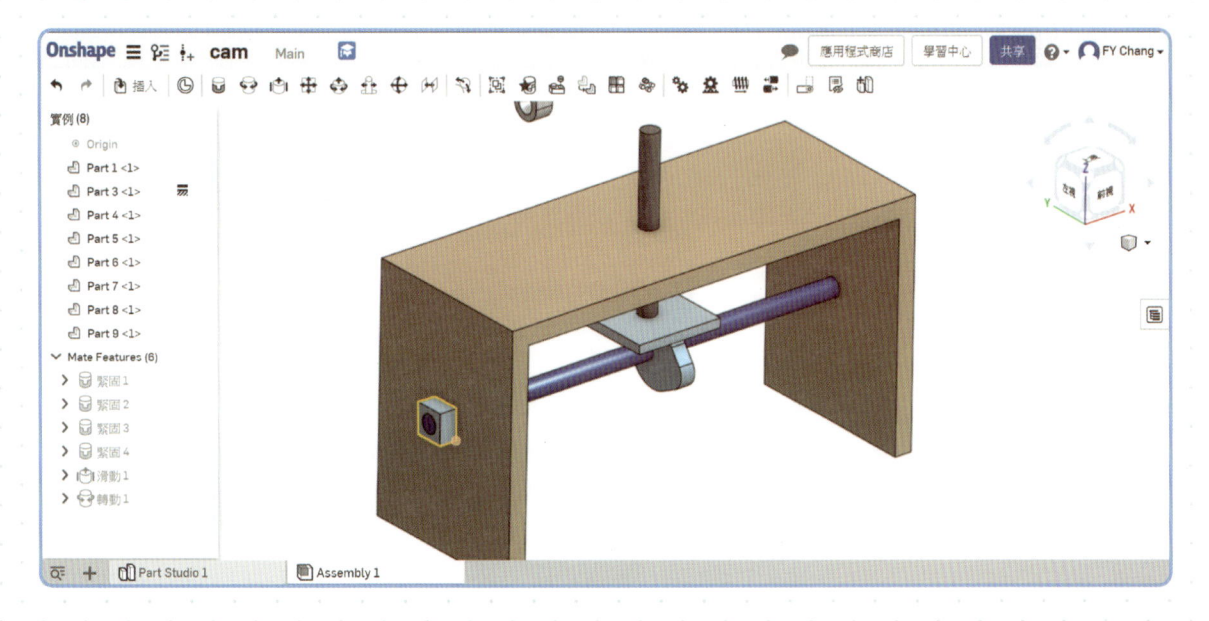

Step 13 接著使用功能表中的「相切結合」來處理凸輪跟從動件的問題。

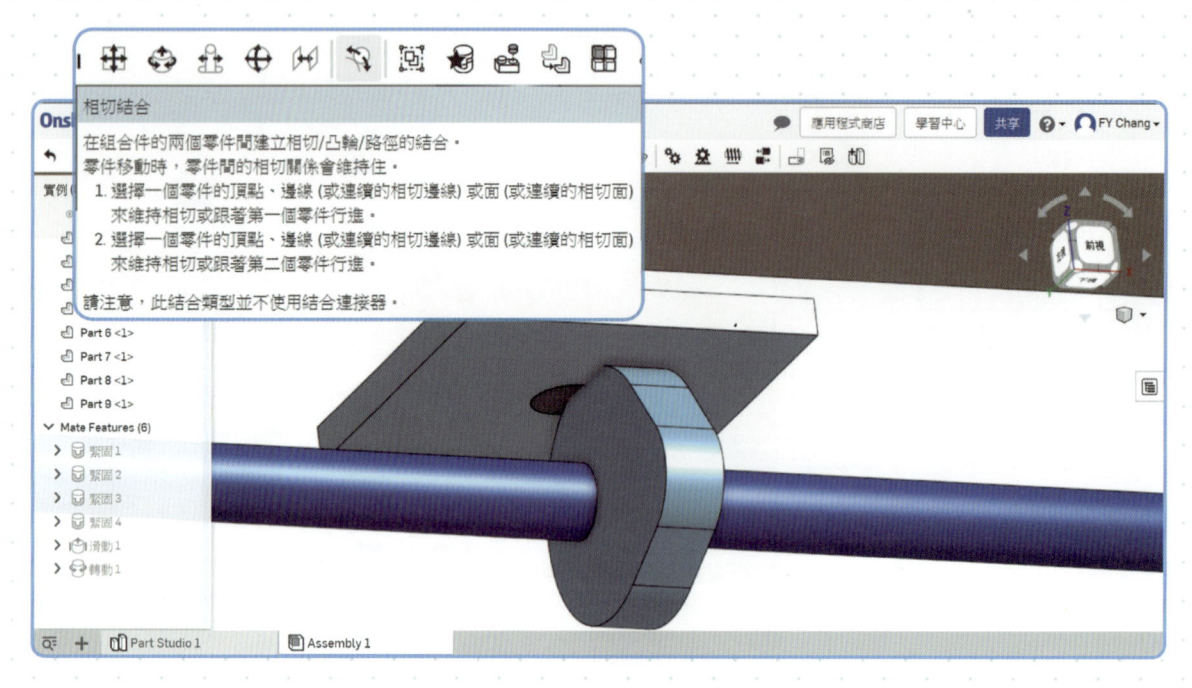

Step 14 選擇「相切結合」後，先點選從動件的底面，再點選凸輪的側邊輪廓，就能讓這兩個零件維持相切的關係，而不會彼此重疊或穿越。

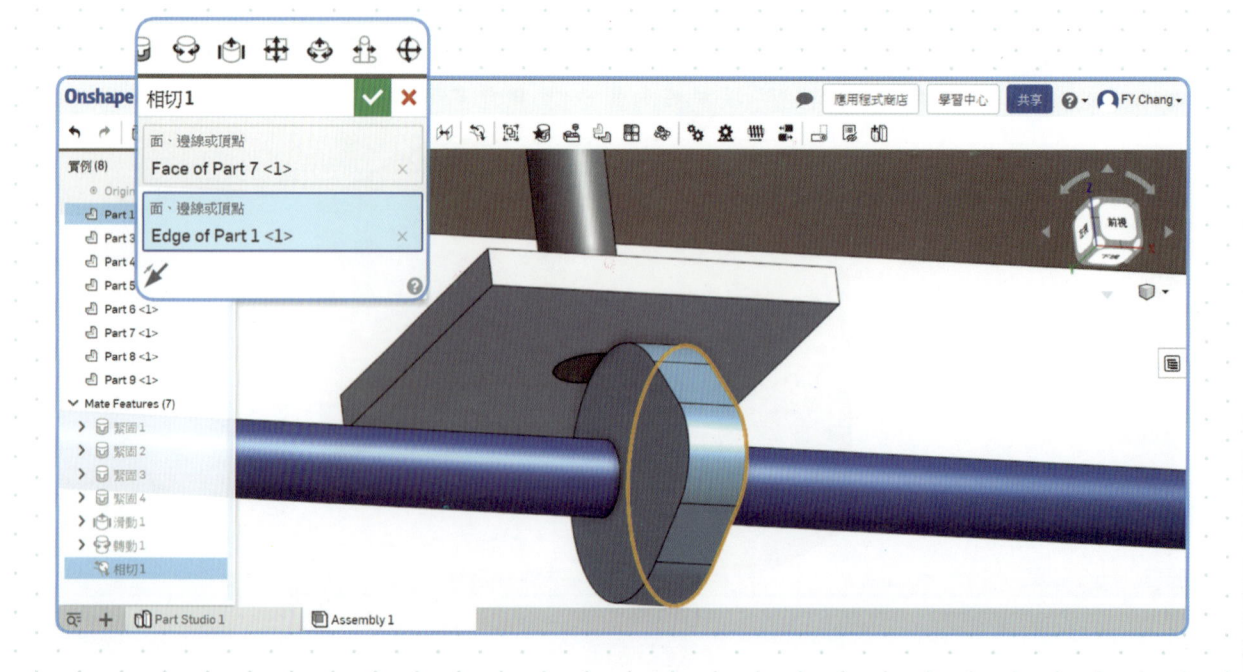

Step 15 最後,用「緊固結合」將把手固定件跟傳動軸固定好,就完成組裝。

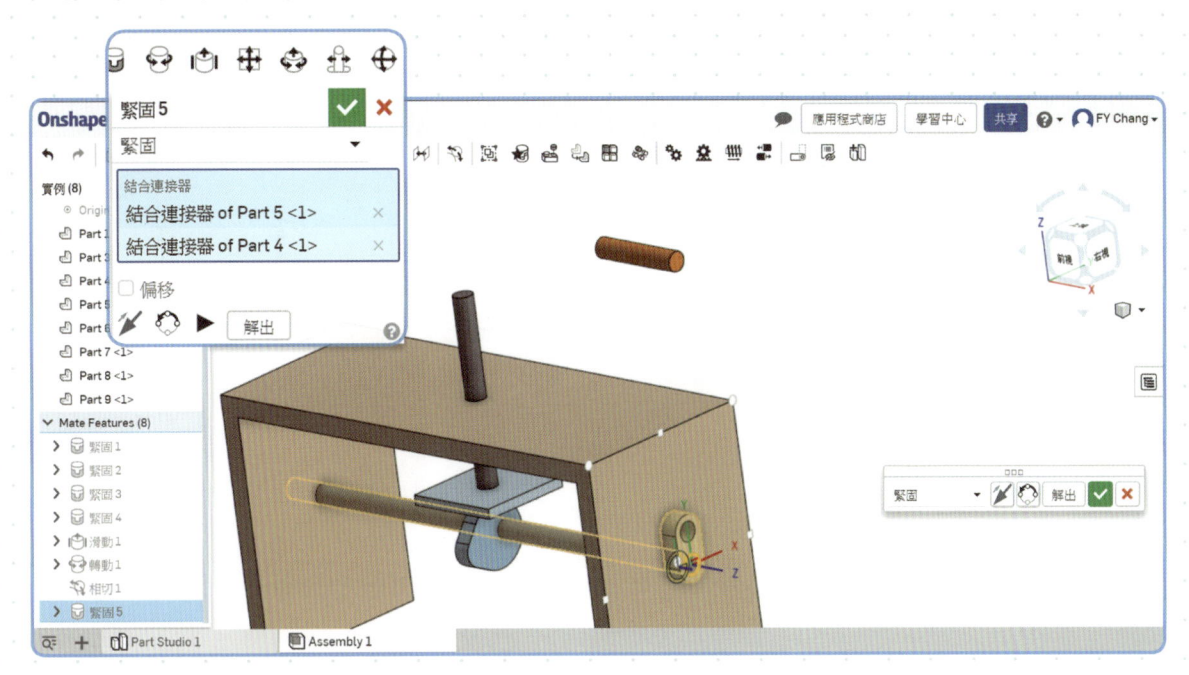

製作動態模擬

Step 01 在 Onshape 中是用製作動畫的方式來達成動態模擬效果,所以我們要先找到傳動軸的組合條件,在左邊的「轉動 1」上按右鍵,選擇「製作動畫」。

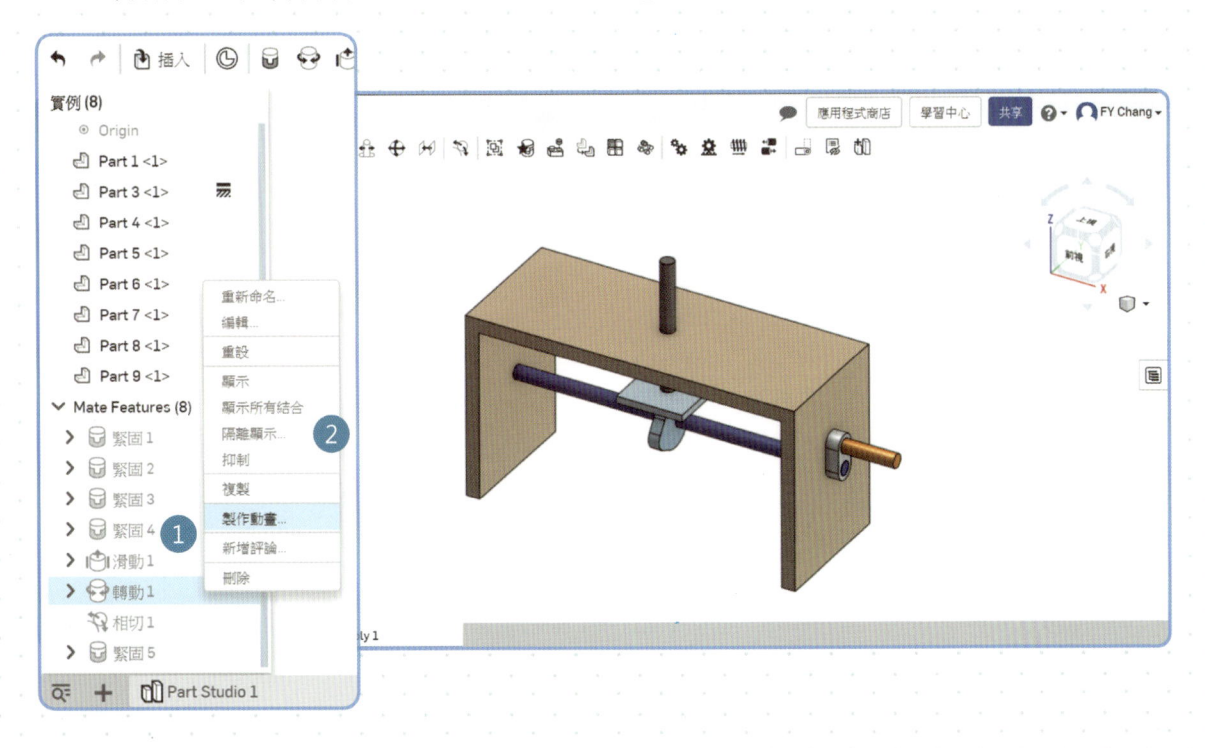

Step 02 這時候會看到「製作結合動畫」的小視窗，可以調整各種參數。

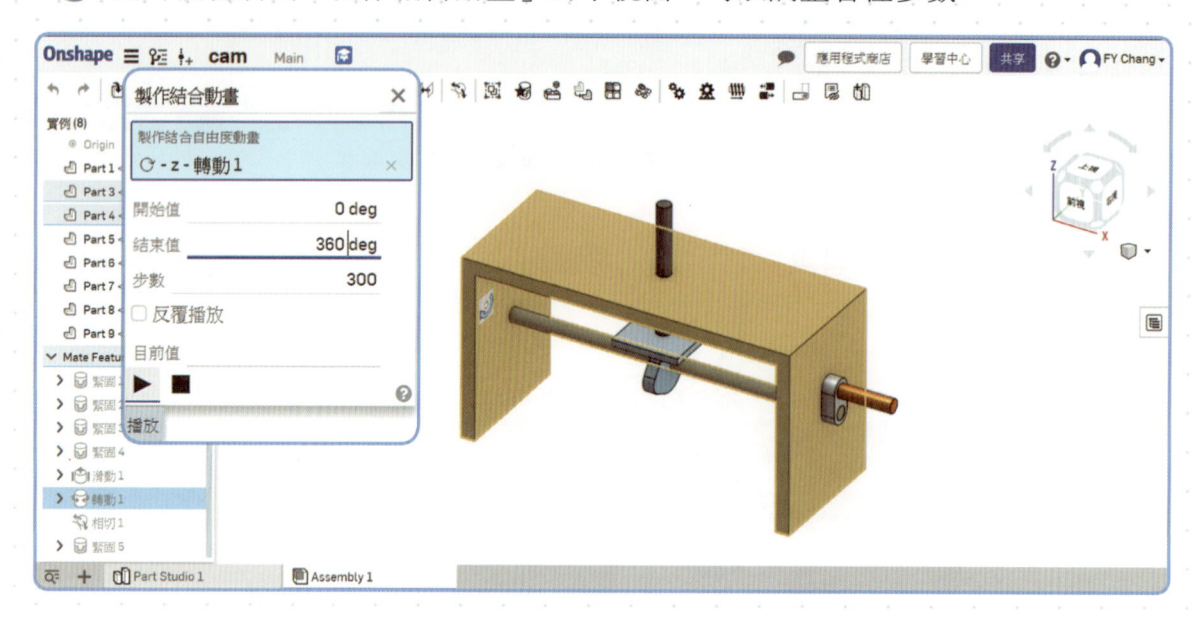

Step 03 按下「播放」鍵，就可以看到傳動軸帶動凸輪轉動，從動件跟著上下移動的動態模擬效果囉！

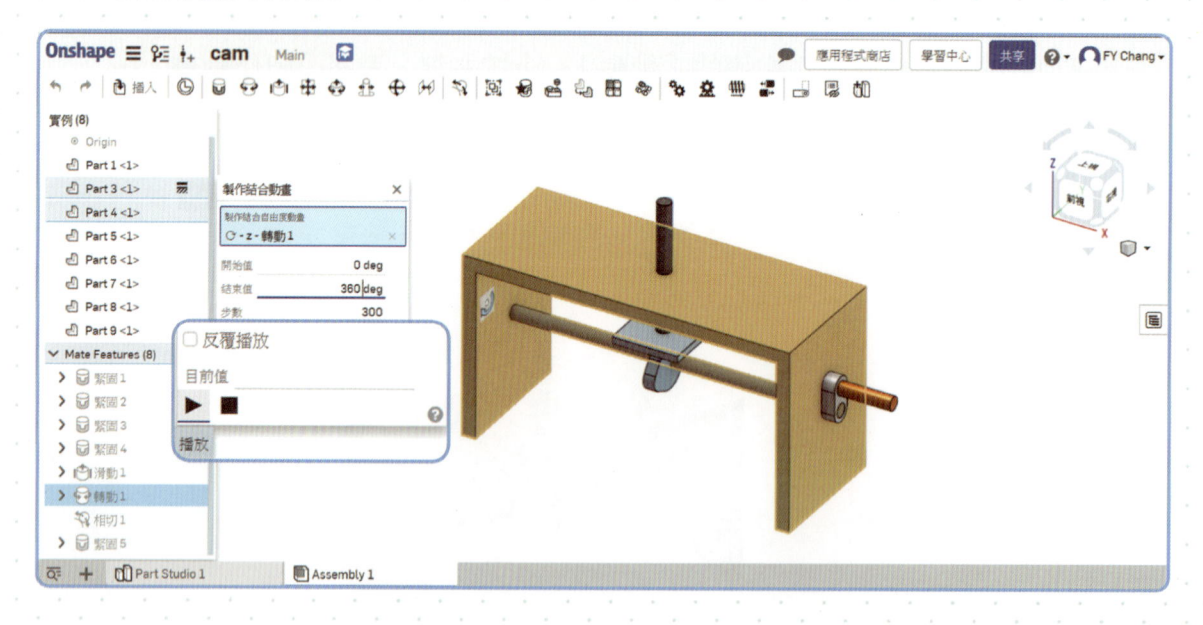

Chapter 5 學習評量

選擇題

(　　) 1. 下面哪些工具可以測量物體長度尺寸？
   (A) 直尺 　　　　　　　　　　(B) 游標卡尺
   (C) 量角器 　　　　　　　　　 (D) 螺旋測微器。

(　　) 2. 游標卡尺可以測量哪些數值？
   (A) 外徑 　　　　　　　　　　 (B) 內徑
   (C) 深度 　　　　　　　　　　 (D) 角度。

(　　) 3. 有哪些方式可以讓我們得到物體數值？
   (A) Google 　　　　　　　　　 (B) 使用工具量測
   (C) 問老師 　　　　　　　　　 (D) 擲筊。

(　　) 4. 製作物件動畫時，兩個物件如果要彼此貼合不動，應該選擇哪個條件？
   (A) 緊固結合 　　　　　　　　 (B) 滑動
   (C) 中心點貼合 　　　　　　　 (D) 相切。

NOTE

Chapter 6

設計自己的動物拼圖

對 3D 繪圖熟悉後,我們開始製作第一個作品吧!

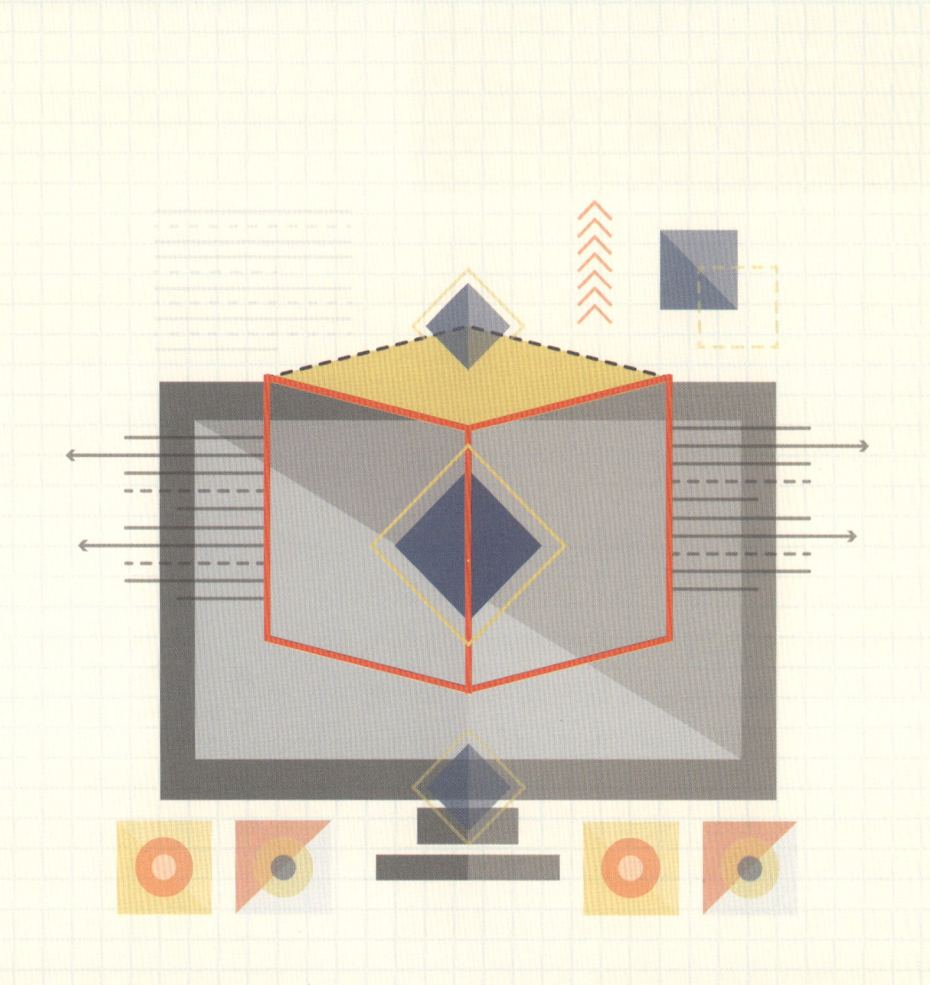

3D 繪圖軟體並非只能將作品使用 3D 印表機製作出來，後面將說明如何使用 3D 印表機、雷射切割機以及 CNC 雕刻機將作品製作出來。之前已經學到了要如何繪製一個尺寸正確的立體物件，本章示範用雷射切割製作動物拼圖時的操作方式。

6-1　前置作業　置入動物圖片

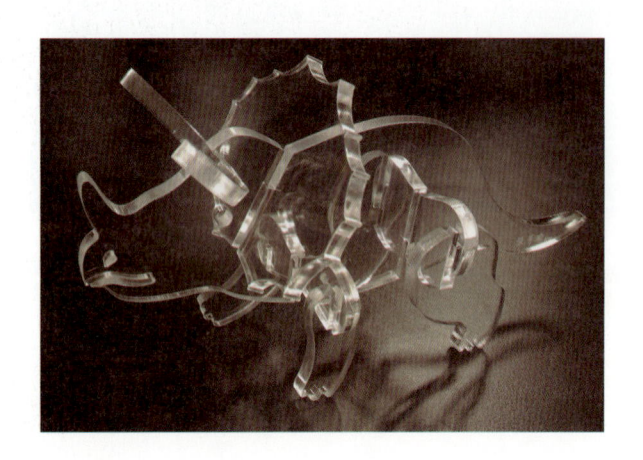

參考本書附檔「本書範例素材」資料夾中的「ch6 三角龍完成圖」資源

使用功能
1. 建立單獨組合件
2. 物件旋轉
3. 多角度視圖繪製
4. 3D 物件轉 2D 雷射切割檔案

範例實作

要設計動物拼圖，首先當然是要先找一張動物的側面圖，最好是線條簡單的圖片，可以搜尋「動物簡筆畫」或是自己發揮個人巧思，畫出一張可愛的動物插圖，然後「置入」Onshape 當作繪圖時的參考圖片。這邊使用較複雜的三角龍來做示範，大家可以換成自己喜歡的動物跟著一起做喔。

Step 01 進入 Onshape 並建立好要畫圖的新文件後，在下面「+」號（插入新元素）的地方按一下左鍵選擇「匯入」，再點選「選擇檔案」，就可以把圖片放進 Onshape 文件裡。

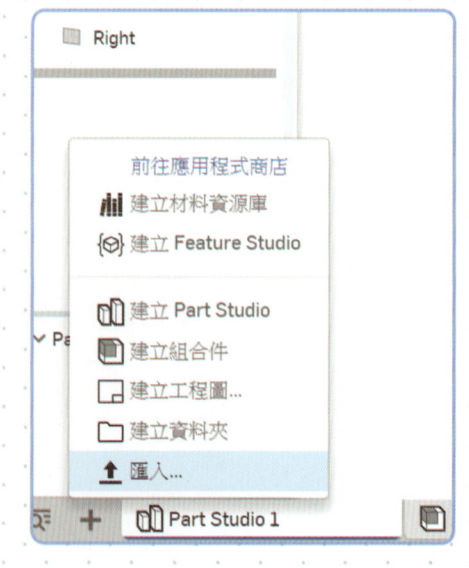

step 02 匯入後，視窗右上角會通知顯示「上傳完成」。

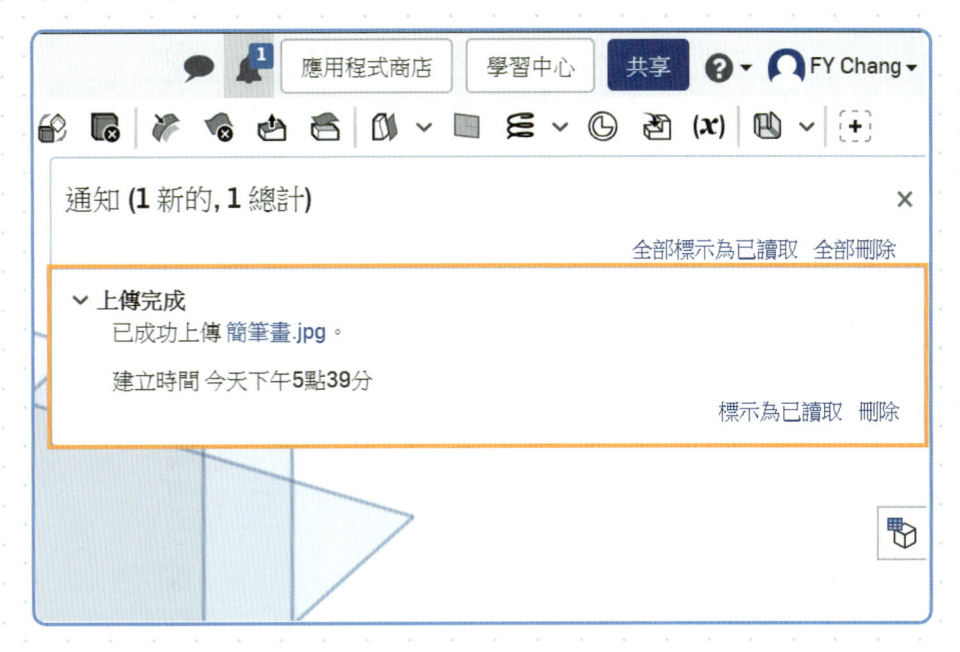

step 03 接著在右側平面建立新草圖後，在功能列表上點選「插入影像」，提示訊息顯示「選擇一個插入的影像」，點選之後游標會變成「+」，並顯示提示訊息「繪製影像的矩形」，按住滑鼠左鍵從左上往右下拉，圖片就會出現在草圖上。

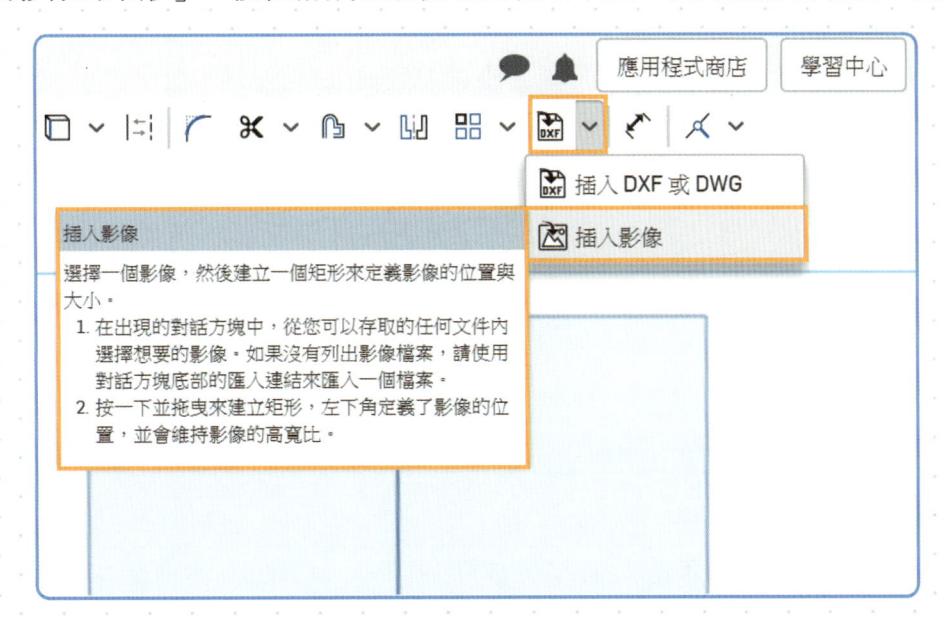

Step 04 設定圖片尺寸，先用「尺寸」工具將圖片設定成符合作品大小的尺寸，範例設 120mm。

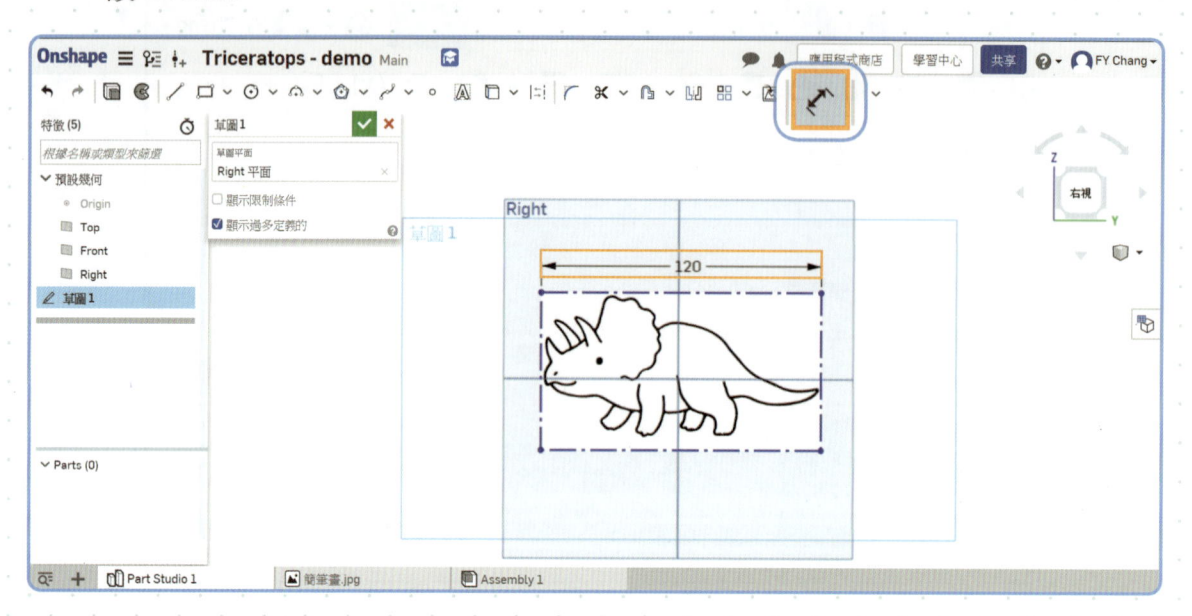

Step 05 移動圖片，按住圖片的角落，把圖片移動到動物的腳剛好對齊「Top 平面」，這樣之後畫出來的模型才會剛好站在上視平面上。

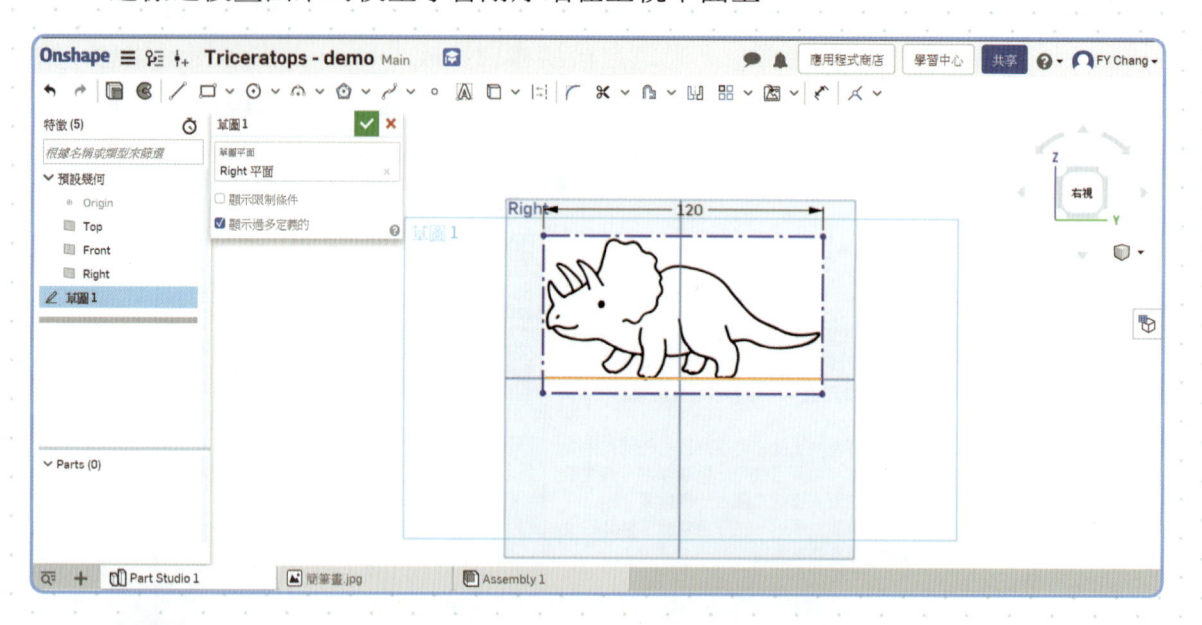

> **TIPS**
> 先用「尺寸」工具將圖片設定成符合作品大小的尺寸，範例設 120mm。接著，按住圖片的角落，把圖片移動到動物的腳剛好對齊「Top 平面」，這樣之後畫出來的模型才會剛好站在上視平面上。

設計自己的動物拼圖　　Chapter 6　111

6-2　用 Onshape 繪製動物拼圖

範例實作

繪製動物拼圖（身體）

> **Step 01** 點選「不規則曲線工具」，游標會變成「+」，再來按一下左鍵，開始沿著圖片上的輪廓線建構出身體的形狀，當繪製完圖形後，可以按下鍵盤上的「Esc」鍵，結束不規則曲線工具。

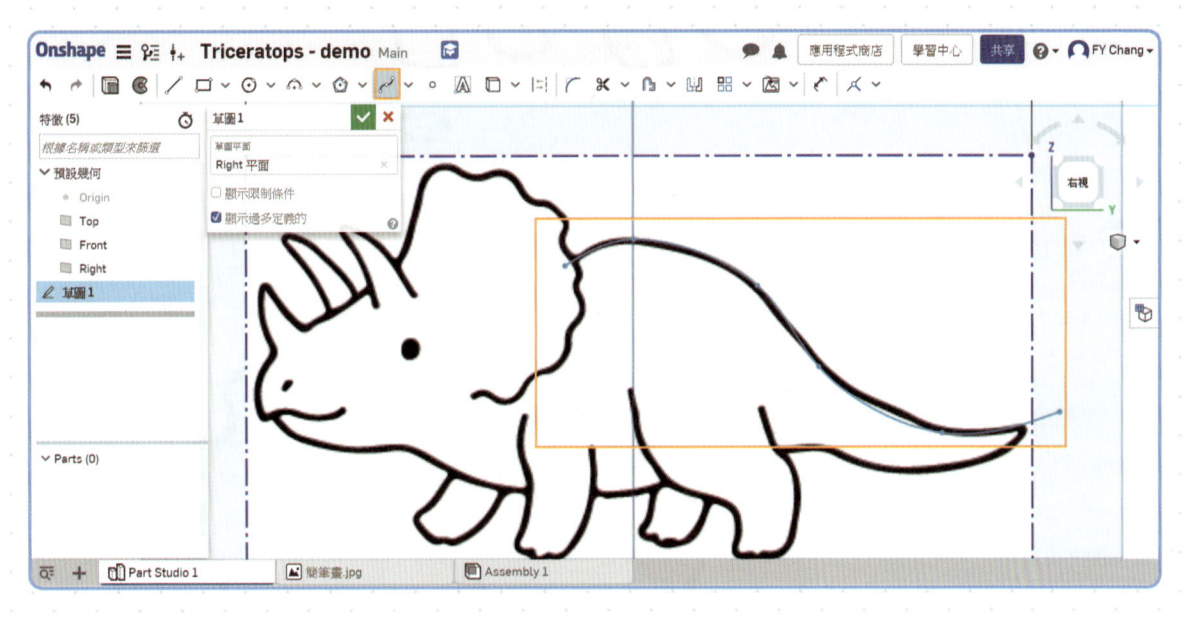

TIPS
注意，一定要回到起始點，也就是畫面上出現橘色小框框，點下去會形成封閉曲線，後續才能形成立體物件。

step 02　先畫出身體輪廓，如果覺得圖案並非自己所希望的，則可以微調控制點的位置，讓線條落在預期的位置，最後才加上眼睛、鼻孔等細節。

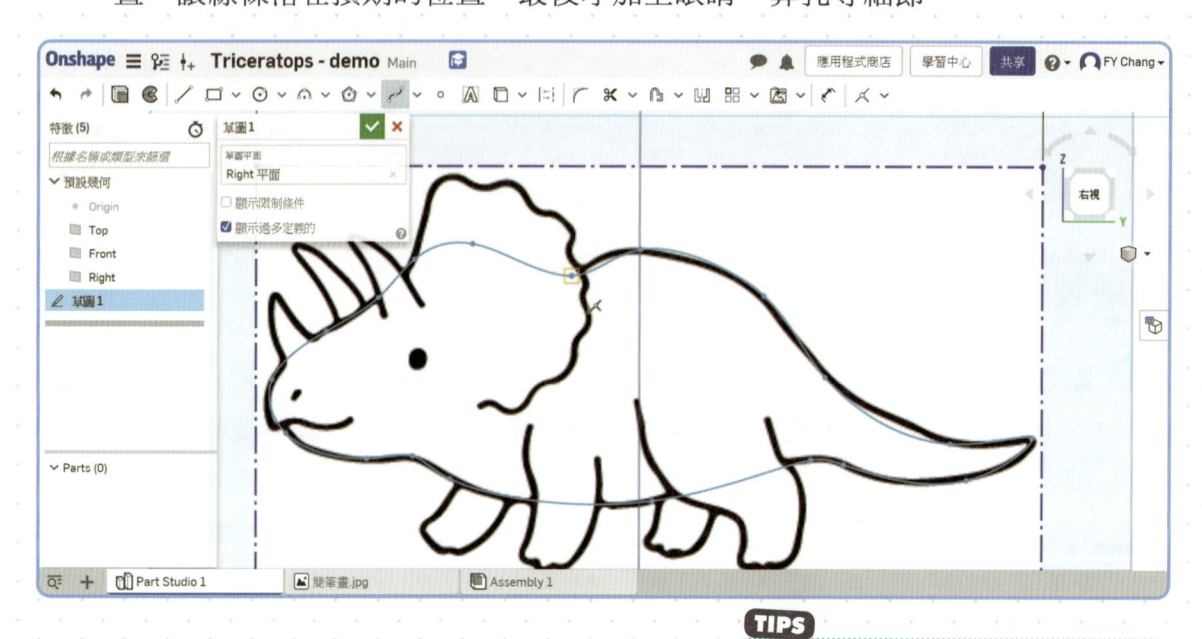

> **TIPS** 要特別注意的是：這裡只畫身體，不需要把腳畫進去。

step 03　使用「修剪」工具。

> **TIPS** 畫輪廓的時候先抓平滑的曲線，有大幅度彎折的地方（例如：角、嘴巴）之後再另外畫，然後做修剪，這樣畫起來比較簡單，造型也會更精準。

設計自己的動物拼圖　Chapter 6　113

step 04 完成身體輪廓草圖。

step 05 點選「擠出」，並設定擠出深度為 3mm，擠出的方向選擇「對稱」，讓身體在整個空間的正中間，按下綠色勾勾後，就完成第一片動物拼圖。

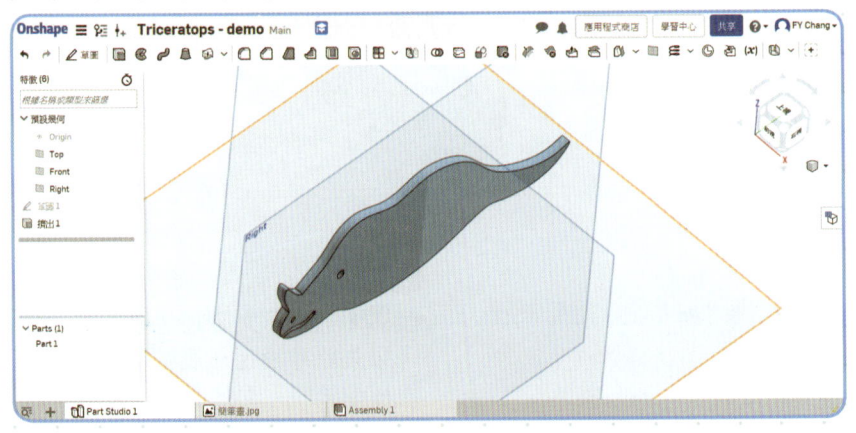

繪製動物拼圖（腳）

Step 01 建立一個虛擬平面，這個平面和身體的距離就是腳和身體的距離，先點選右側平面，按右鍵選擇「偏移平面」，輸入偏移距離，這邊設定 15mm，打勾完成第一個平面。

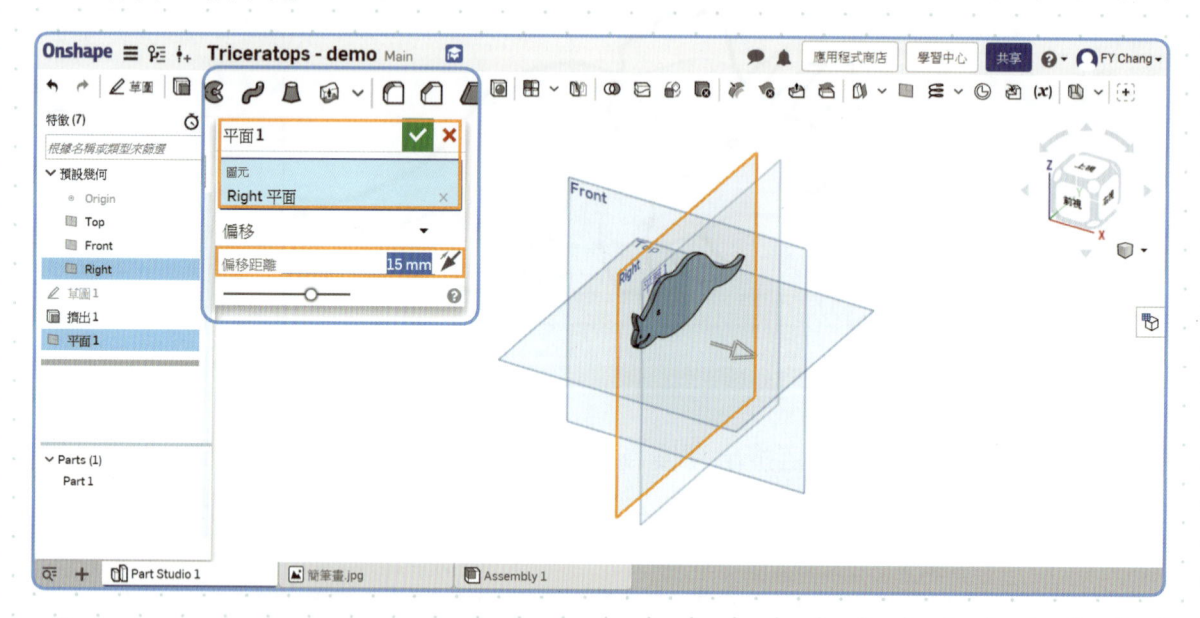

Step 02 接著，重複步驟前面步驟，再建立一個偏移平面，輸入完偏移距離後，點選特徵欄中的雙箭頭改變偏移方向，調整後打勾完成第二個平面。

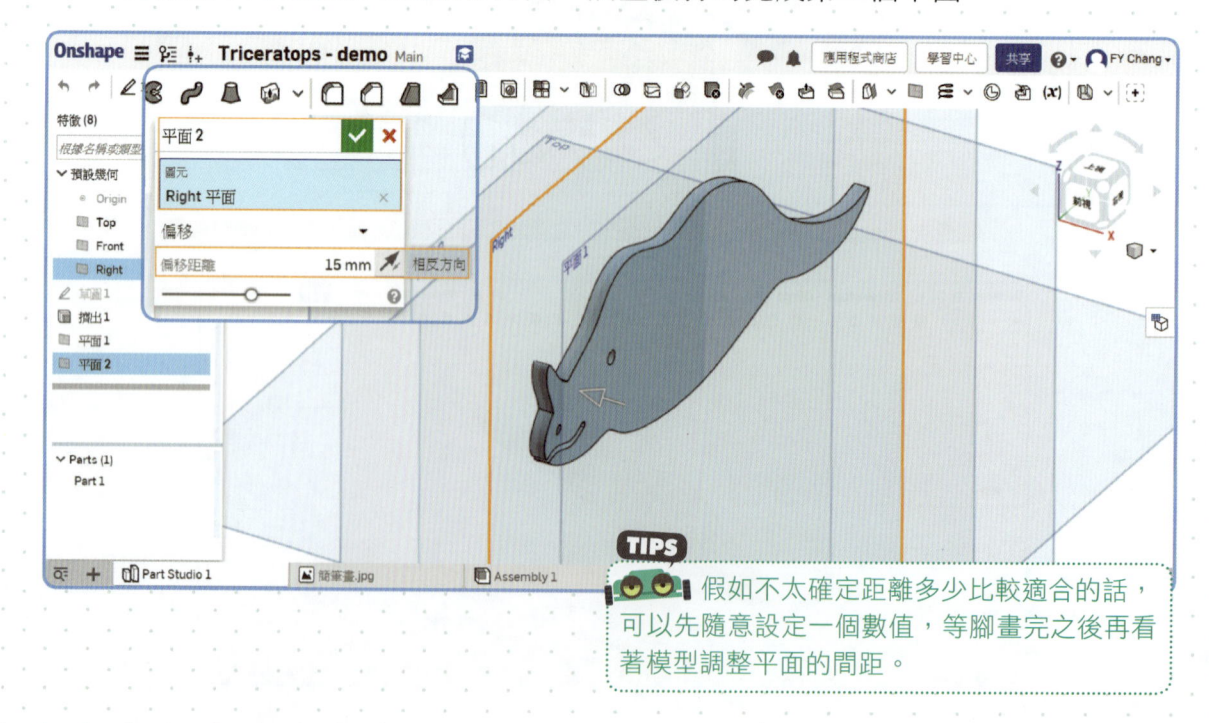

> **TIPS** 假如不太確定距離多少比較適合的話，可以先隨意設定一個數值，等腳畫完之後再看著模型調整平面的間距。

設計自己的動物拼圖　Chapter 6　115

Step 03　先在平面 1 上新增草圖，接著點一下特徵列中草圖 1 旁邊的眼睛符號「顯示草圖 1」，會發現之前匯入的圖片出現。

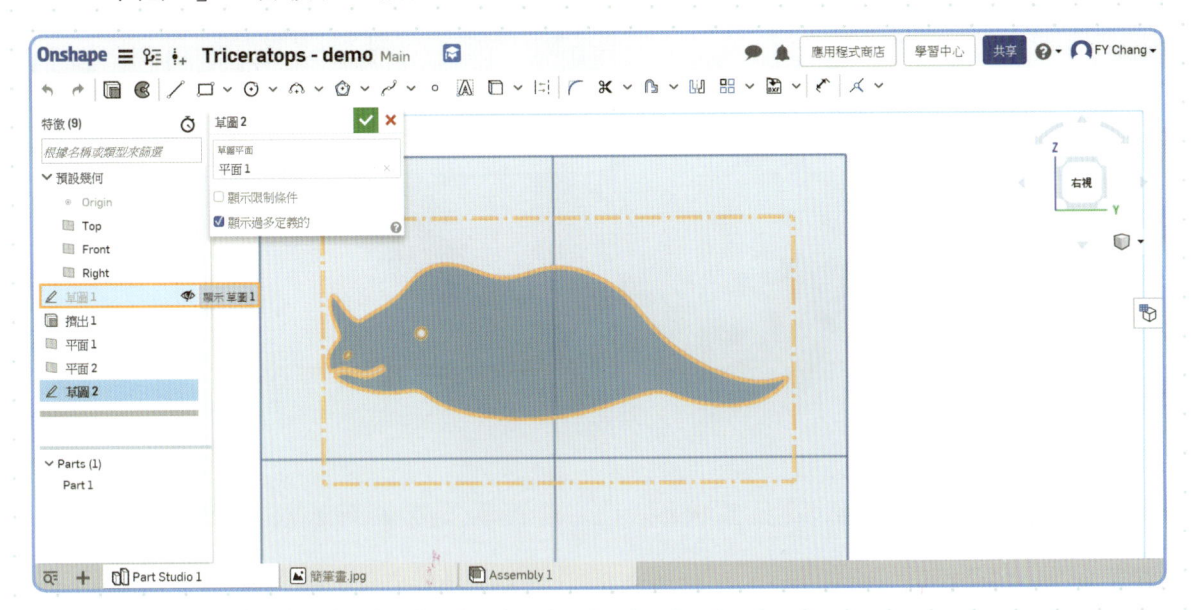

Step 04　照著圖片上的輪廓，使用「不規則曲線」畫出同側的兩隻腳，這兩隻腳必須是完整的封閉曲線，才能生成實體拼圖。

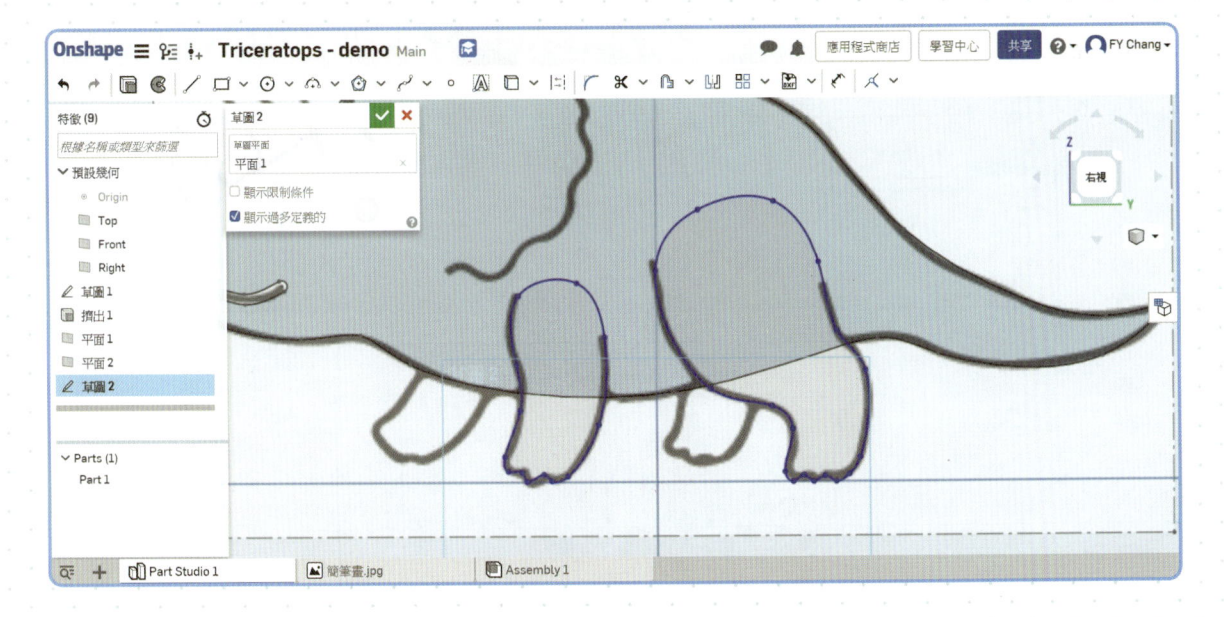

step 05　設定為「曲線」與 Top 平面相切，才能確保做出來的動物拼圖能平穩地站在地上。

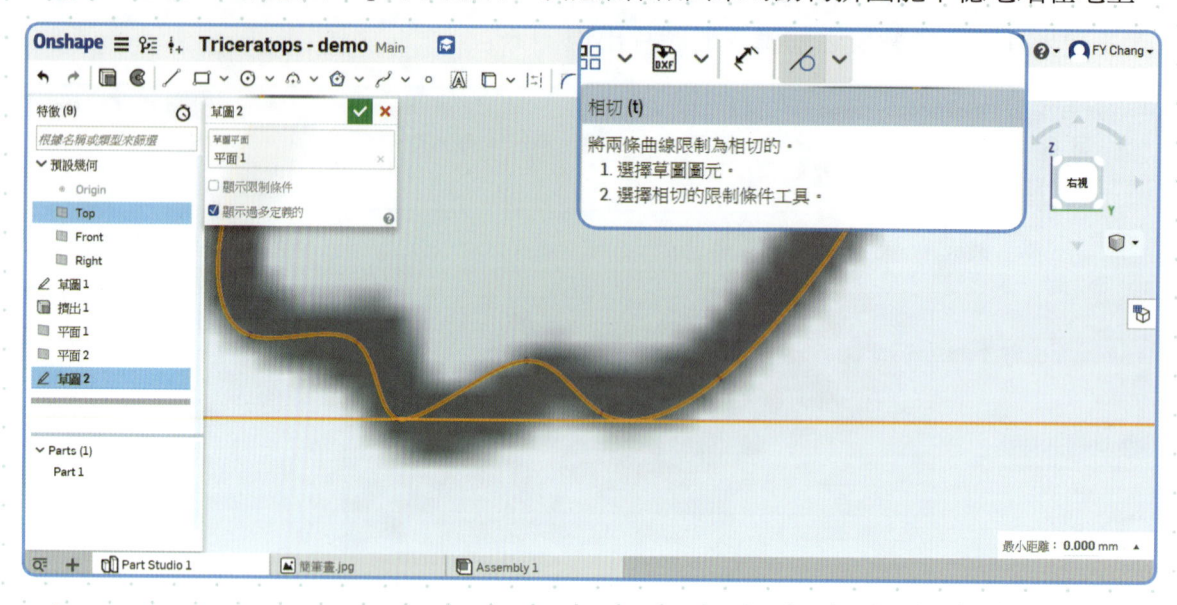

step 06　點選「擠出」，設定擠出方向和深度，打勾確認之後，完成擠出，就可以畫另外一邊。

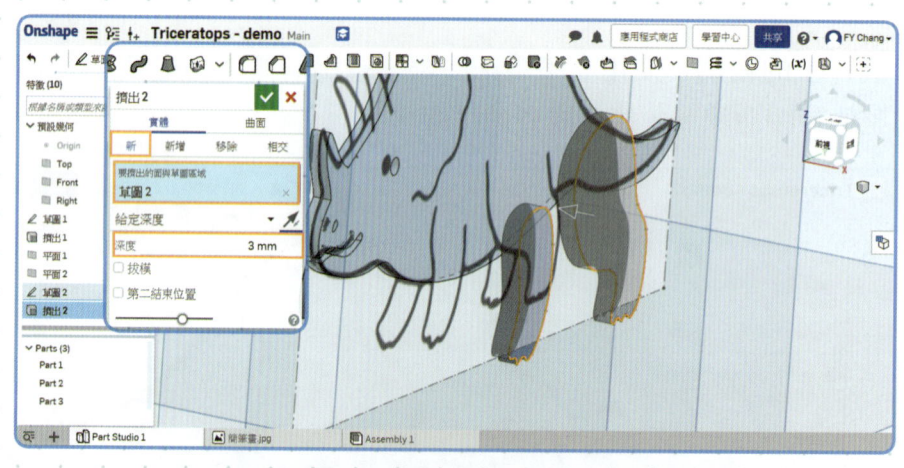

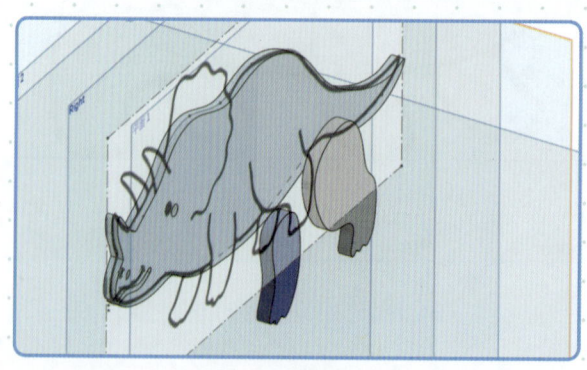

另一側的腳可使用複製、鏡射和投影的方式來處理，在這邊，示範用投影的方式來製作。

設計自己的動物拼圖　Chapter 6　117

Step 07　選擇「使用 (投影、轉換)」工具。

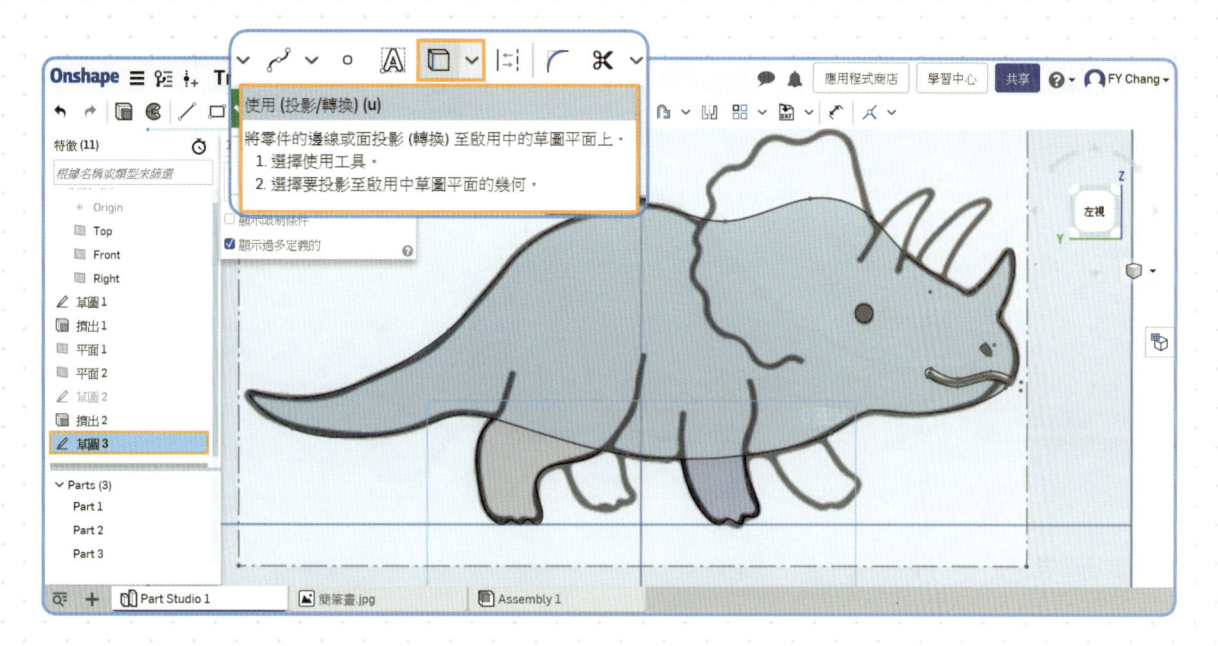

Step 08　點選要投影的特徵。

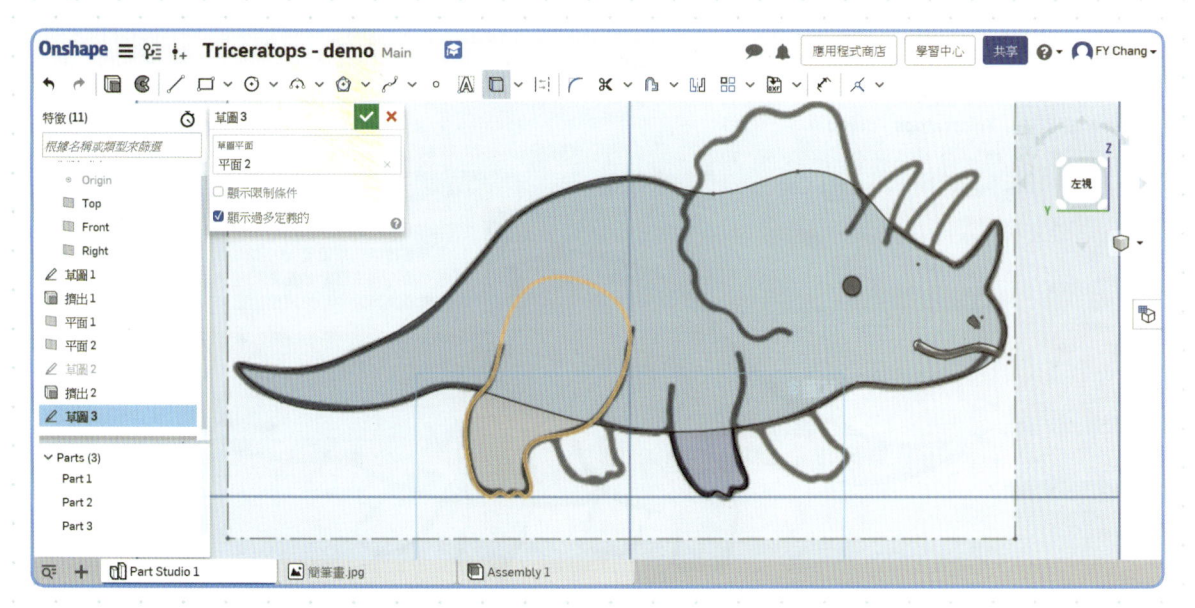

118 動手入門 Onshape 3D 繪圖到機構製作

Step 09 出現輪廓線並顯現在草圖 3 上。

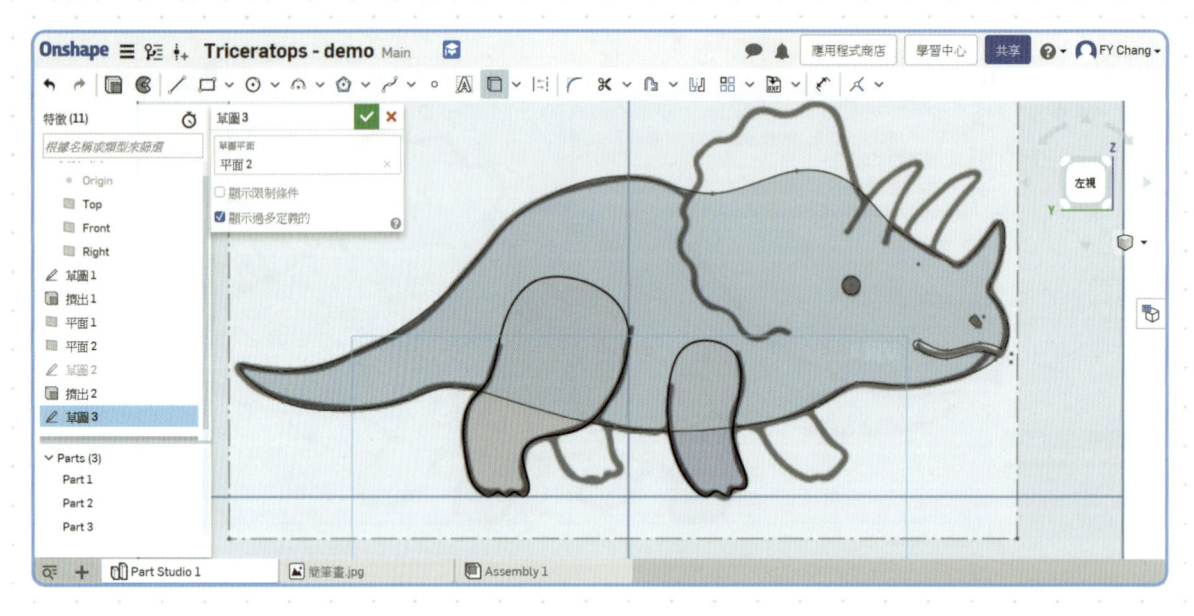

Step 10 點選線性複製排列旁邊的箭號，找到「轉移」工具，點選其中一隻腳後會看到出現一個包含許多符號的操控器。

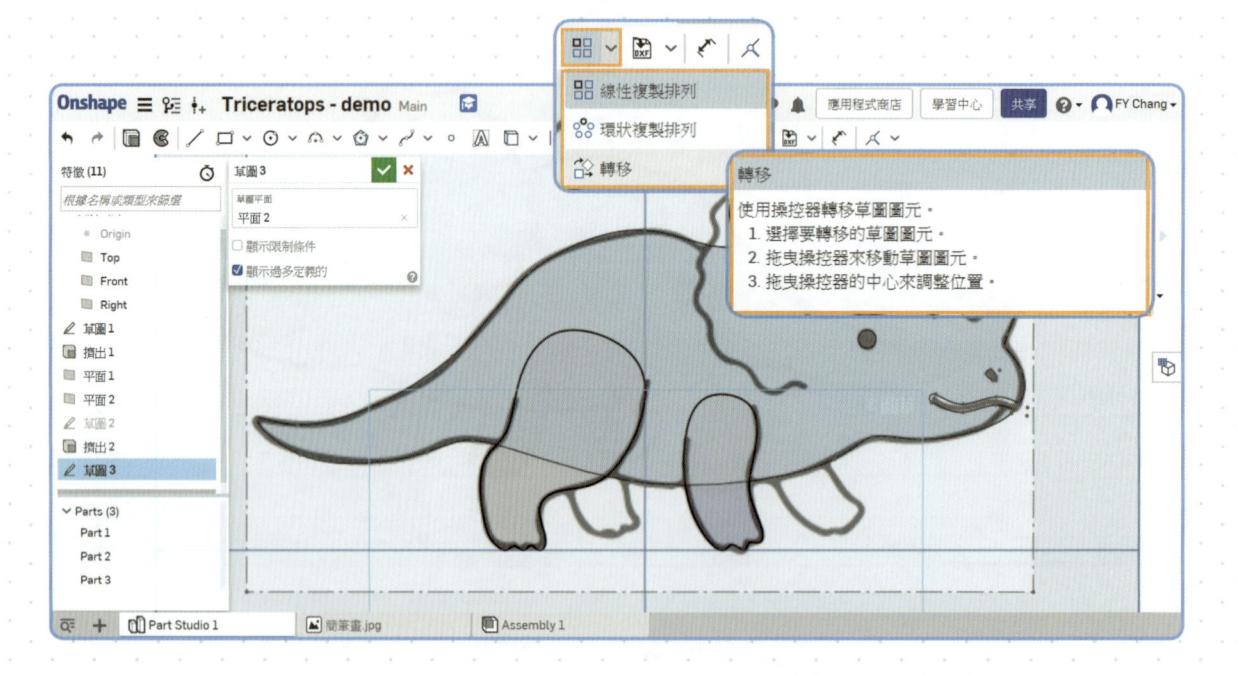

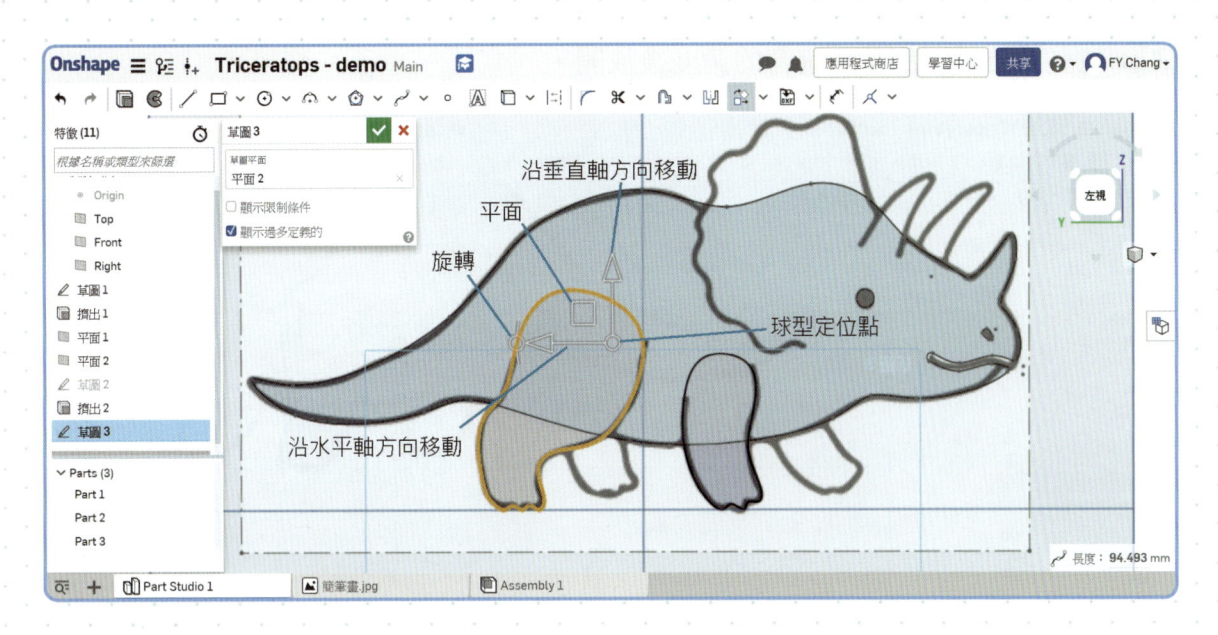

設計自己的動物拼圖　Chapter 6　119

> **TIPS** 轉移操控器上符號的意義分別是「球型定位點」、「平面」、「沿水平軸方向移動」、「沿垂直軸方向移動」和「旋轉」。

Step 11 先按住「球型定位點」，把它拖曳到大腿中間作為腿部的旋轉中心再放開滑鼠左鍵。

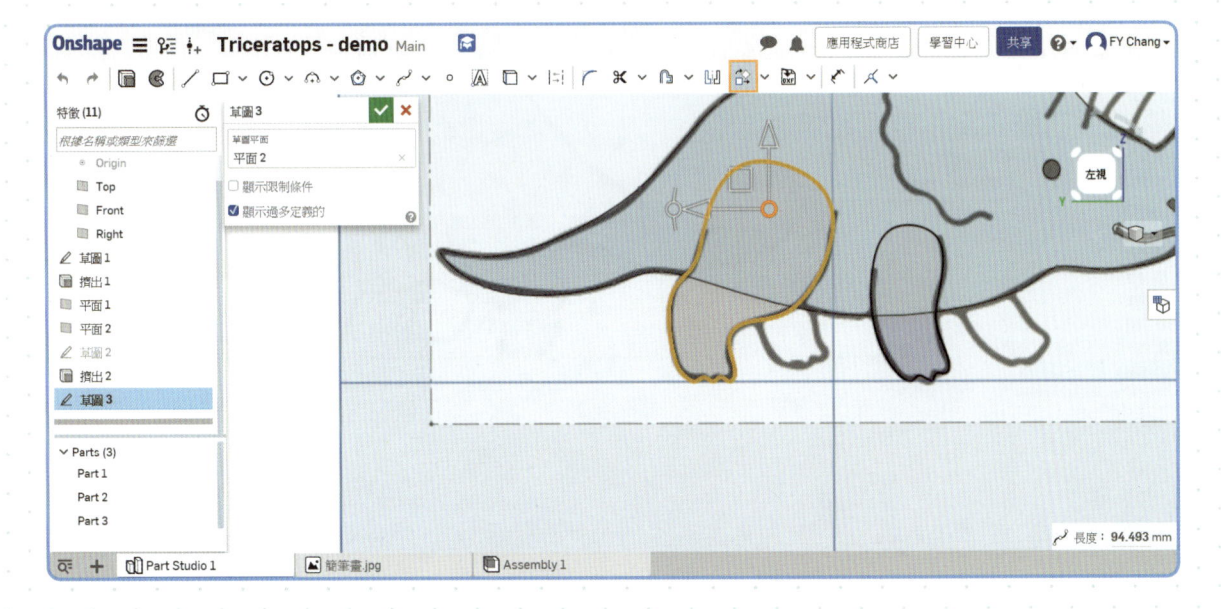

12 按住「旋轉」調整到適合的角度後放開。

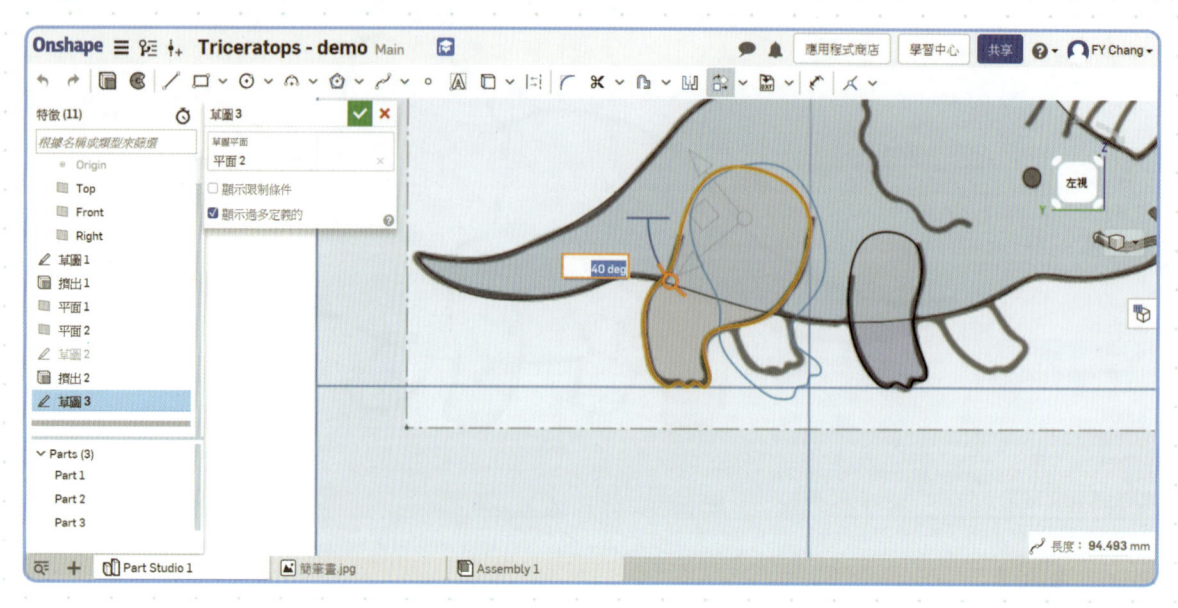

13 再按住「平面」把整隻腳移動到跟 Top 平面切齊，然後點選兩下滑鼠左鍵完成移動的動作。

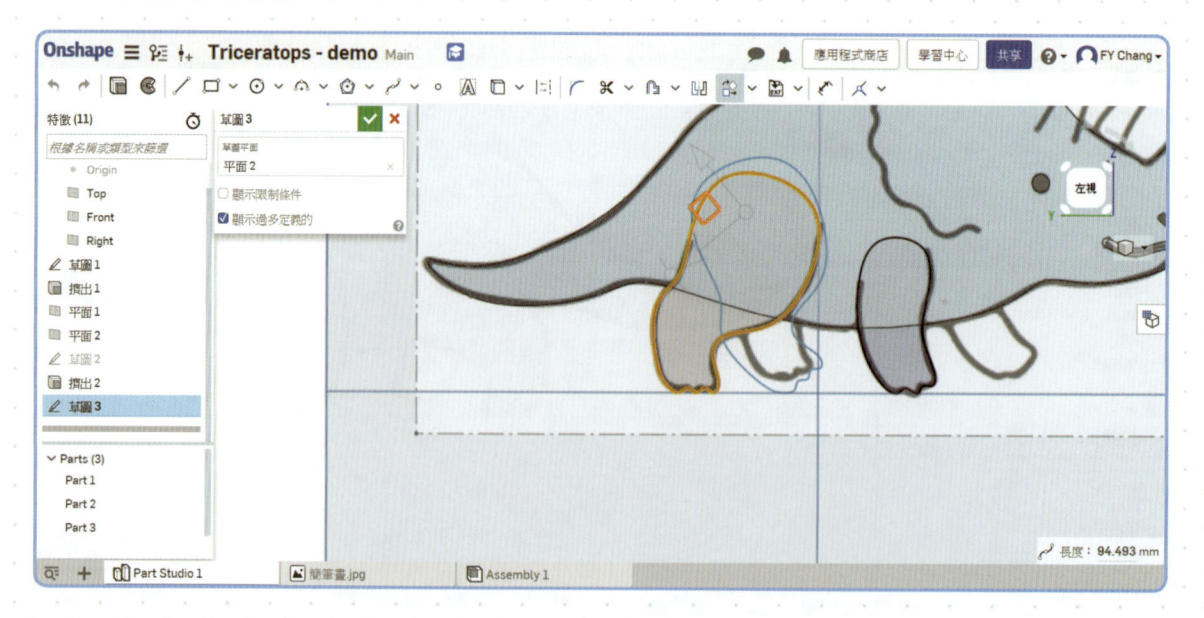

設計自己的動物拼圖　Chapter 6　121

step 14　接下來換調整前腳，重複剛剛的步驟。最後一樣設定曲線與 Top 平面相切後「擠出」就完成（草圖 3）動物的腳。

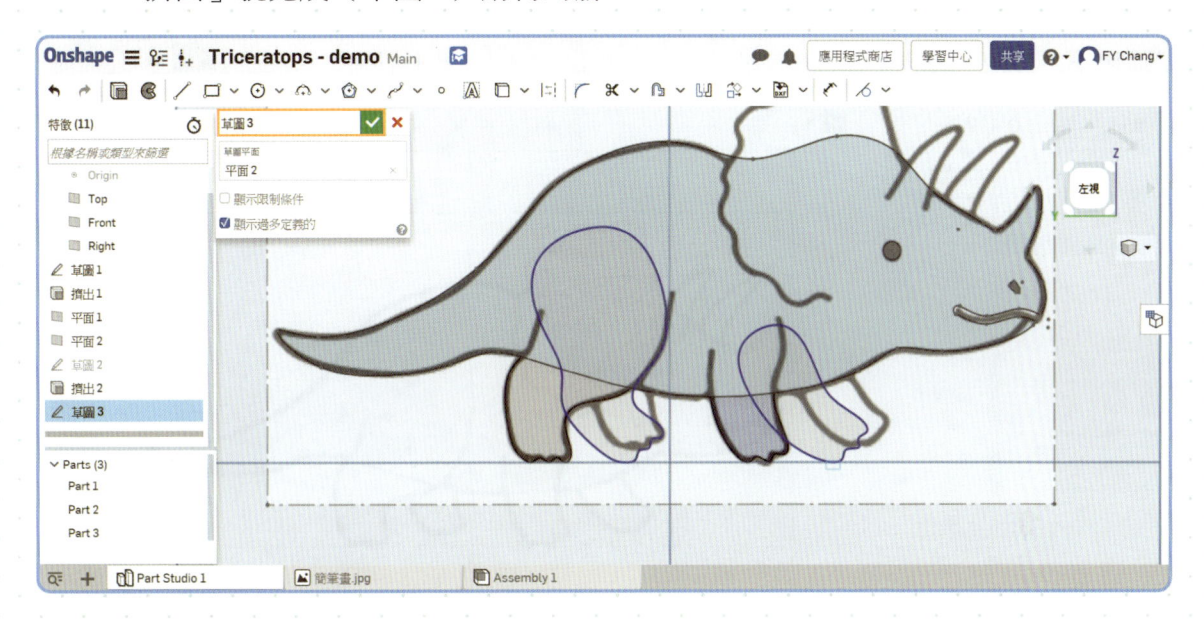

繪製動物拼圖（角與頭盾）

step 01　點選建立虛擬平面後，會在特徵欄看到「偏移」、「平面點」、「線角度」、「點垂直」、「三個點」、「中間面」和「曲線點」七種平面產生方式使用「點垂直」來做示範。

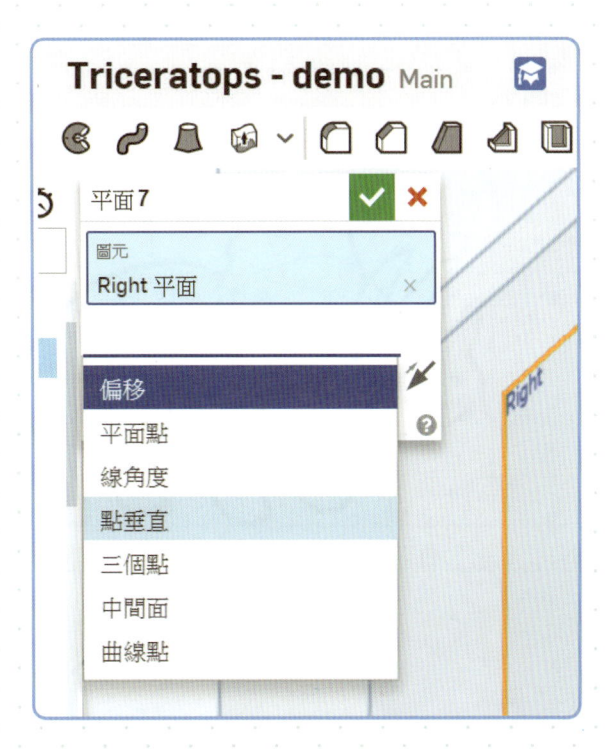

122　動手入門 Onshape 3D 繪圖到機構製作

Step 02 點選特徵列中的（草圖 1）進入草圖 1 的編輯狀態，再點選「直線」和「建構線」畫出角和頭盾的傾斜平面。

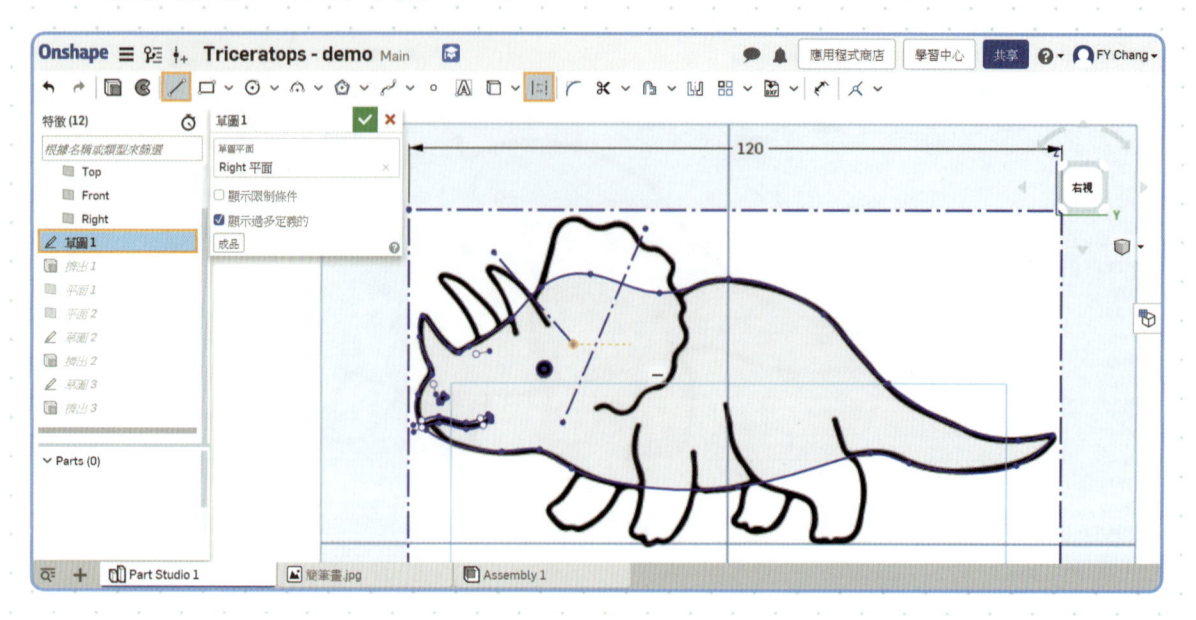

> **TIPS**
> 生成「點垂直」平面需要用到的圖元包含「一條線」和「一個點」（如高中數學中的一點一法向量），這裡建構出的平面會與這條線垂直，且點會落在平面上。

Step 03 各畫一條垂直線。

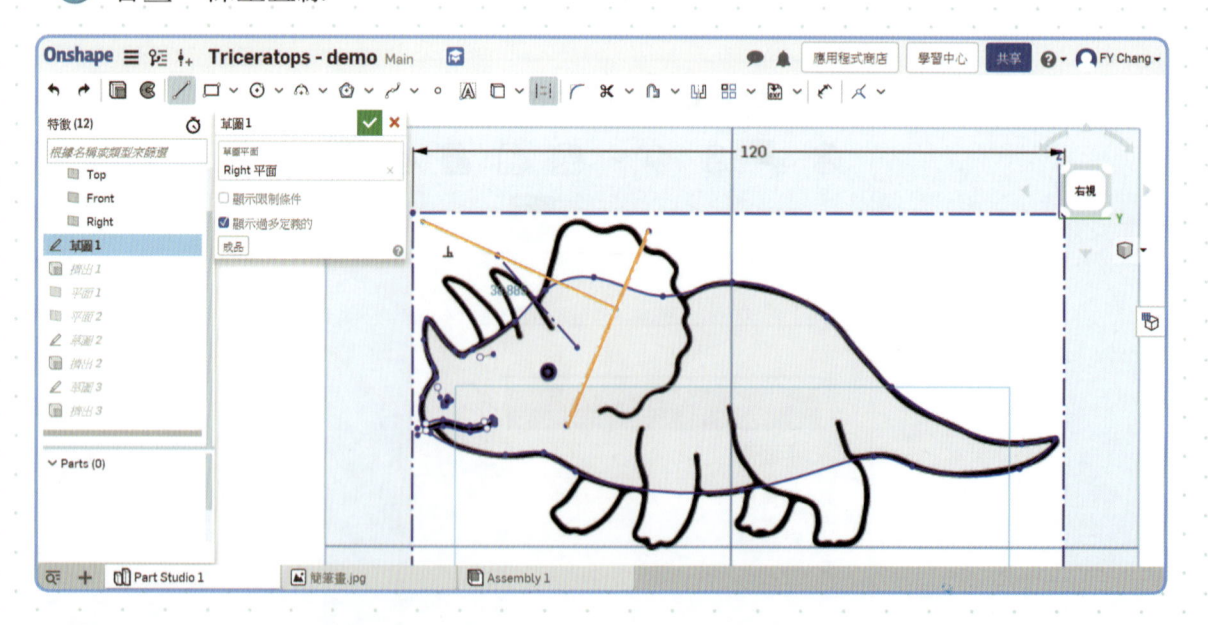

Step 04　右鍵點選任一平面，選擇偏移平面，接著在特徵欄中選擇設定「點垂直」，
並按下「x」刪除圖元。

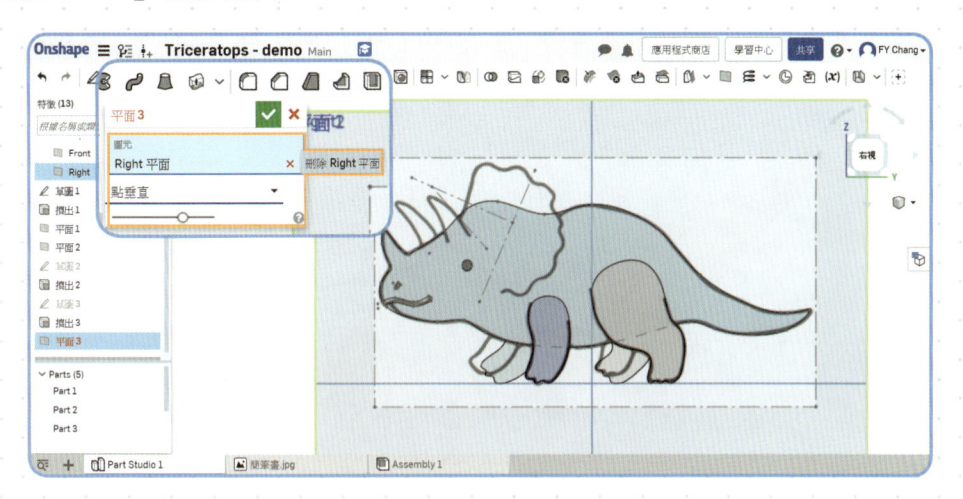

Step 05　點選剛剛畫出的「垂直線」和「頭盾斜面的一個端點」，按下打勾之後就會
看到新平面（平面3）。

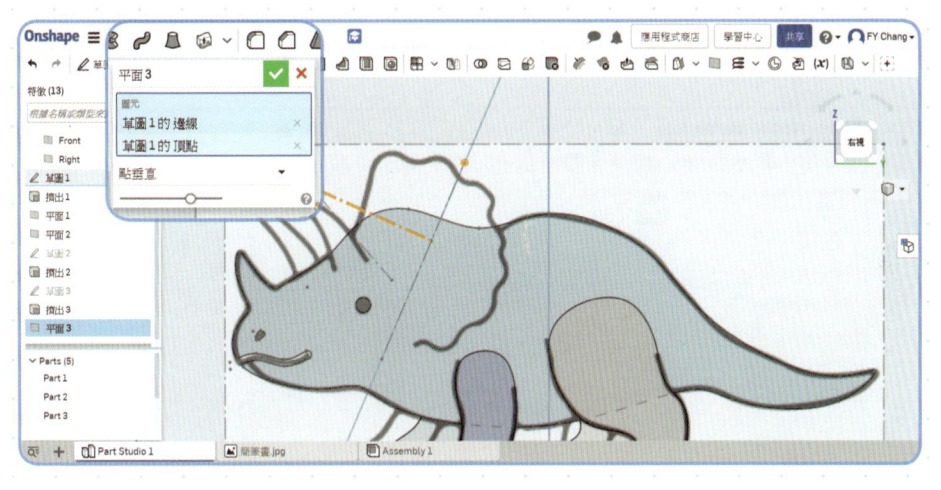

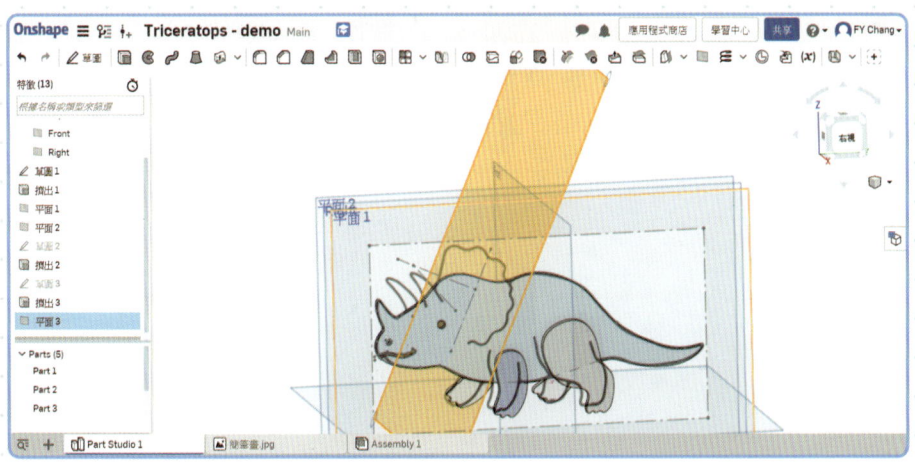

Step 06 同樣的，可以使用相同方法再做出角的斜面（平面 4）。

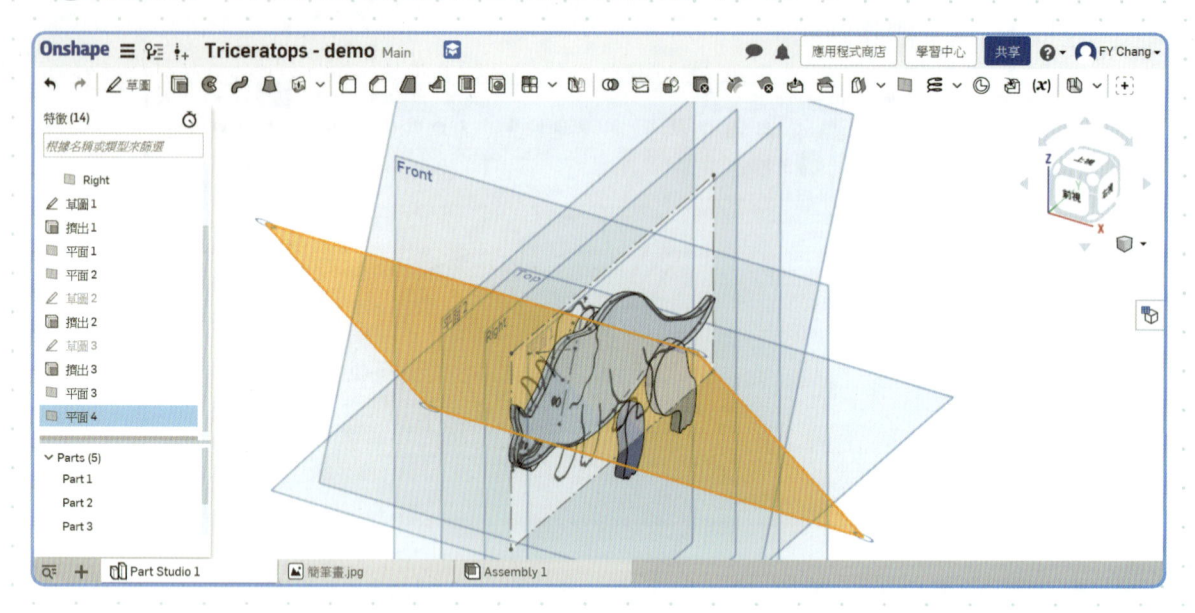

Step 07 在平面 3 上建立草圖，在草圖 4 上畫出頭盾形狀。

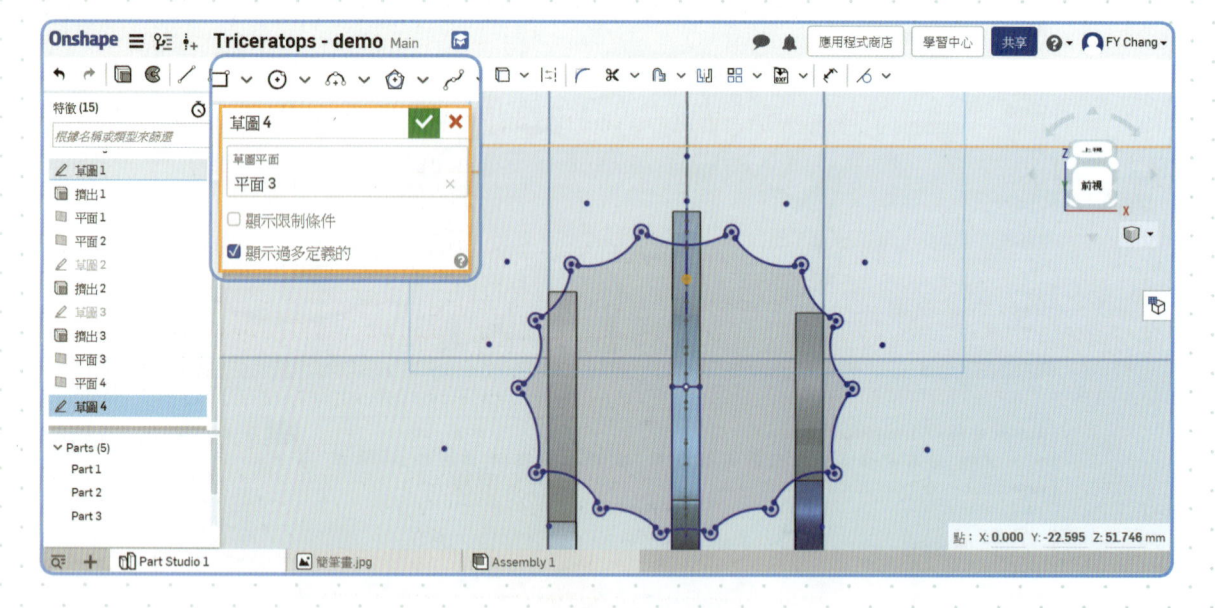

設計自己的動物拼圖　Chapter 6　125

Step 08　在平面 4 上建立草圖，在草圖 5 上畫出角的形狀。

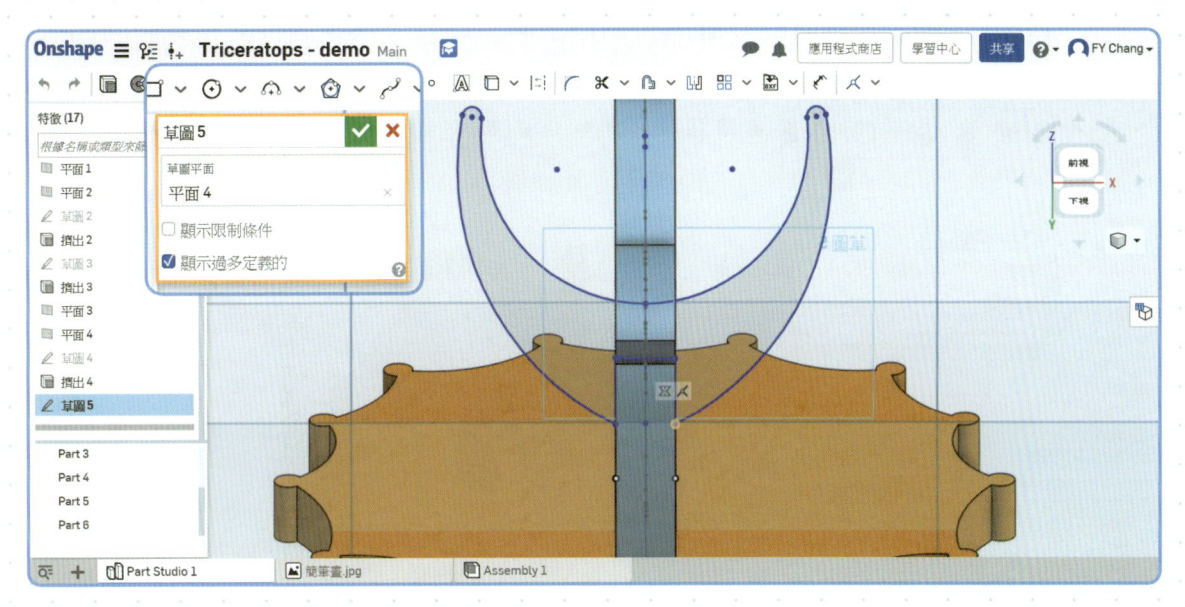

Step 09　分別擠出頭盾和角，即可完成。

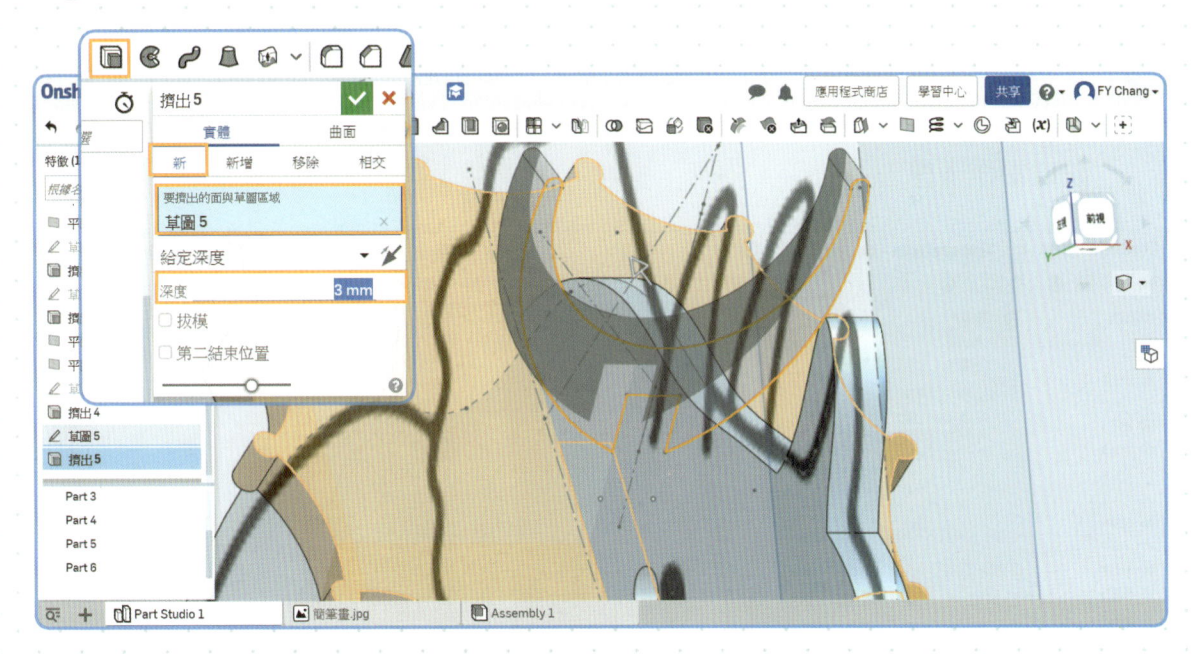

繪製動物拼圖（連接軀幹和四肢）

很快的我們來到繪製動物拼圖的最後一個階段，也就是畫出連接各個部位的卡榫以連接身體和剛剛畫的四肢，讓每一個拼塊能夠透過卡榫穩固的結合在一起，組合成一隻完整的三角龍。

step 01　首先，要在兩隻後腳之間設計一個形狀，把後腳跟身體連結在一起，因此在「Front 平面」點選右鍵，選擇「偏移平面」建立一個穿過後腳和身體的面。

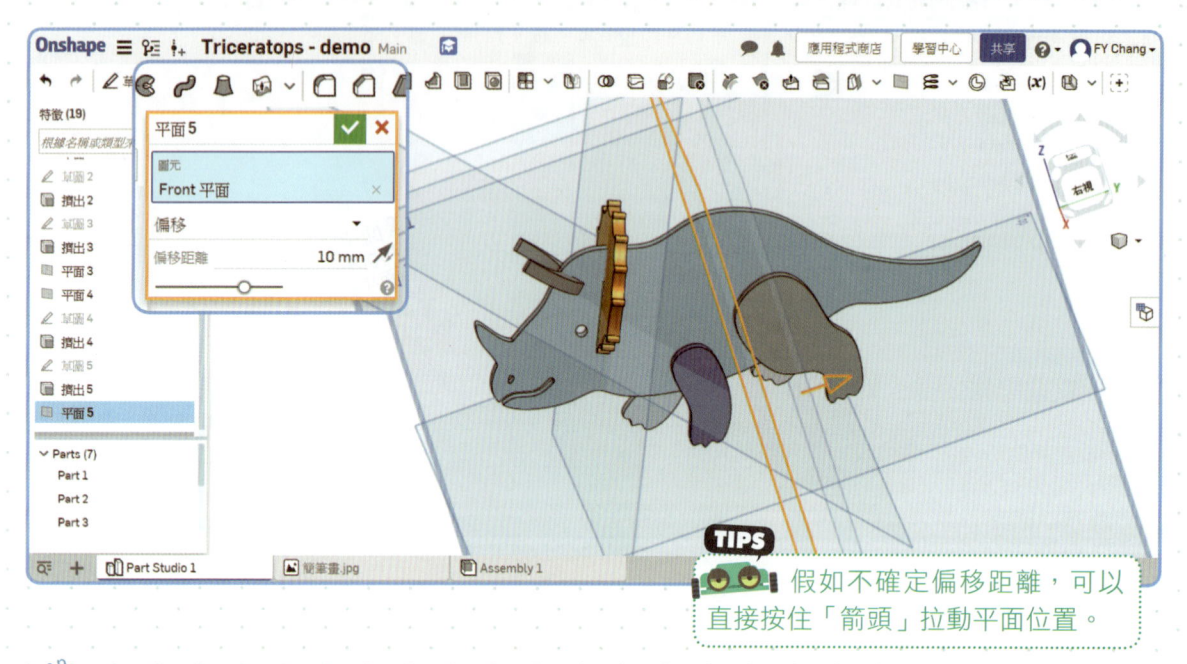

TIPS 假如不確定偏移距離，可以直接按住「箭頭」拉動平面位置。

step 02　在新平面上（平面 5）設計連接塊的形狀，這個形狀可以依照自己的喜好來做設計，在草圖 6 這邊選擇「不規則曲線」工具，畫出三角龍的屁股，再畫上缺口當作卡榫。

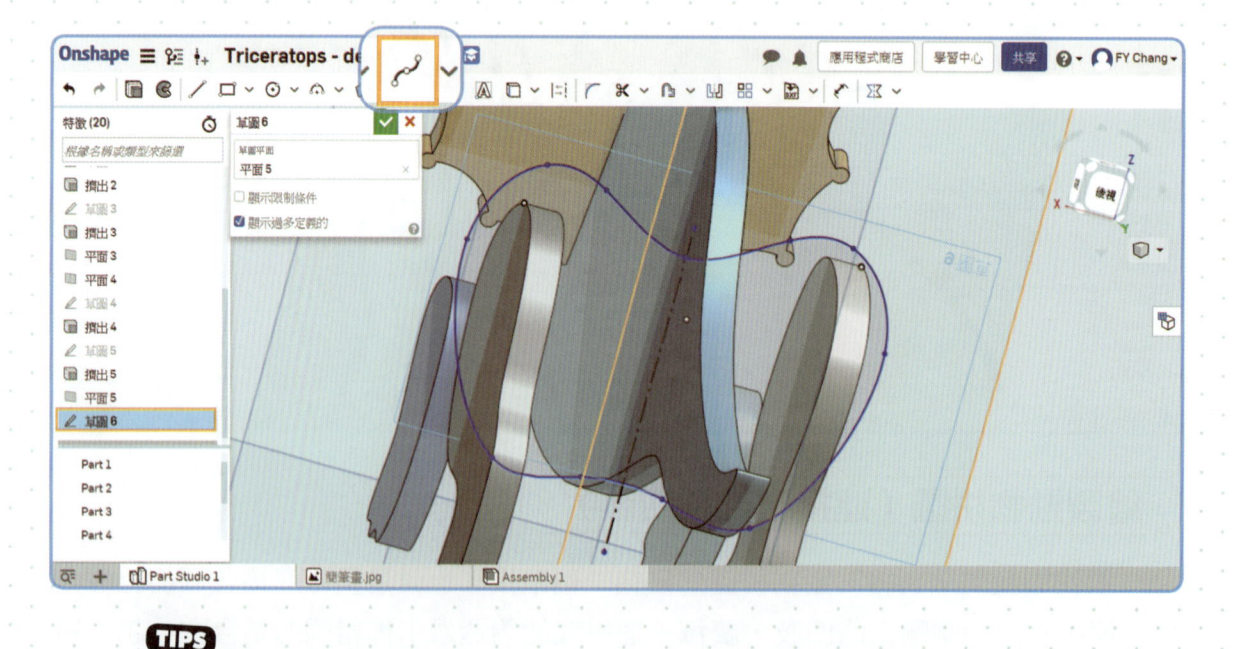

TIPS 要特別仔細地對應各個零件的位置，才能讓動物拼圖依照我們設計的方式正確的組合在一起。

設計自己的動物拼圖 **Chapter 6** 127

Step 03 要在三角龍的屁股上畫出三個寬度 3 毫米的缺口，分別對應「身體、左後腿和右後腿」三個零件的位置，運用「使用」工具將參考點或線標記出來，畫一條水平線作為凹槽的底部，線的位置大約將大腿與屁股的接合處平分。

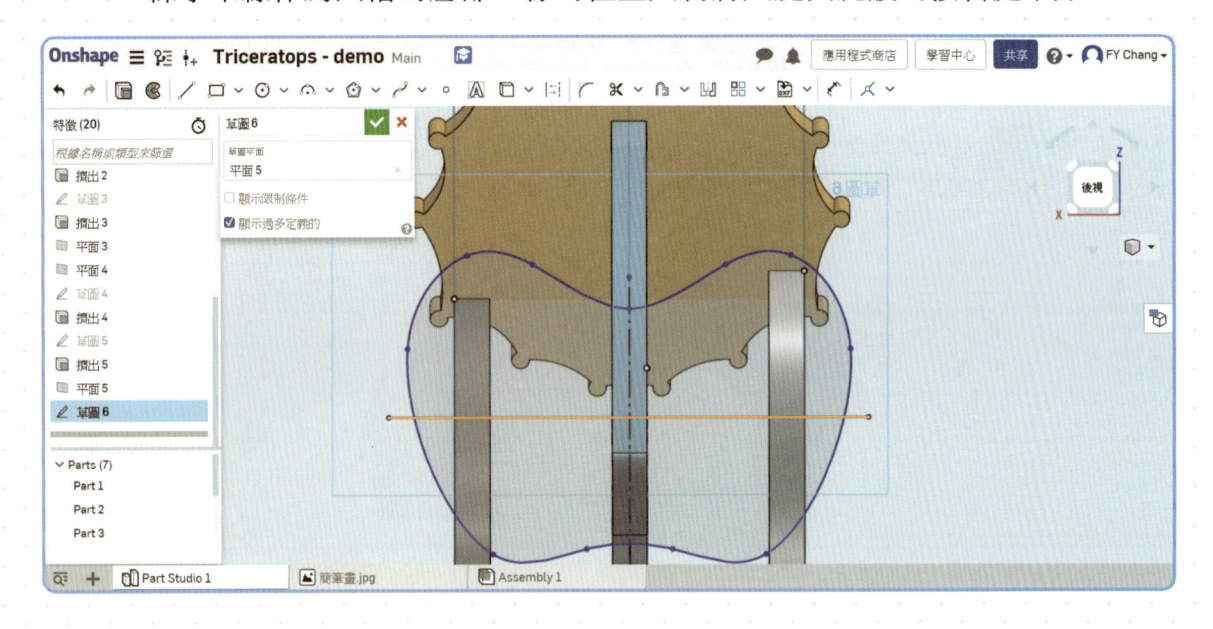

Step 04 利用標記精準畫出卡榫，卡榫的方向依據組裝方式，設定成與後腿連接的凹槽在下方，而與身體連接的凹槽朝向上方。使用「修剪」工具完成有三個凹槽的屁股拼塊。

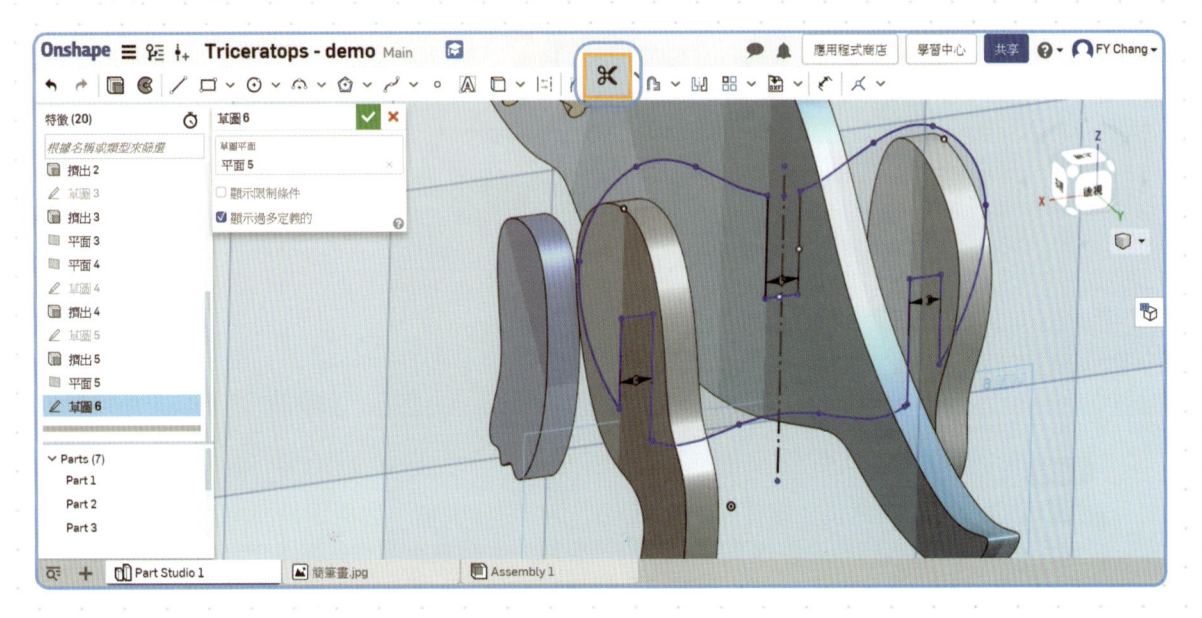

05 點選「擠出」，確認位置在大腿中央，然後用同樣的方法完成前腳的連接拼塊。

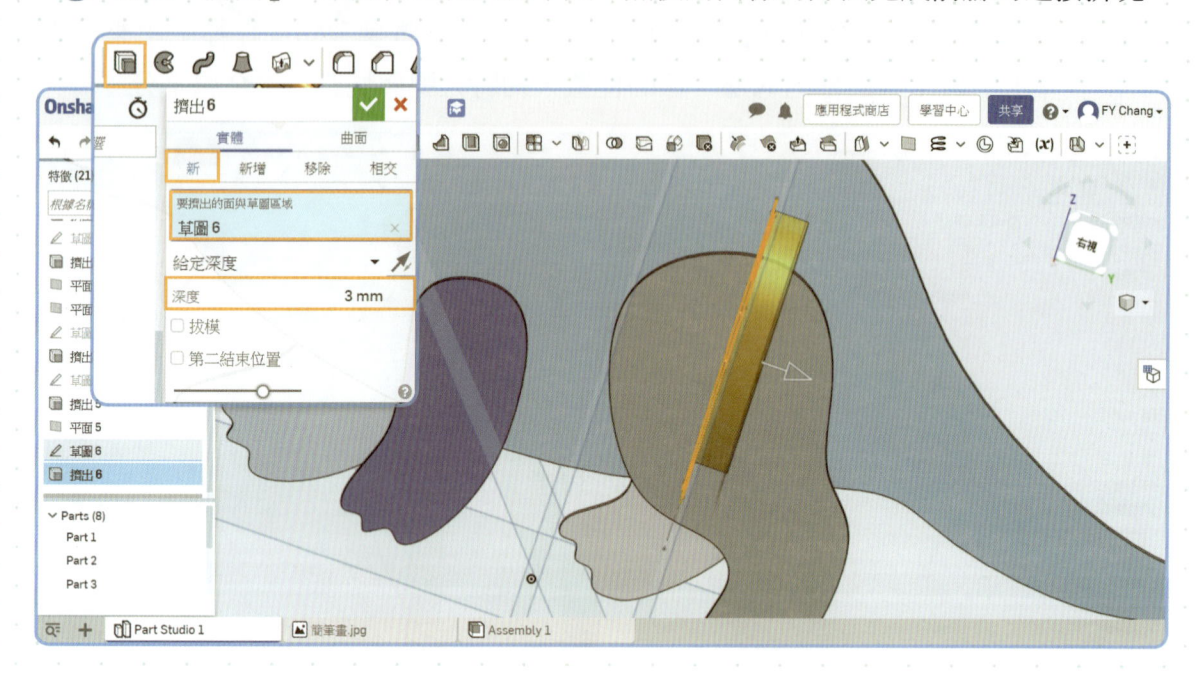

06 完成兩塊連接四肢和軀幹的拼塊。

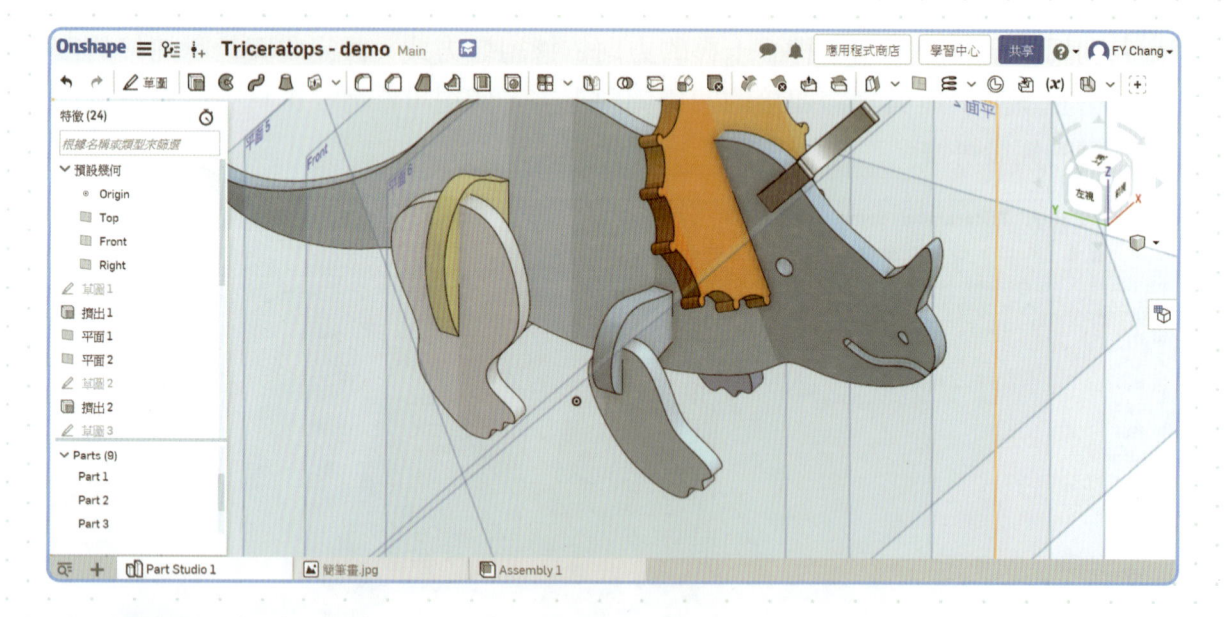

> **TIPS**
> 連接拼塊畫好後，還要在四肢和軀幹上也畫出凹槽，才能跟連接拼塊組合在一起。一般來說，如果要改變零件的形狀，會回到最初畫出零件的草圖做修改，但如果回到先前的步驟，後面生成的特徵會全部變成淺色的狀態，而且無法用「使用」工具投影出參考位置，這時候，我們可以新建一個草圖，用移除的方式修改零件。

設計自己的動物拼圖 Chapter 6　129

step 07　在右腿的平面上建立草圖，運用「使用」工具，將兩隻腿部輪廓，投影到新草圖上（草圖 8）。

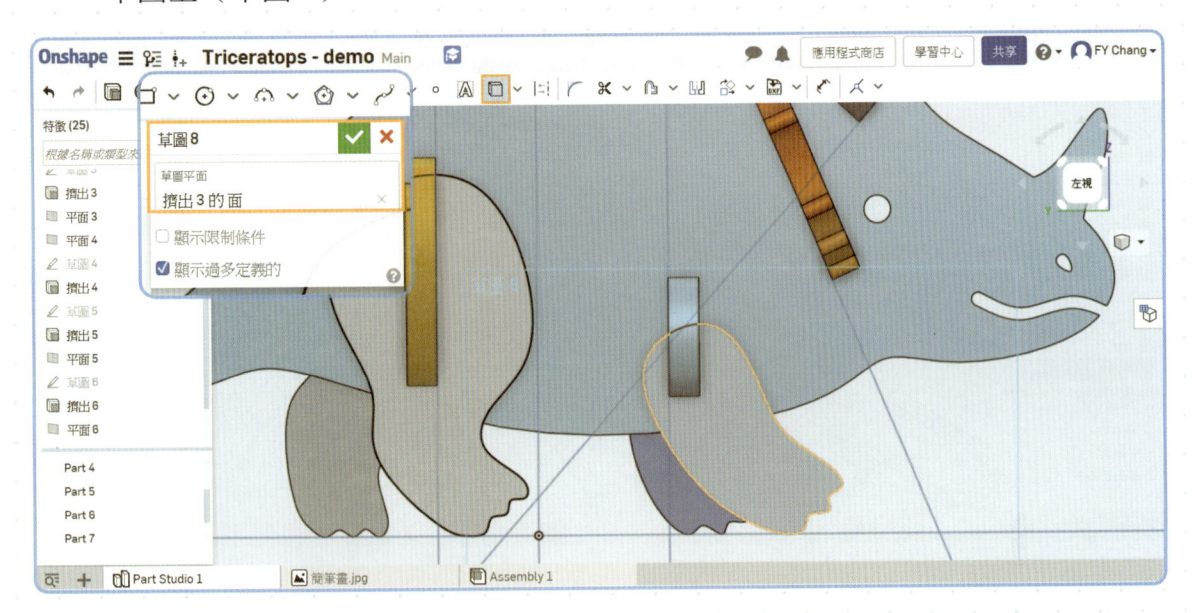

step 08　到畫面右側調整顯示狀態的地方選擇「半透明」顯示，看到先前畫在腳邊的卡榫底部，兩隻腳都要投影完成。

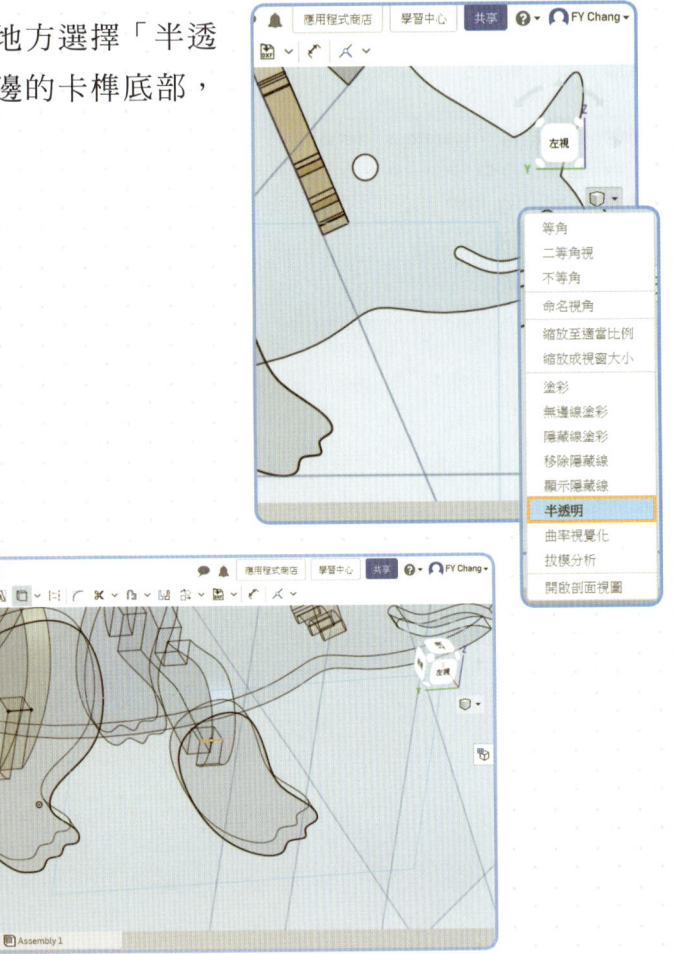

130　動手入門 Onshape 3D 繪圖到機構製作

Step 09 畫出兩條線延伸到腿的輪廓。

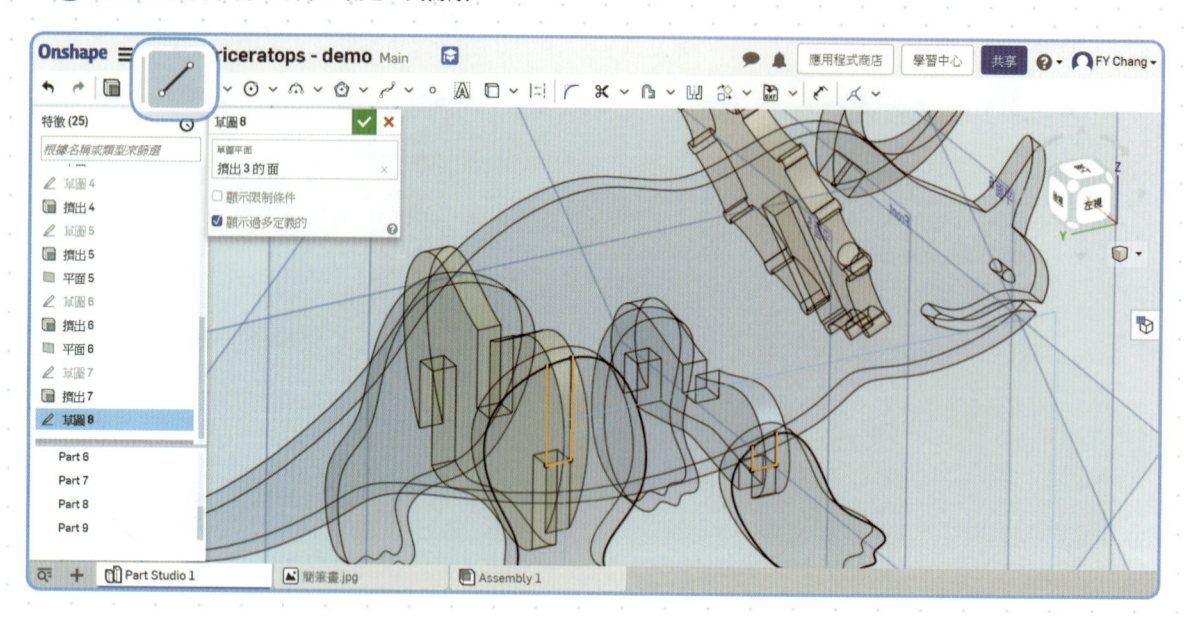

Step 10 用「修剪」工具去除多餘的輪廓，剩下兩個封閉的區域。

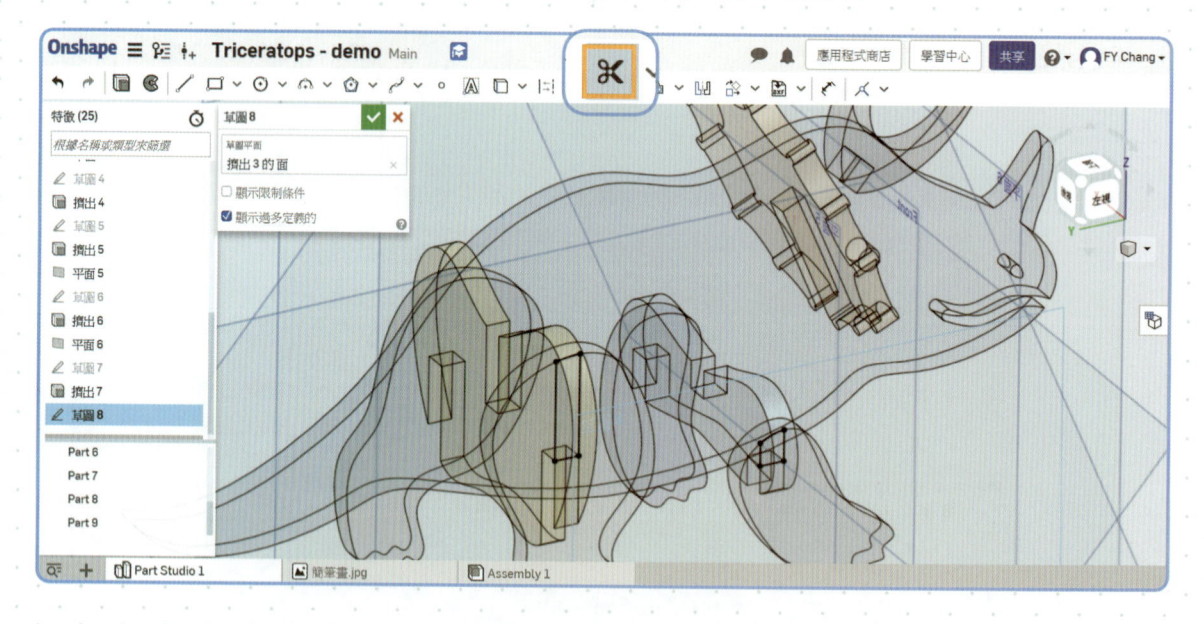

Step 11 點選「擠出」然後在特徵欄中選擇「移除」，並且點選一下「合併範圍」接著點選兩隻右腿，設定完成後按下打 ✓ 就完成兩隻右腿的卡榫了。

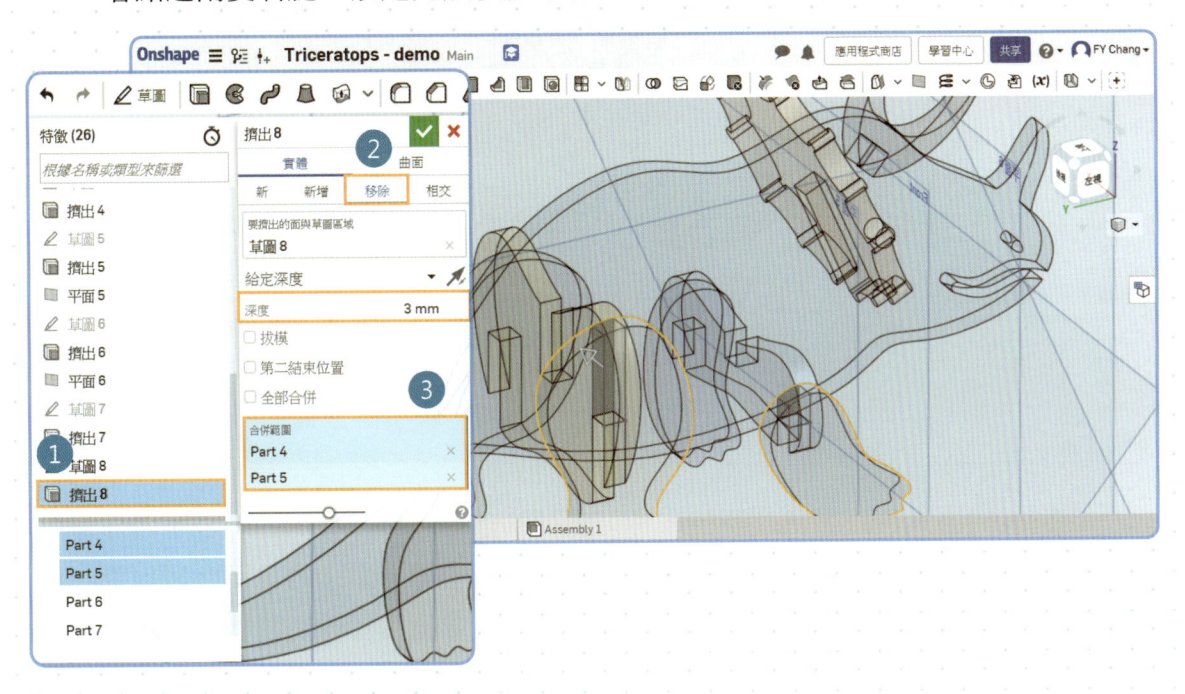

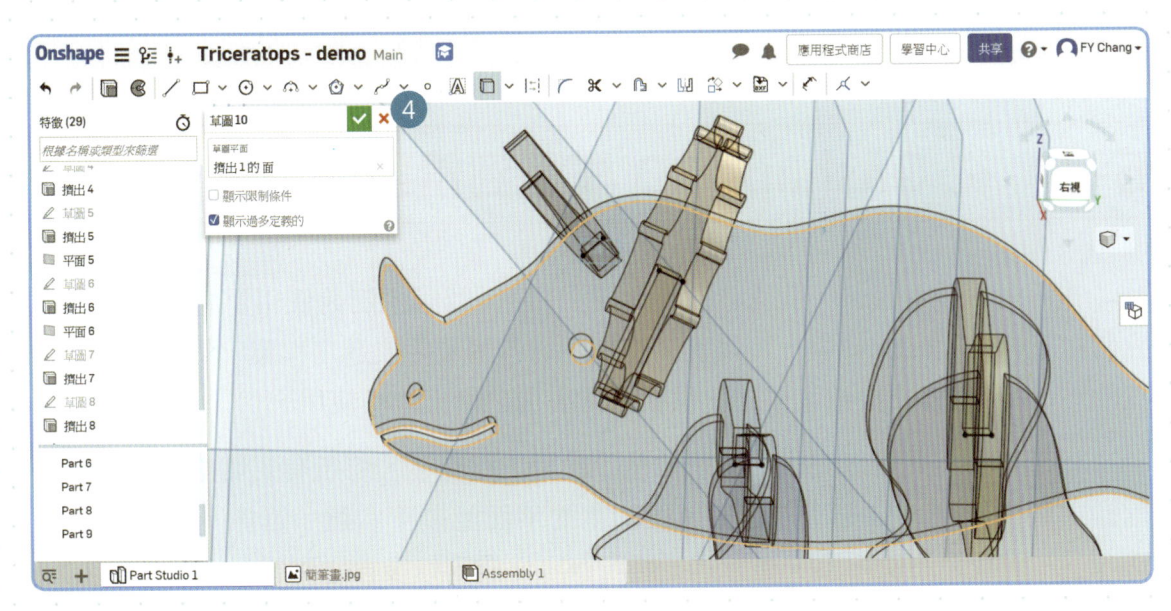

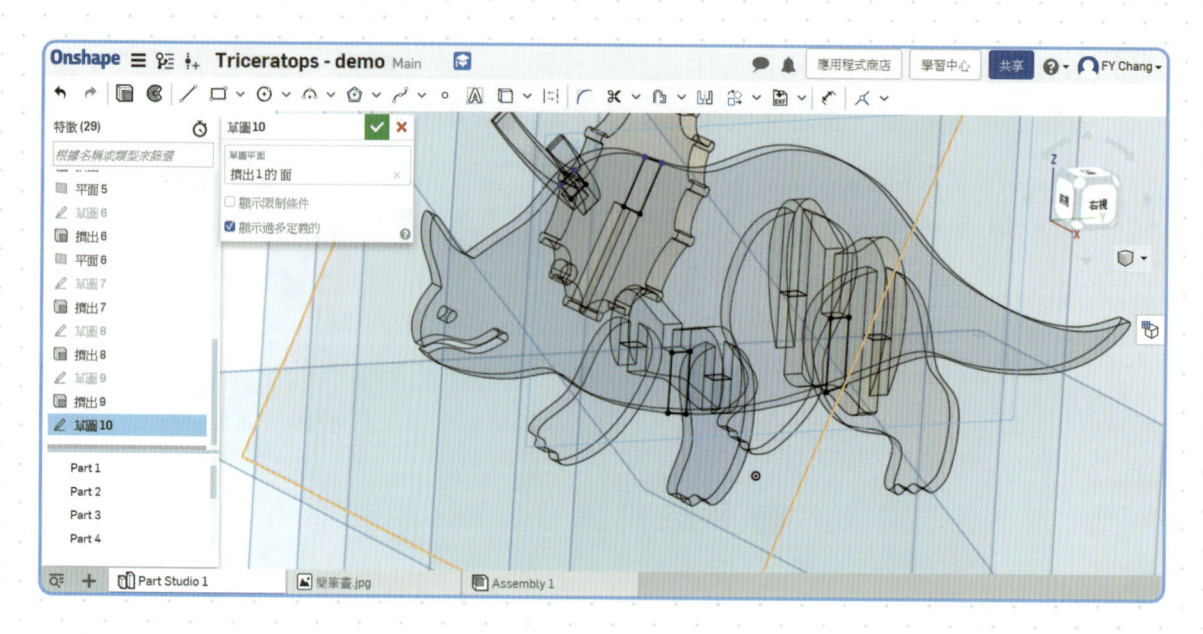

用同樣的方式可以做出左腿的卡榫，軀幹的部分也是一樣的道理，不過這邊要特別注意：身體部分，除了和腿部的連接處需要畫卡榫，頭上的角跟頭盾也要一併處理才算完成喔！當以上的動作都完成後，就可以準備用雷射切割機將作品製作出來囉！

6-3　從 Onshape 3D 模型到雷射切割

畫好的動物拼圖 3D 模型必須轉換成 2D 平面圖形才能夠使用雷射切割機製成立體拼圖，在 Onshape 中，可以直接將畫好的各個零件放進工程圖，然後匯出成常見的「Dxf」線條交換檔案格式，供後續雷射加工輸出軟體使用。

以下兩種方式可以完成，第一種是「繪製工程圖」，將所有要切割的平面在工程圖中製作出來，另一種則是點選要切割的平面並按下右鍵，選擇「輸出成 Dxf/Dwg」。而我們將使用第一種方式，將所有零件排列好後再送到雷射切割機輸出。

設計自己的動物拼圖　Chapter 6　133

繪製工程圖

將所有要切割的平面在工程圖中製作出來。

Step 01 「+」號(插入新元素)的地方按一下左鍵選擇「建立工程圖」。

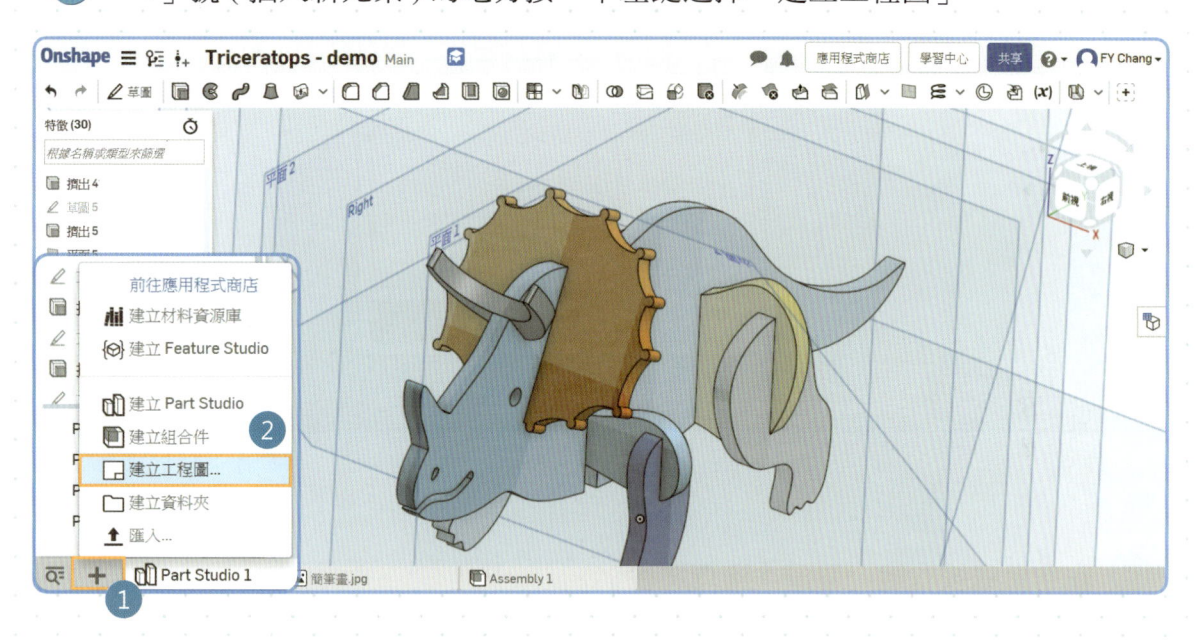

Step 02 工程圖基本設定,按下「確定」後會進入一個新的頁面,就是我們的工程圖紙。

step 03 選取並移除預設內容（先把圖紙上預設的表格及文字框選刪除）。

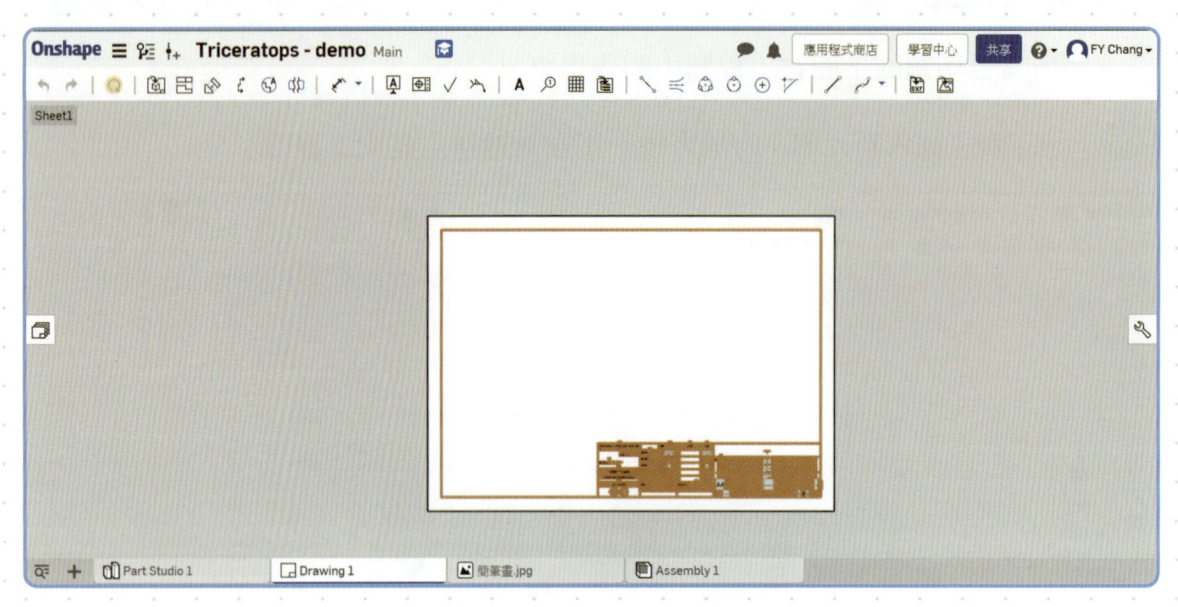

step 04 在空白處按右鍵，選擇「圖頁屬性」。

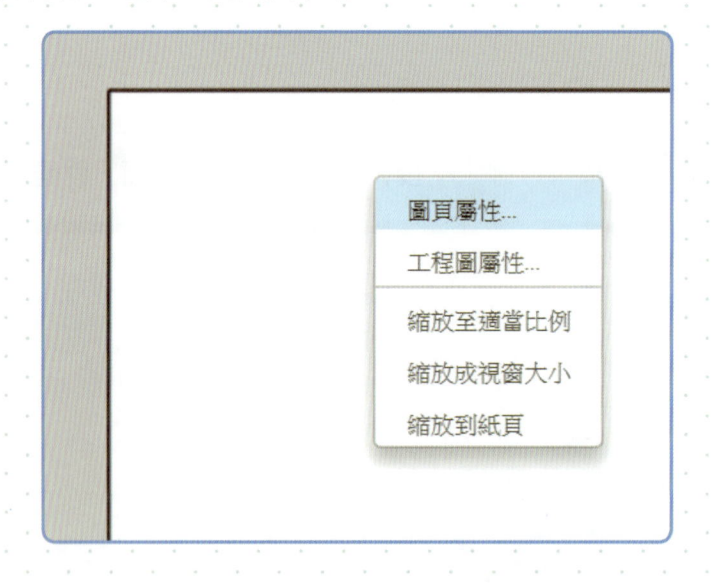

設計自己的動物拼圖　Chapter 6　135

step 05 設定尺度為 1：1，輸出時動物拼圖零件才會是正確的尺寸。

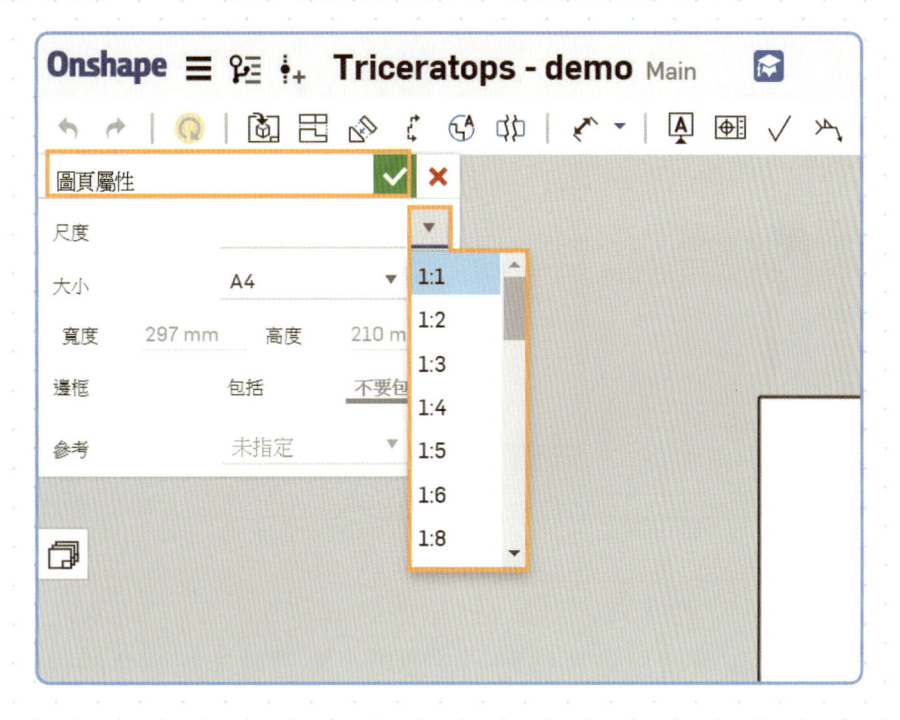

step 06 點選「插入視圖」，接著按下「插入」後選擇要放入工程圖的零件。

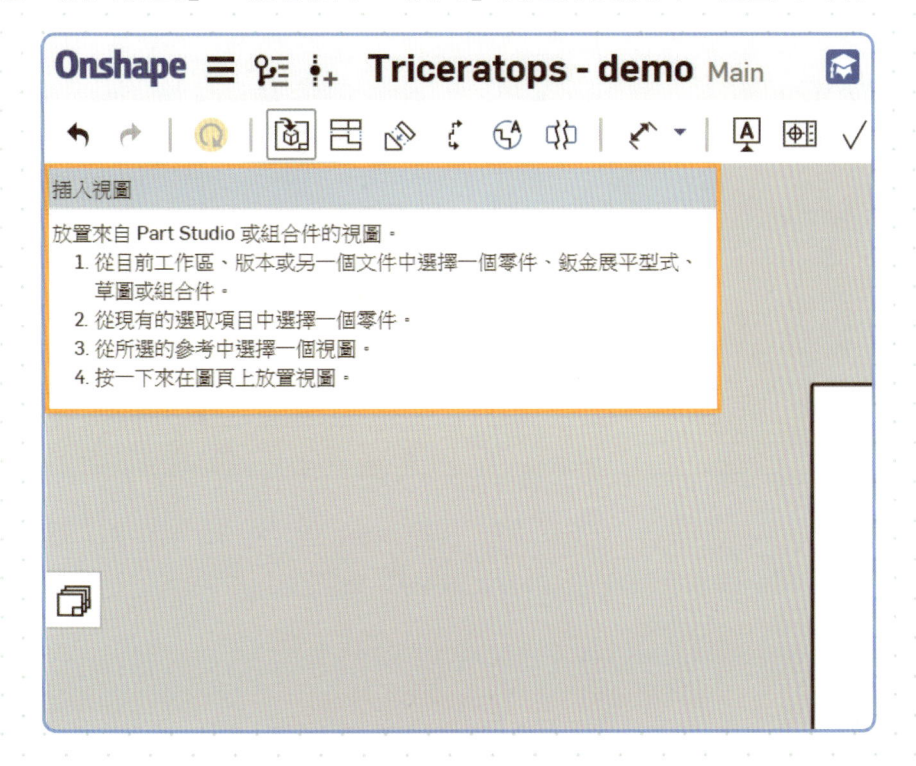

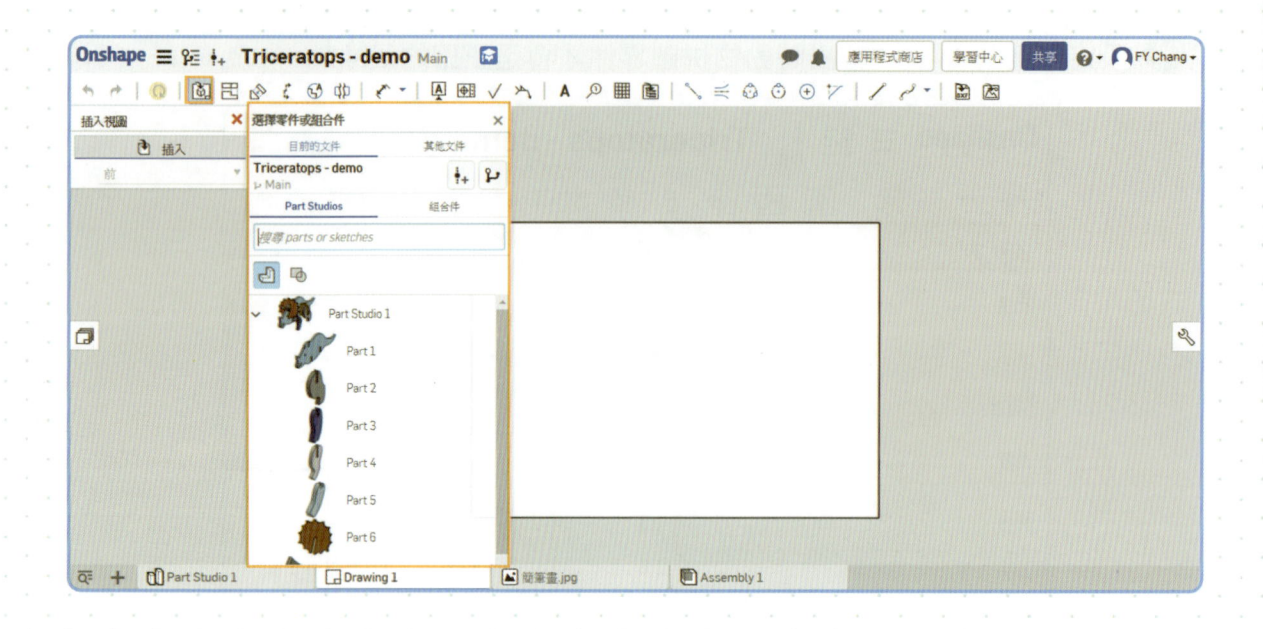

136　動手入門 Onshape 3D 繪圖到機構製作

> **Step 07** 被選到的零件跟著滑鼠游標移動，在圖紙上點選就能把零件的視圖放到圖紙上。

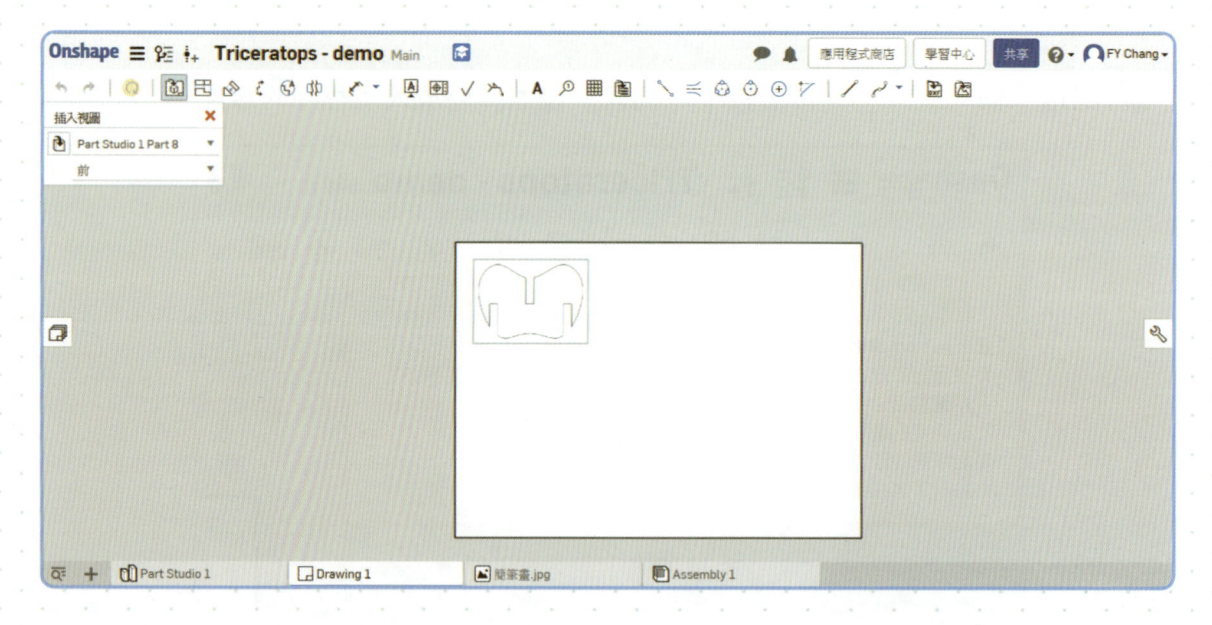

設計自己的動物拼圖 Chapter 6   137

step 08 依序放上所有零件的視圖，假如發現點選零件後出現的視圖不是我們需要的視角，那就要點選插入視圖方塊中「前」旁邊的「▼」選擇我們所需要的視圖。

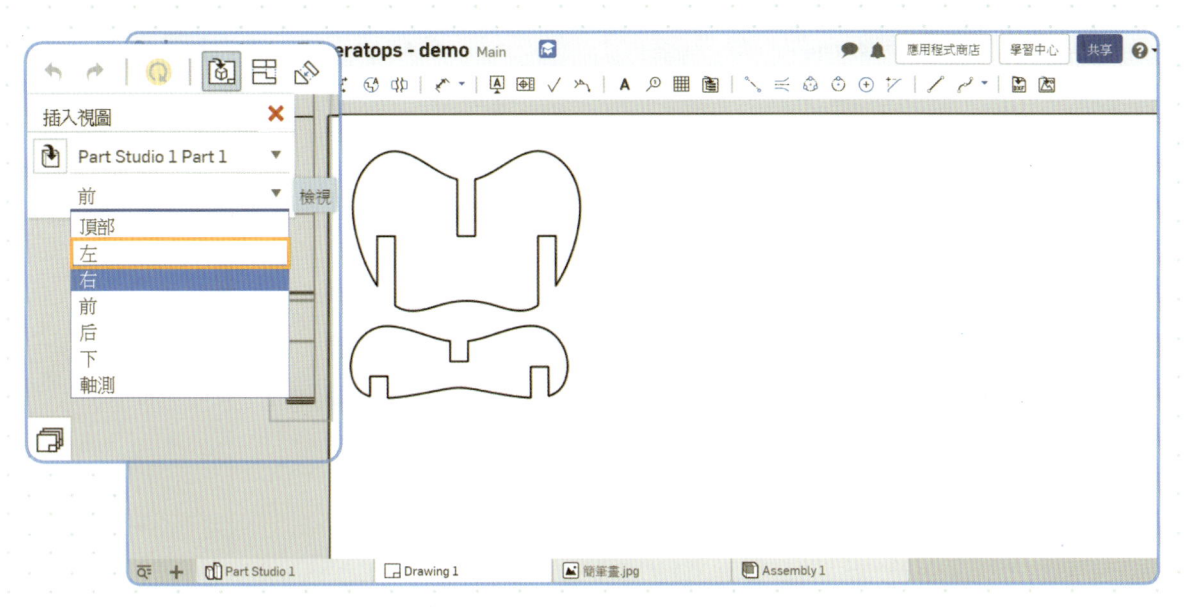

step 09 如果有像「角」或「頭盾」之類建立在斜面上，無法使用常用視角呈現拼塊形狀的零件，可以點選草圖符號，直接將原先繪製零件的草圖置入，排列好所有零件，就可以準備匯出。

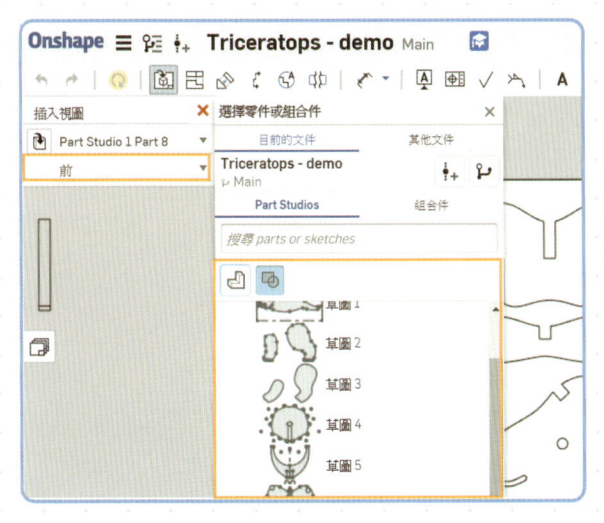

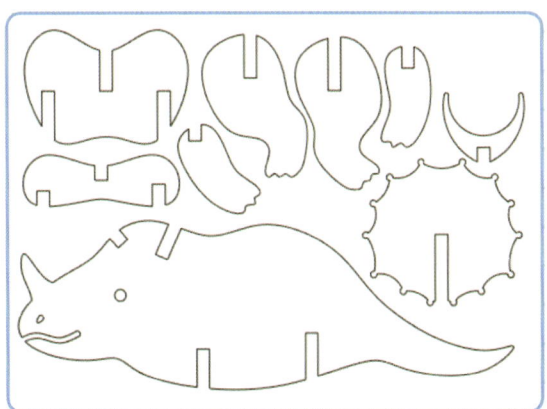

Step 10 在工程圖標籤上按右鍵選擇「匯出」，輸入檔名、「格式」選擇「DXF」後，就可以把檔案載下來拿去做雷射切割。

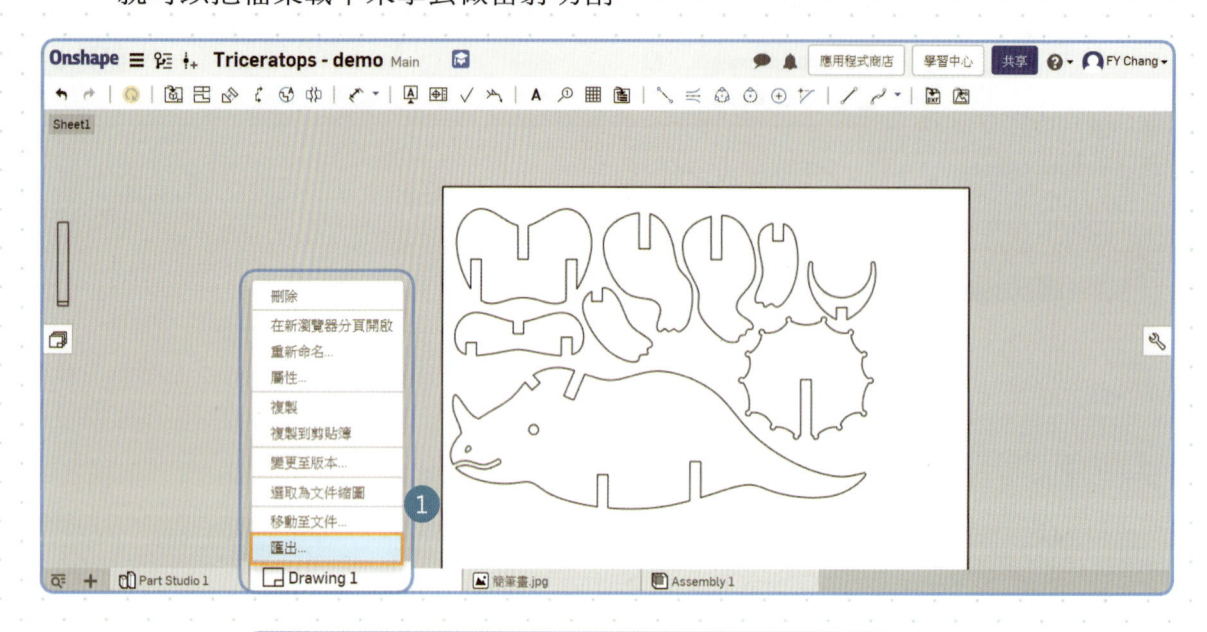

Chapter 6 學習評量

選擇題（單選）

(　　) 1. 假如要設計雷射切割動物拼圖，我們只能用一種方式來產生實體，這種方式是？
(A) 擠出　(B) 掃出　(C) 旋轉　(D) 以上皆非。

(　　) 2. 在設計動物拼圖的過程中為了讓作品能夠穩定的站立，需要讓動物的腳貼齊 Top 平面，這時候我們需要用到的限制條件是？
(A) 重合共點　(B) 對稱　(C) 相切　(D) 水平。

(　　) 3. 繪製三角龍頭盾之前，需要先建立一個虛擬平面，我們的方法是利用高中數學所說的「一點一法向量」，請問這是 Onshape 中的哪種形式？
(A) 平面點　(B) 線角度　(C) 點垂直　(D) 中間面。

(　　) 4. 在 Onshape 中，想要用雷射切割的方式輸出作品，可以使用的方法有哪些？
(A) 匯入工程圖　(B) 輸出成 DXF　(C) 建立組合件　(D) 建立工程圖。

(　　) 5. 在 Onshape 中，如果想要改變整張工程圖的尺度，在工程圖上按右鍵後要選擇哪個項目？
(A) 工程圖屬性　(B) 圖頁屬性　(C) 縮放至適當比例　(D) 以上皆可。

實作題

1. 這章節動物拼圖範例我們使用的材料厚度是三毫米，如果要使用五毫米的材料來製作動物拼圖，請問可以怎麼處理呢？

NOTE

Chapter 7

將模型輸出成實體作品

Onshape 可以支援大多數的數位加工機器,下面我們就來看看我們設計好的作品要怎麼放到 3D 印表機、雷射切割機或是 CNC 雕刻機中進行輸出吧!

在前面的章節中，介紹了許多使用 Onshape 繪製 3D 模型的技巧，接下來，就要分別使用 3D 印表機、雷射切割機以及 CNC 雕刻機將作品製作出來。在這裡，會使用動物拼圖來做示範，下面就一起來看看要怎麼把可愛的三角龍拼圖變成實體作品吧！

7-1　3D 列印

三角龍 3D 列印完成圖

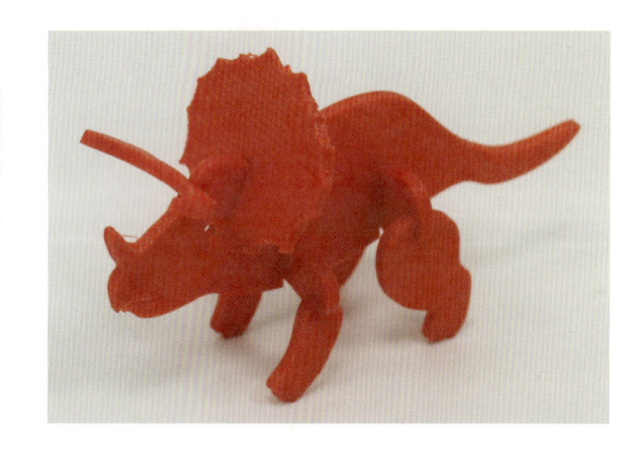

使用功能
1. 匯出成立體物件交換格式 STL
2. 切層軟體 Cura 的使用
3. 3D 印表機使用

範例實作

Step 01 文件下方「Part Studio 1」的標籤上按「右鍵」，選擇「匯出」。

Step 02 匯出格式選擇「STL」。

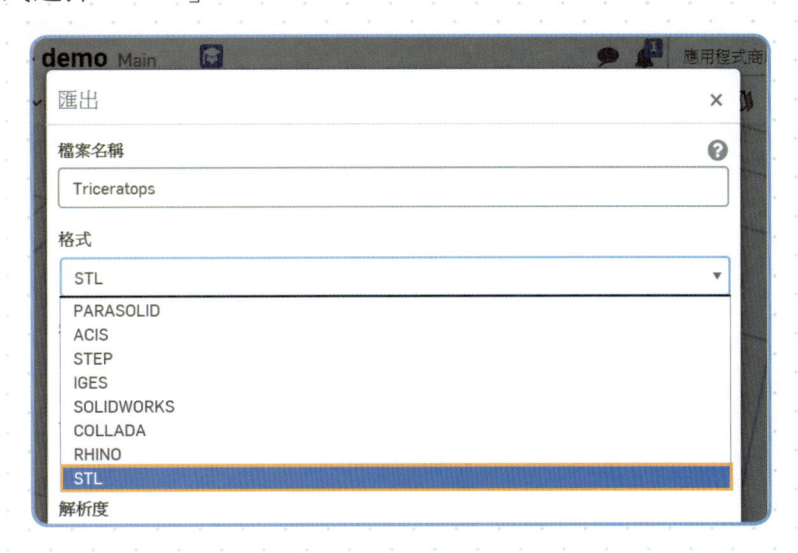

Step 03 勾選「將獨特的零件匯出成個別檔案」。

> **TIPS**
> 如果沒有勾選的話，Onshape 就會把整個模型視為一個物件，而不是各自獨立的拼塊，所以我們要畫出來的動物拼圖就變成一個整體模型，無法拆開來玩。

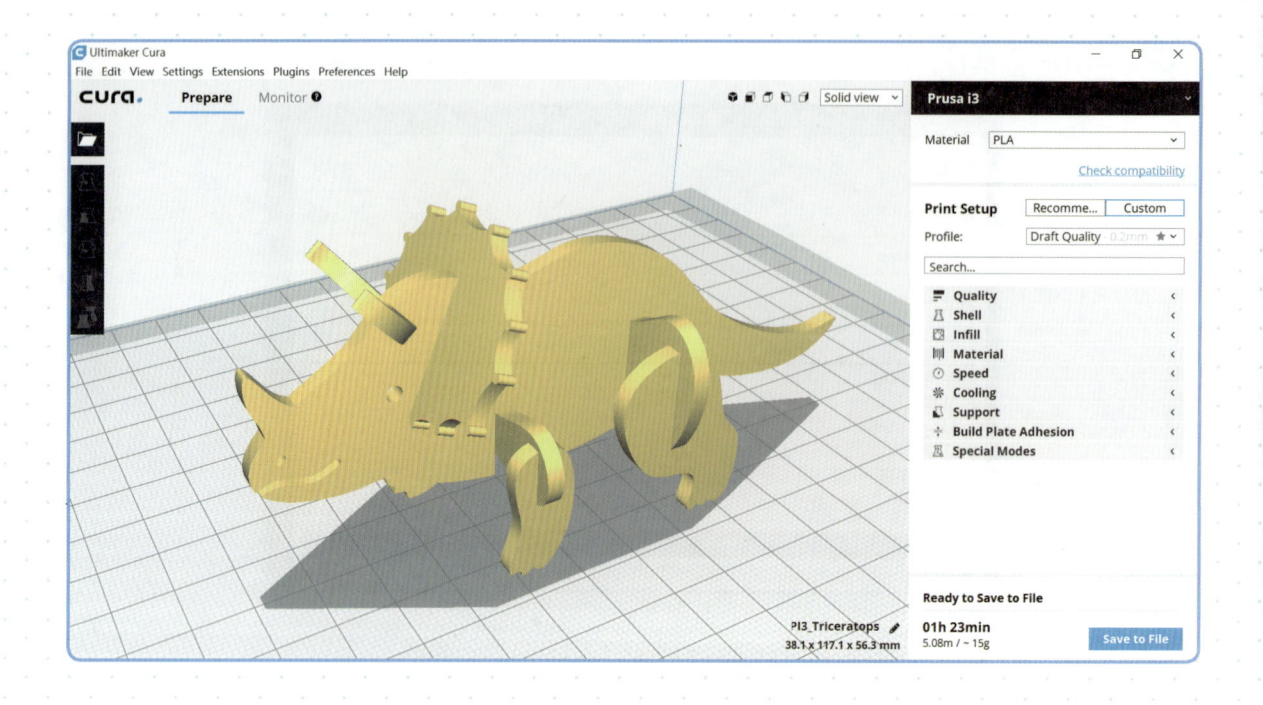

144　動手入門 Onshape 3D 繪圖到機構製作

Step 04　按下確定，就能把包含每個零件 STL 檔案的「壓縮資料夾」下載到電腦裡。

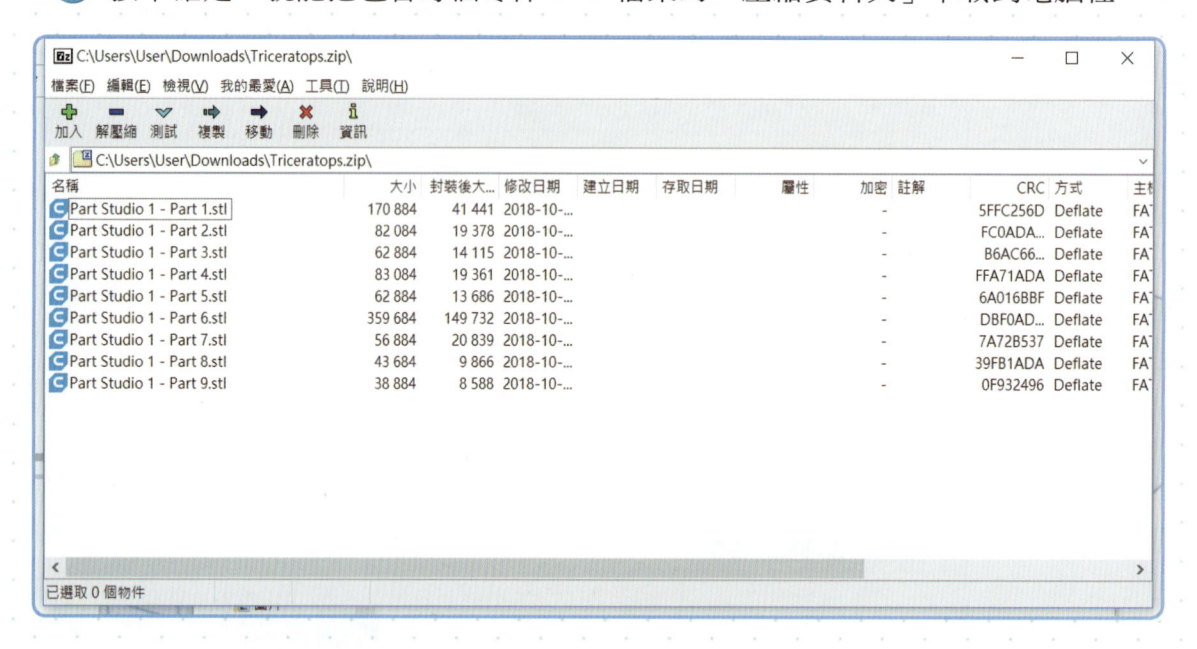

Step 05 接下來，就是開啟 3D 列印輸出軟體，把各個零件放入並且排列好接著設定列印參數，然後送到機器中。最後，等 3D 印表機列印完成，就可以取下列印好的拼塊，把三角龍組裝起來。

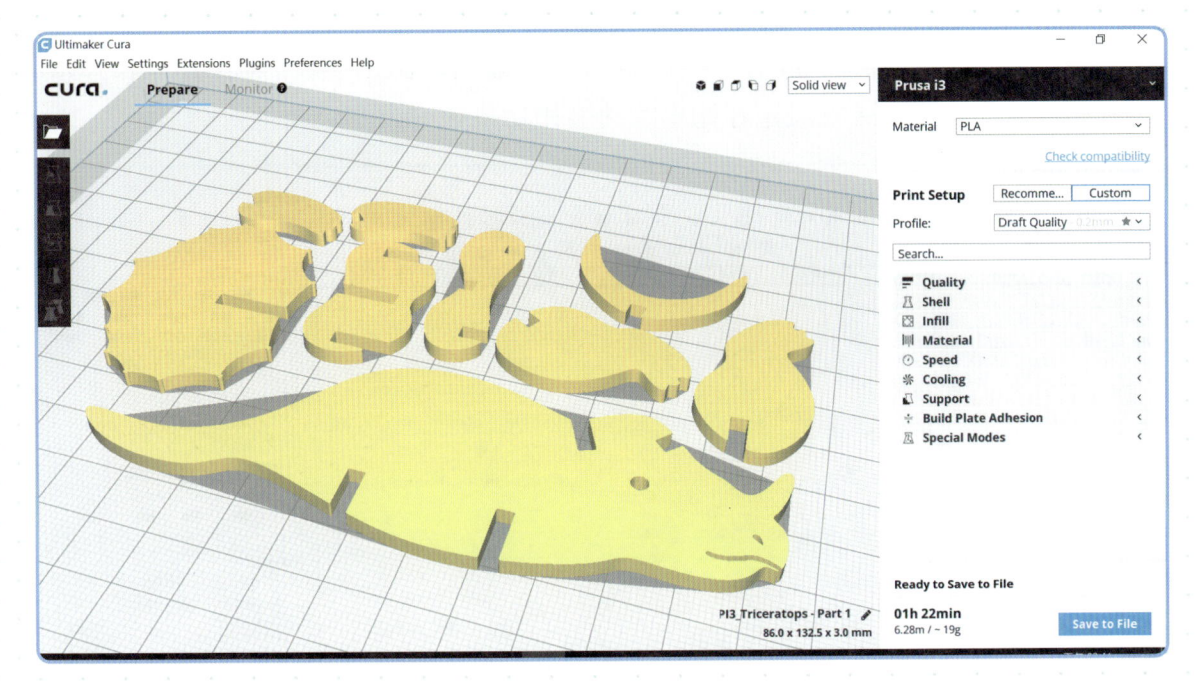

7-2 雷射切割

三角龍雷射切割完成圖

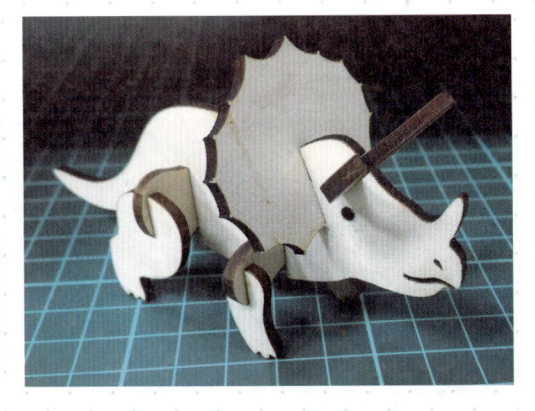

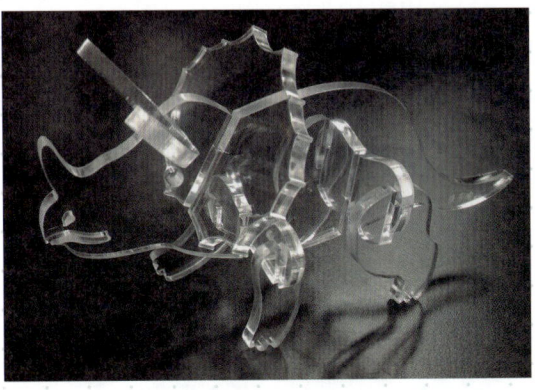

範例實作

Step 01　先將 Onshape 文件中的各個零件輸出成 Dxf 檔案（作法詳見 6-3 Onshape 3D 模型到雷射切割）。接著，開啟雷射切割輸出軟體，然後將動物拼圖的 Dxf 檔案放入軟體中，並設定好輸出的速度和功率。

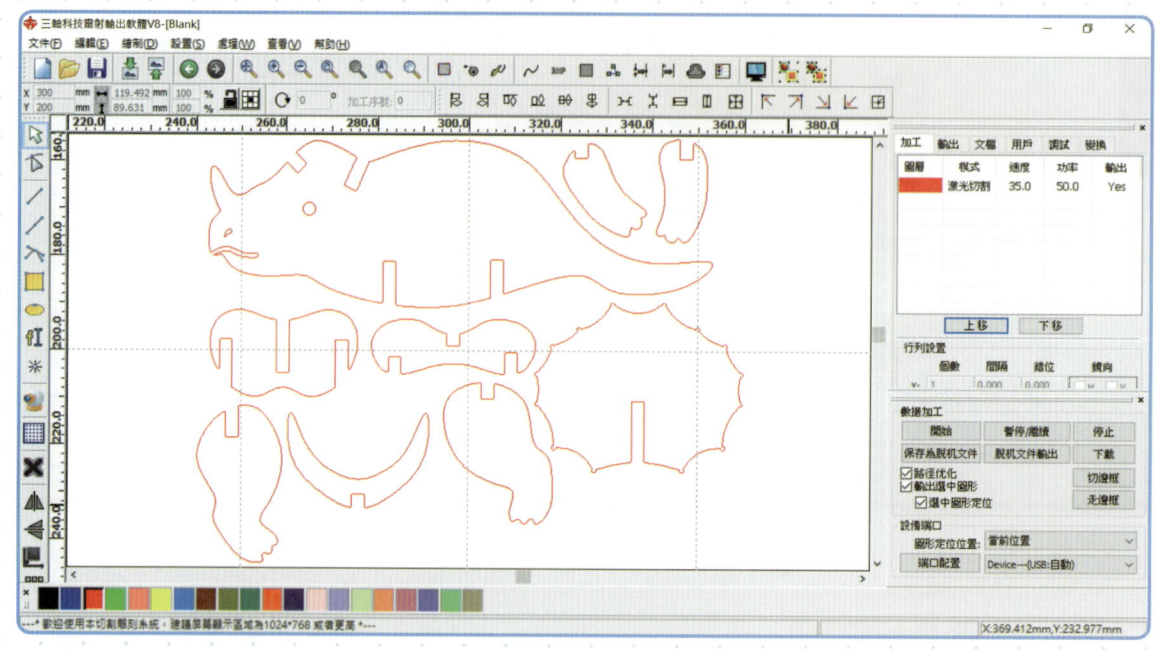

（此為 RDWorks 介面）

Step 02　傳送到雷射切割機。最後，等雷射切割機切完，就可以取出切好的拼塊，把三角龍組裝起來。

作品呈現 1　木質三角龍拼圖

作品呈現 2　壓克力三角龍拼圖

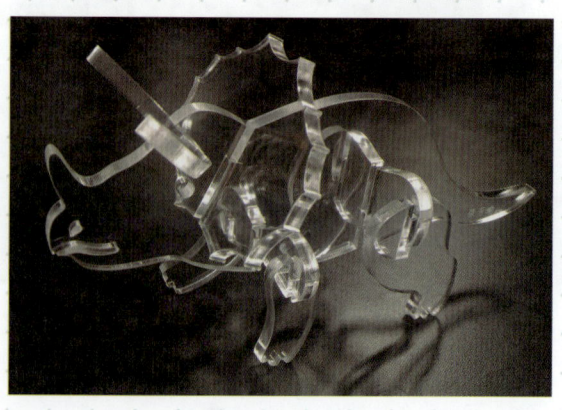

7-3　CNC 雕刻

　　CNC 雕刻和雷射切割一樣屬於減法製造的一種加工方式。這種加工方式使用銑刀將物件從材料上切下，製作出我們需要的物件。

完成圖

範例實作（一）

　　以 Roland MDX-40A 這款機器來做說明，這台機器的使用者介面已經寫好了，因此我們只要簡單的輸入物件即可。

Step 01 將要切割的物件置入軟體中。

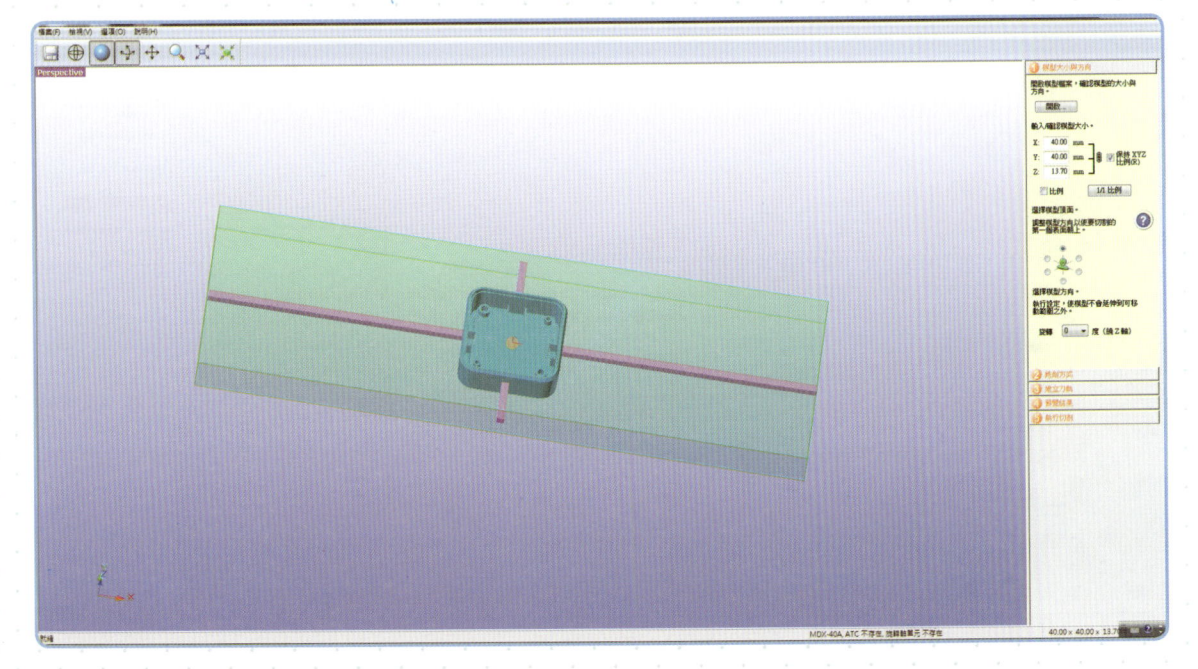

Step 02 選擇加工方式，此軟體預設了許多加工的範本，因此直接選擇材料即可。

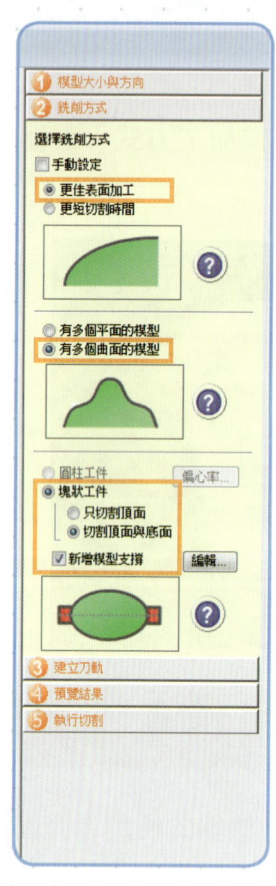

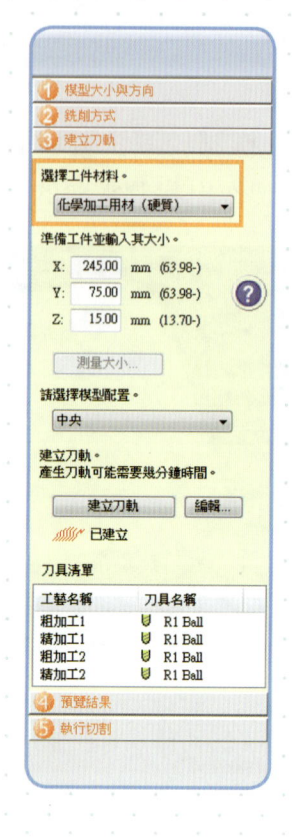

> **TIPS** 加工方式會因機器不同，務必詢問機器提供之單位。

Step 03 預覽刀軌。

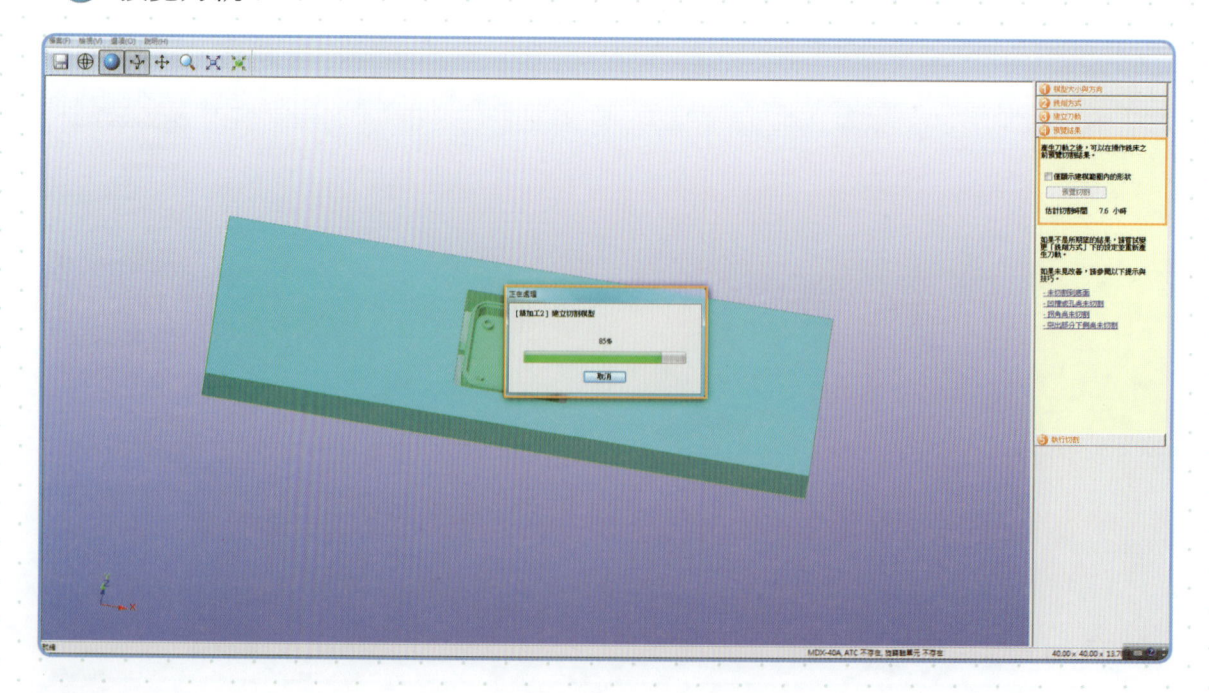

step 04 預覽結果後就可以開始請機器切割。

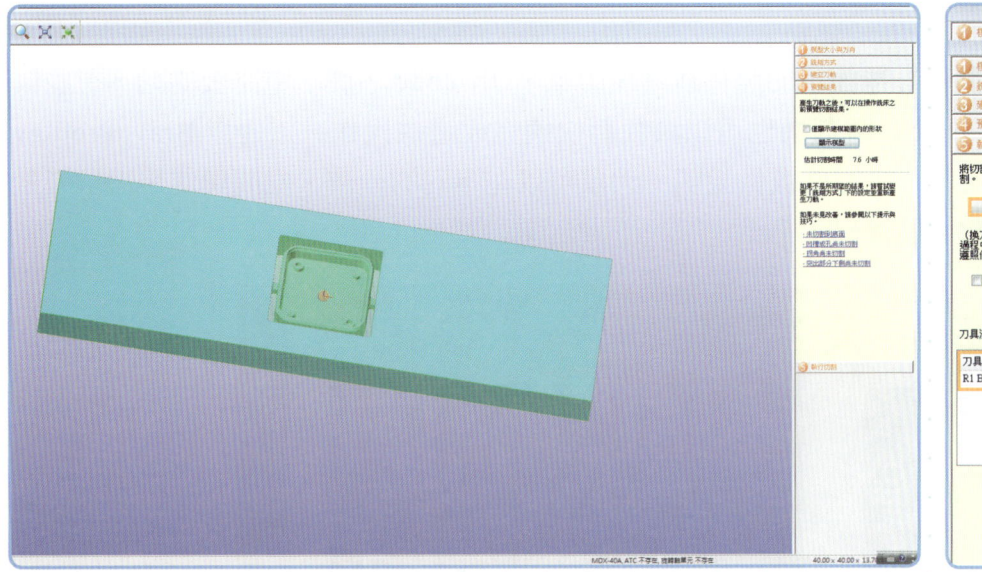

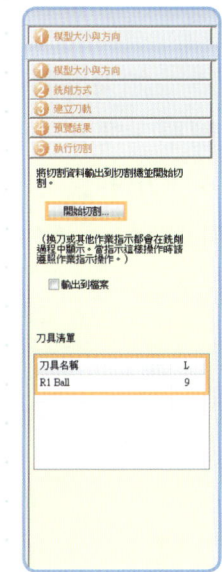

step 05 作品呈現。

範例實作（二）

如果要製作一些簡單的照片雕刻、印章、QR code 名牌、電路板的話，有些較簡單、便宜的 CNC 雕刻機也可以讓我們快速完成這些操作。這邊以 BravoProdigy 所推出的桌上型 3 軸雕銑機做說明。大家可以在不同的經濟、空間與使用需求考量下選擇自己需要的機型。

QR code 完成圖

Step 01 首先將機器接上電源、電腦並打開開關，然後點選操作軟體。它會跳出狀態選擇的介面，這邊點選 GO HOME，機器會先回到它的機械原點，Z 軸會退回最上面，接下來我們選擇使用語言與單位，單位的話就點選毫米（mm）。

1 開啟軟體

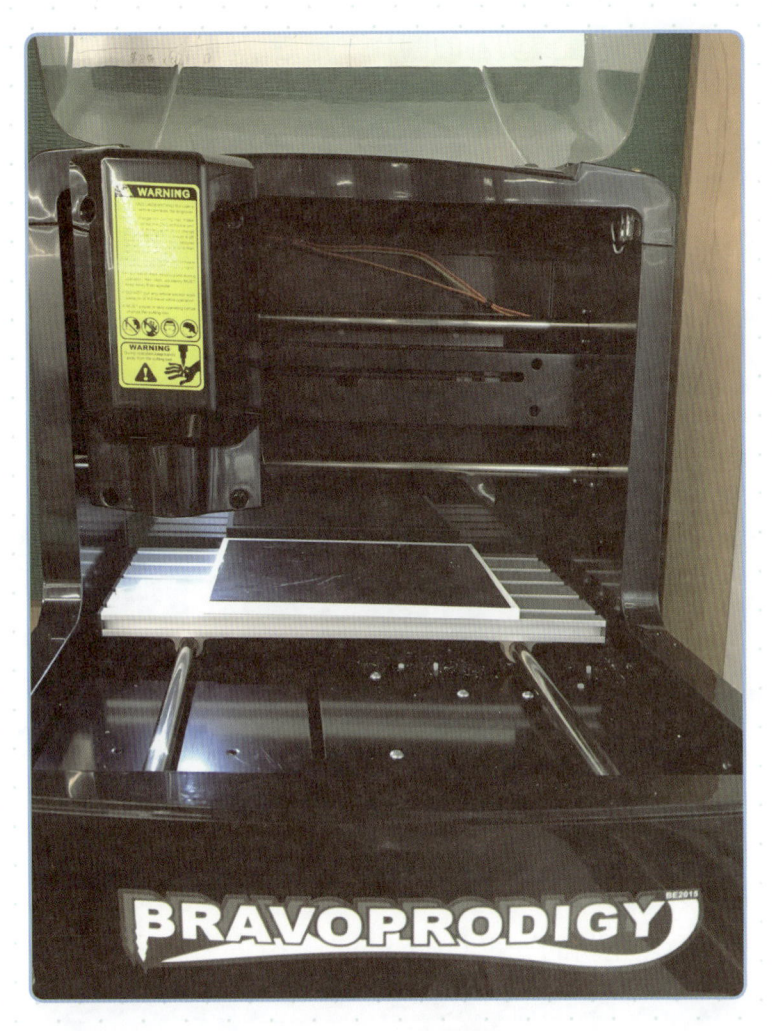

2 機器回到機械原點

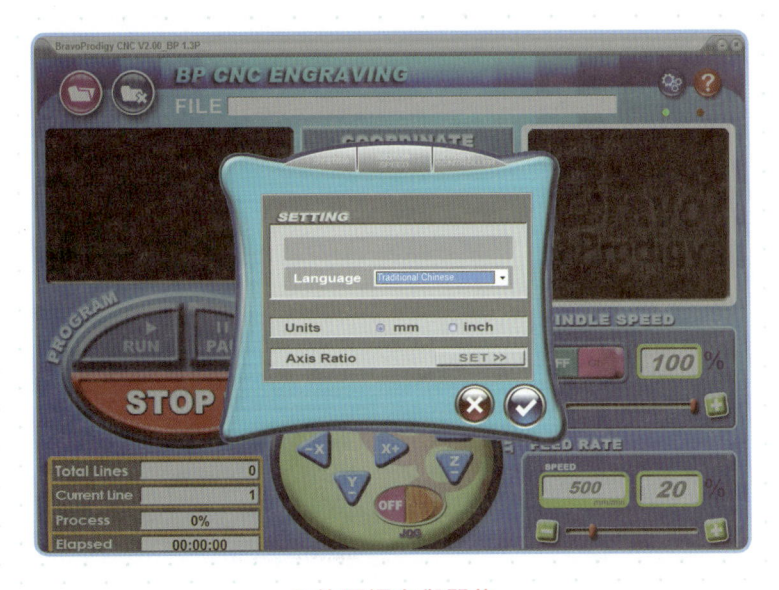

3 使用語言與單位

152　動手入門 Onshape 3D 繪圖到機構製作

Step 02 都開啟後，我們來準備要切割的圖片，這邊以簡單的 QR code 為範例，先點選要製作 QR code 的網站。

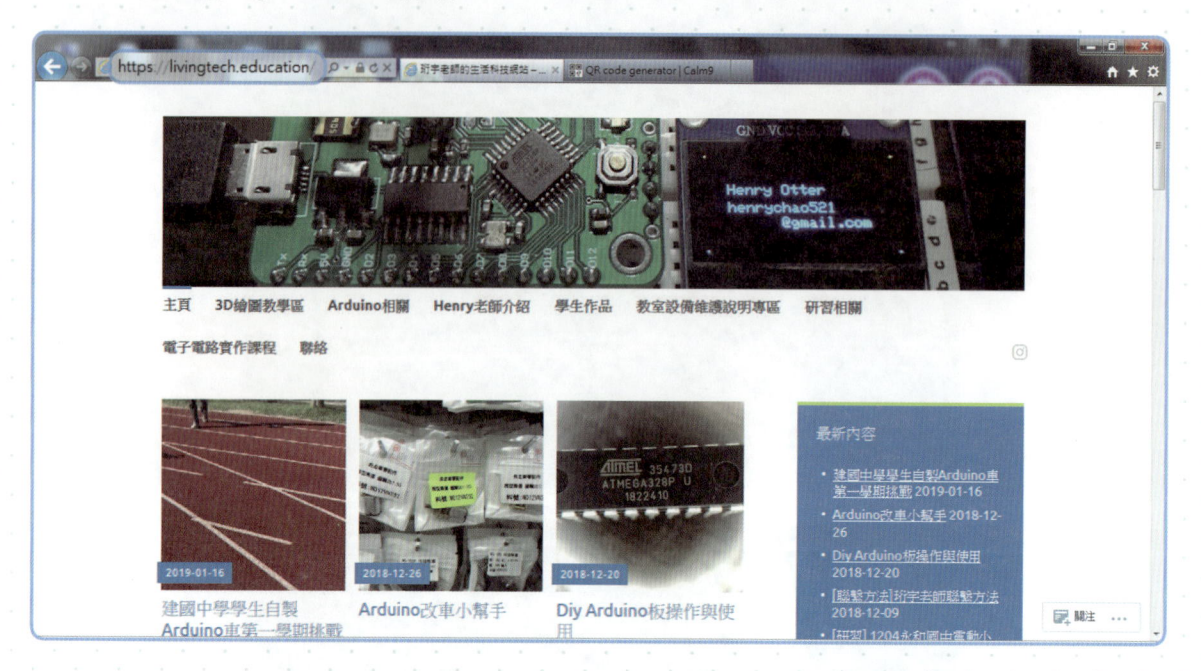

Step 03 在 Google 上搜索 QR code，會出現許多 QR code 製作的網頁，選定後，將網址複製上去，會產生新的一組 QR code。

Step 04 接下來開啟 BravoProdigy 設計的簡易編輯軟體。點選左上方的存入圖案,將剛剛新的 QR code 照片輸入,輸入後可以點選右邊的 Output Setting,這裡可以設定切銷方式。

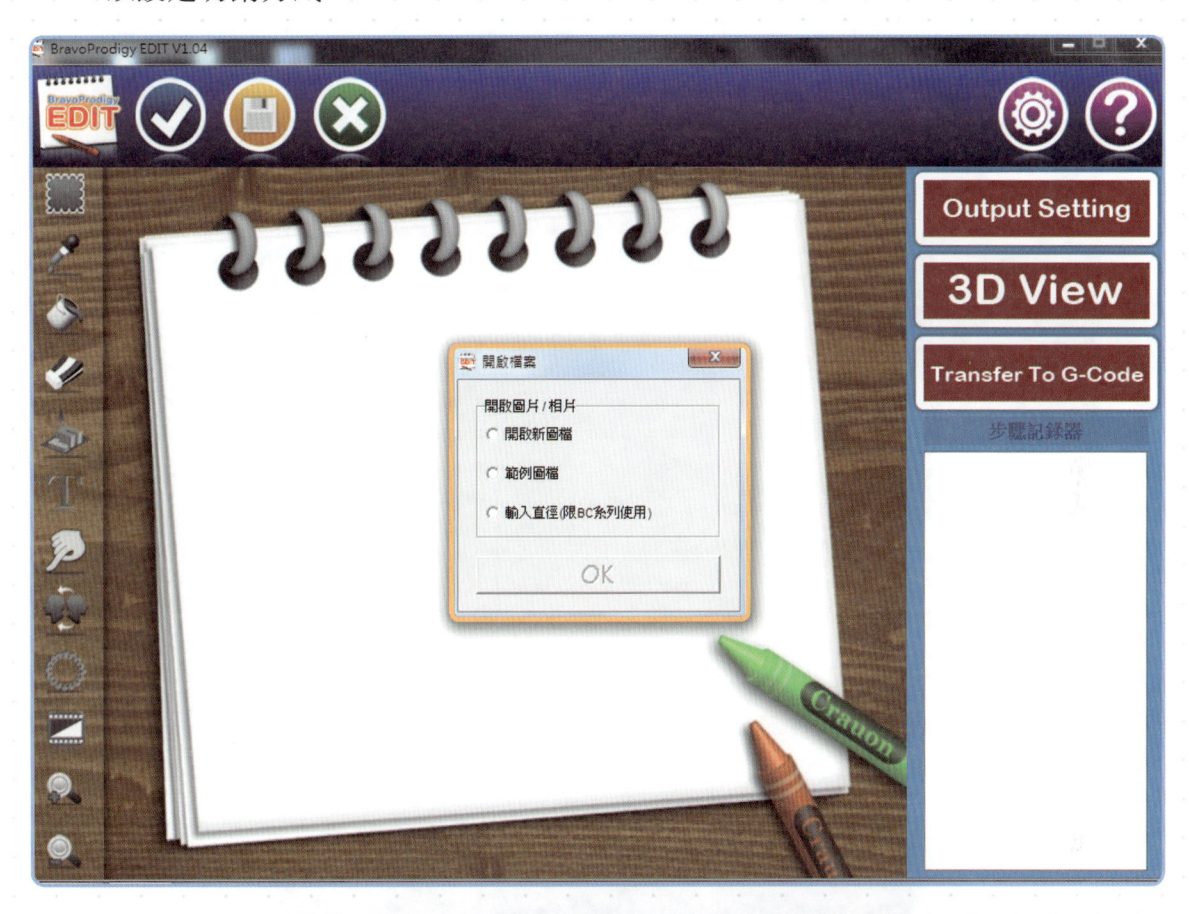

05 點選下方的 Tool Paths 則可以選擇不同的刀頭。使用 CNC 最關鍵的能力會依不同材質、加工需求與刀頭的選擇，這邊我們就使用廠商提供的範本。點選 OK 後它會自動幫我們算出加工狀況、路徑與切削方式等等。

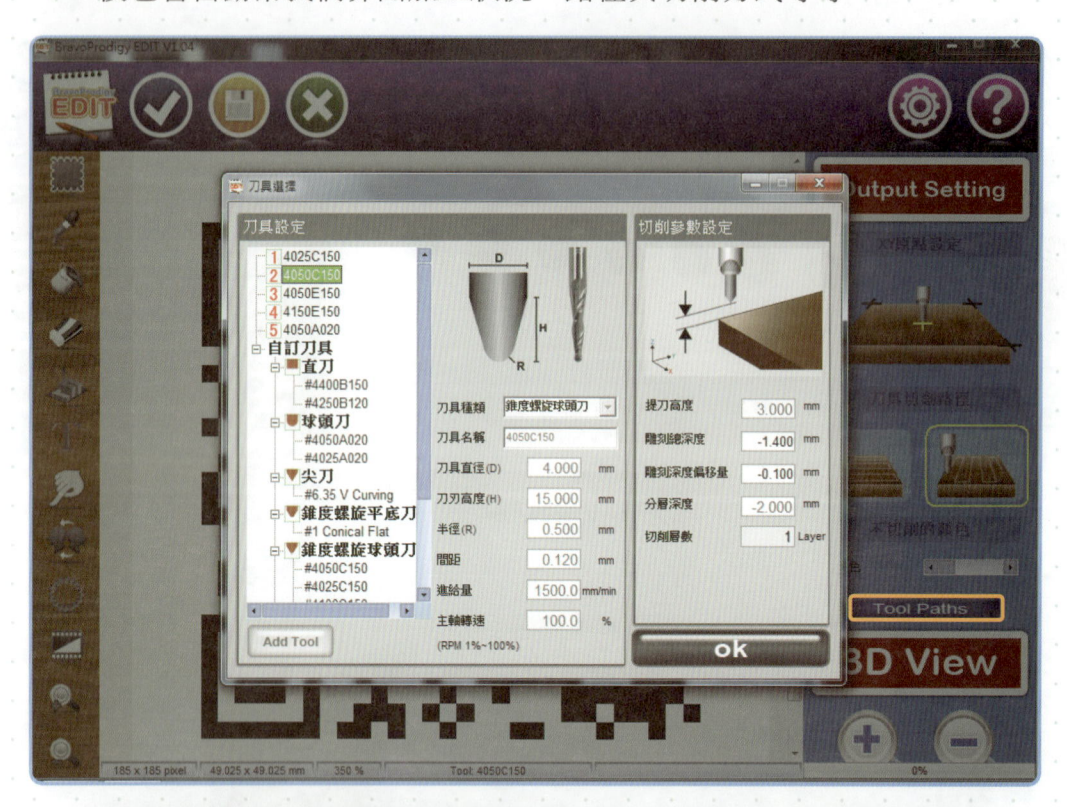

將 Z 軸降下後換上新的銑刀

將模型輸出成實體作品　Chapter 7　155

點選下方的 3D View 可以顯示加工狀況

顯示加工路徑

> step 06　再點選 Transfer to G-Code，輸出成加工用的 G-Code。

> step 07　接下來將材料夾持到平台上，並將刀頭置於材料中央。

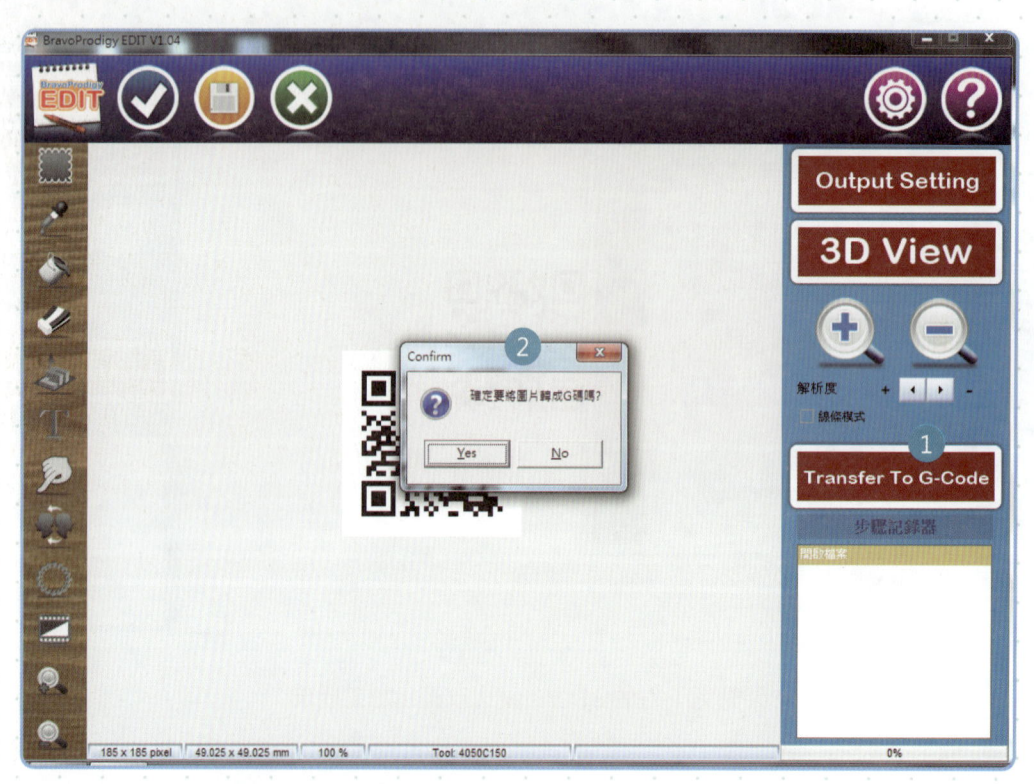

將模型輸出成實體作品　Chapter 7　157

step 08　回到 BravoProdigy CNC 軟體，將剛剛產生的 G-code 輸入後，點選開始，就會開始雕刻。

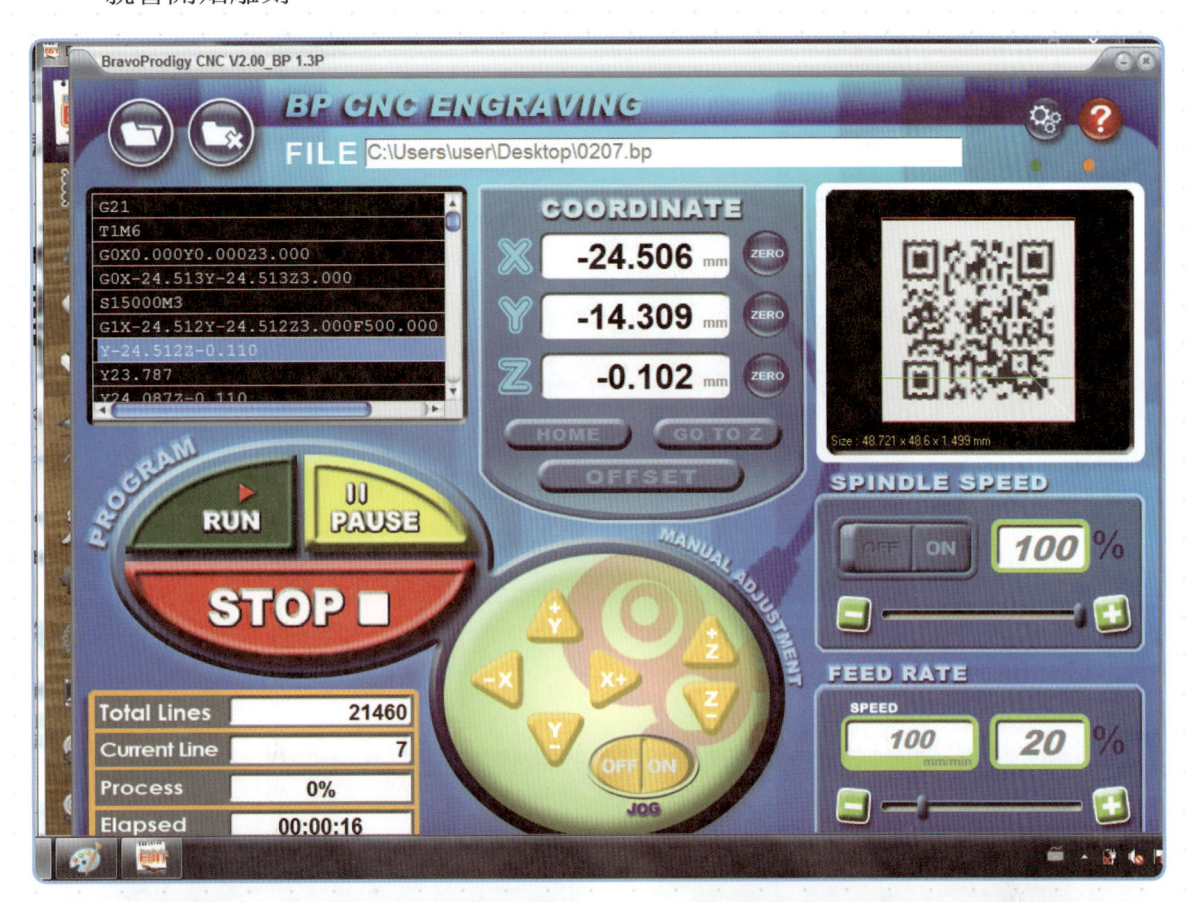

機器開始雕刻

158　動手入門 Onshape 3D 繪圖到機構製作

> **TIPS** 也可以雕刻壓克力等材質。

Step 09　壓克力雕刻中。

Step 10 雕刻作品呈現。

　　CNC 加工在加工時間上和 3D 列印相去不遠，但由於材料原先為單一塊材，因此加工出來之材料強度較 3D 列印來的高，但詬病點則是減法製造下所產生之廢棄物，以及加工前須對銑床、銑刀之加工以及材料特性有初步了解，才能安全的進行加工。大家如果身邊正好有 CNC，不妨操作看看，製作出具備強度與細緻度的作品。

Chapter 7 學習評量

選擇題（單選）

(　　) 1. 下面哪種加工機具加工速度最快？
　　　(A) 3D 印表機　　　　　　　　(B) 雷射切割機
　　　(C) CNC 雕刻機　　　　　　　(D) 線鋸機。

(　　) 2. 要 3D 列印，在這套軟體應該輸出成什麼檔案？
　　　(A) SLA　　　　　　　　　　　(B) OBJ
　　　(C) STL　　　　　　　　　　　(D) PDF。

(　　) 3. 要雷射切割，在加工軟體中應該輸出成什麼檔案？
　　　(A) Ai　　　　　　　　　　　　(B) SVG
　　　(C) Dxf　　　　　　　　　　　(D) avi。

實作題

- 題目名稱：使用 Onshape 繪製創意盒子，並使用 3D 列印加工。
- 題目說明：

身邊有時候會跑出一些雜物，讓人很想拿個箱子將這些東西整理一下。但除了外出購買這個方法，是否我們能使用我們所學的各種加工技巧呢？

現在讓我們一起來試試看，使用前面的加工技巧製作出自己獨一無二的收納盒，可以在 Onshape 上畫出適合的盒子，再使用 3D 印表機幫我們製作出來唷。

- 創客題目編號：**D001008**

創客指標	創客指數
外形（專業）	5
機　　構	5
電　　控	0
程　　式	0
通　　訊	0
人工智慧	0
創客總數	10
建議實作時間	30min

MLC 創客學習力認證

外形 (5)、機構 (5)、電控 (0)、程式 (0)、通訊 (0)、人工智慧 (0)

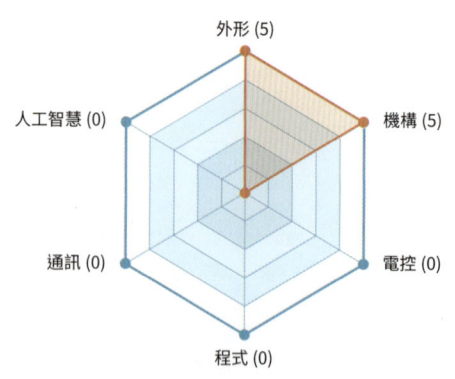

本題還可延伸到使用雷射切割或 CNC 雕銑機做加工，創客指數同上，其題目編號如下：

CNC 雕銑機加工
題目編號：D002004

雷射切割加工
題目編號：D003002

Chapter 8 從 3D 繪圖到機電整合製作

3D 建模不只是製作一個模型,嘗試看看讓它與身邊的機電進行結合,創造出更有趣的東西吧。

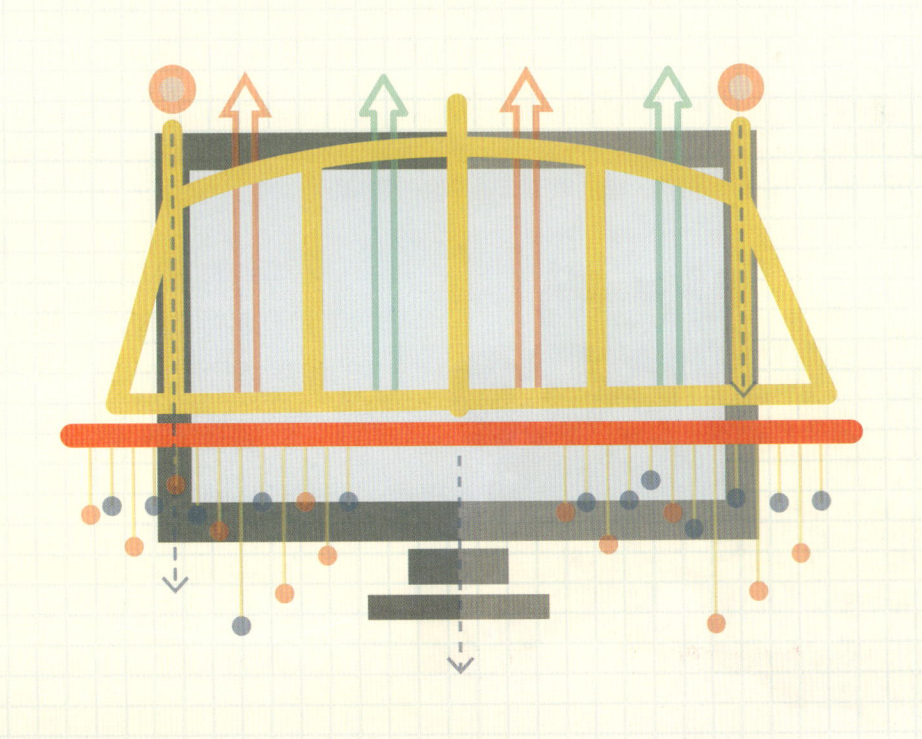

Arduino DIY 遙控車完成圖

參考本書附檔「本書範例素材」資料夾中的「8-1 Arduino DIY 遙控車」資源

使用功能
1. 測量、工程圖查找
2. 建模模擬
3. 繪圖
4. 列印

8-1　DIY 自走車改裝

學會了 Onshape 的使用與操作，接下來就可以綜合應用我們所學的東西。這邊範例使用 Arduino DIY 遙控車來做改裝，讓它變成更強的 Arduino DIY 遙控車，首先設計物件時一般來說都會希望解決某一個問題，可能是希望透過自己設計的物件達到修補某樣物件、提升功能、美觀設計等等的效果，但在這次設計上主要希望能解決的問題為表 8-1 所示。

表 8-1　Arduino 車改造問題

解決的問題 1	Arduino 為一般三輪車改善為四輪。
解決的問題 2	四輪車如果非四輪驅動的話，前面兩輪的其中一輪如果被抬起來，則車子的輪子會不斷空轉，造成車子無法移動的窘境。

學到的 3D 繪圖來設計車體，將車子進行改造。依據在書中寫的步驟進行操作：

1. 測量（或找工程圖）。
2. 繪圖。
3. 3D 列印（或雷切、CNC）。

圖 8-1　Arduino DIY 遙控車

範例實作（一）

測量（或找工程圖）

使用游標卡尺來測量 Arduino 車上的電路板的大小與孔位位置，將測量好的圖標註尺寸，準備繪圖。

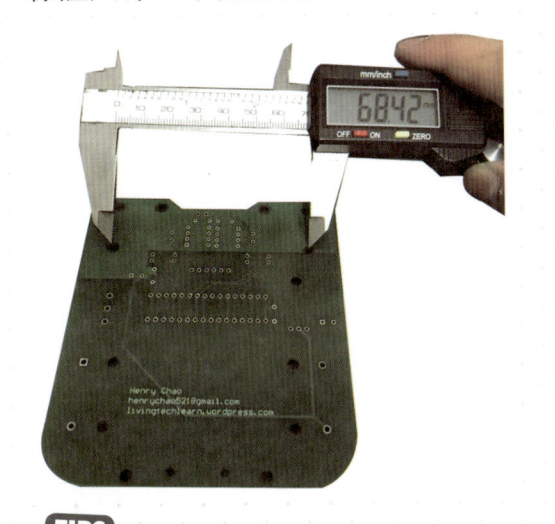

TIPS：測量時盡量找同一個角落或是同一個邊來記錄尺寸，不斷更換測量位置的話容易出錯。

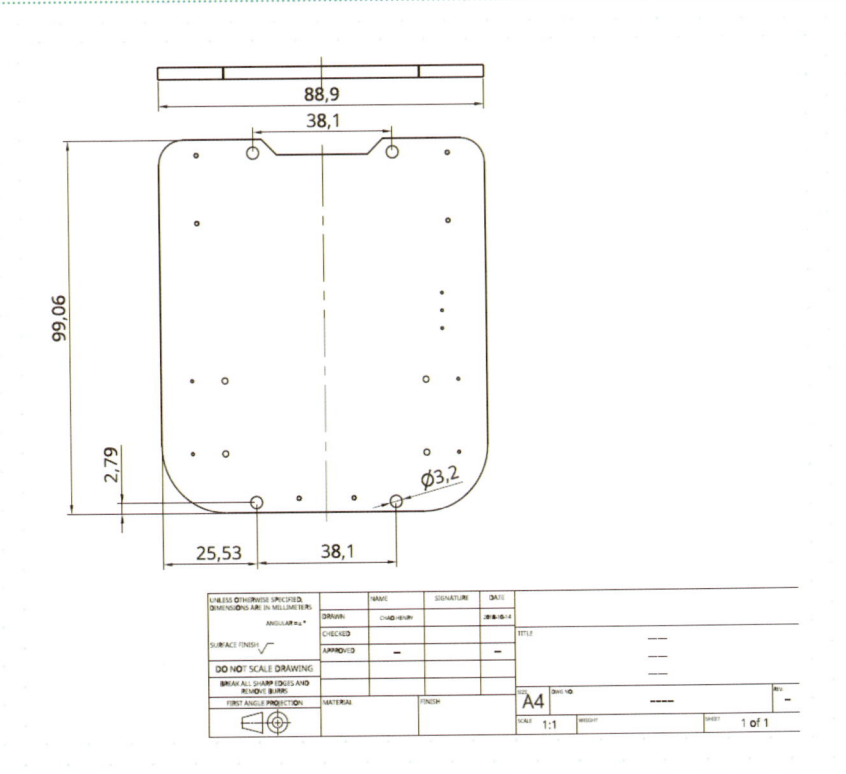

繪圖

要將前輪與後輪車體分開,中間加上軸承,做成一組可以旋轉的機構,除了剛剛測量的孔位以外,還需要加上中間的軸承,而這裡選用 625ZZ 軸承,作為中間旋轉之潤滑。另外結構感覺較脆弱的地方務必加上支撐。

TIPS
畫圖前切記,務必先找一些資料來協助解決問題,不要憑空設計作品,多看一些專家的設計可以減少自己嘗試錯誤的時間。

列印

列印時另外需要注意的地方是「受力方向」。3D 列印件最脆弱處就是層與層的相連處，以下圖的鏡架來做說明，如果將咖啡色鏡架轉 90° 列印，則容易斷裂。

當列印完成後就可以將他使用螺絲鎖上，完成自己的 Arduino DIY 遙控車！

> **TIPS**
> 列印時須注意物件擺放方向，讓作品列印起來更符合需求。

完成作品　Arduino DIY 遙控車

範例實作（二）

除了 3D 列印外，大家也可以參考第六章所學到的物件組合與雷射切割技巧，將作品使用雷射切割的方式完成，如下方作品則將每塊零件以 3mm 的厚度擠出，如此一來就可以將物件使用雷射切割機加工製作。

繪圖測試

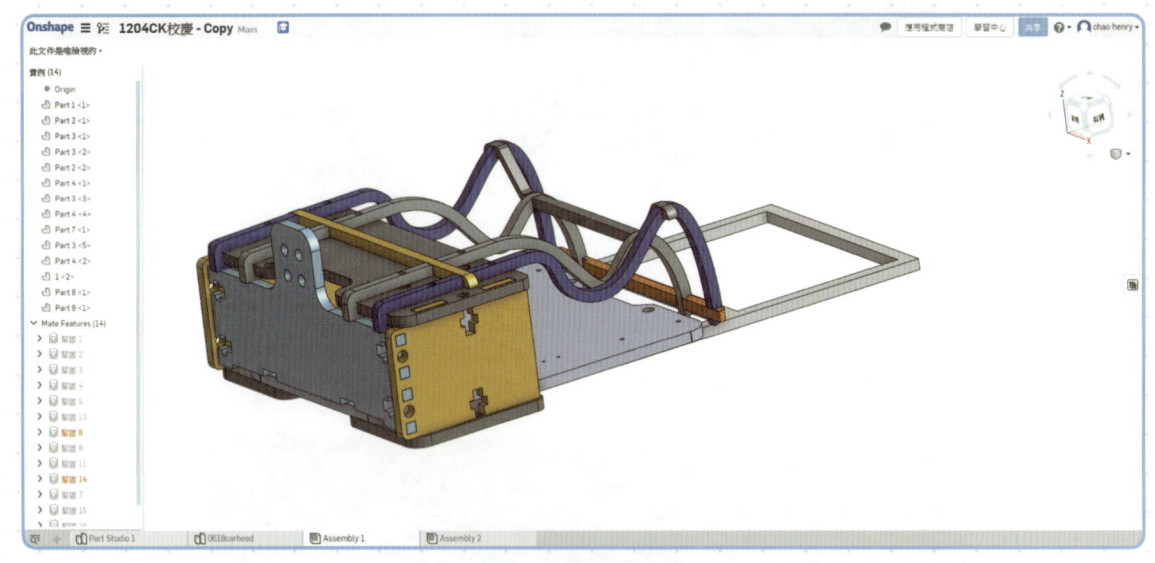

圖 8-2　使用 Onshape 進行車體繪製，並模擬確認每塊物件都可以組裝完成

3D 建模在 21 世紀的現在是一個非常方便的工具，也會是非常基礎的技能，或許在五年、十年後，會像是我們使用打字、Word 一樣稀鬆平常的事情，因此希望在這本書中能讓大家認識一套簡單、基礎且隨處可使用的 3D 建模軟體，讓自己的創作能更多元，並讓自己腦中的想法皆能實現。

圖 8-3　作品完成圖（作品設計者：建國中學周俊丞與賴政嘉同學）

8-2　指尖陀螺製作

　　指尖陀螺是一種有趣的舒壓小玩具，放在手指頭尖端可以挑戰不同的旋轉時間，也可以配合拋接做出不同的特技。而這個玩具也可以透過 Onshape 設計出屬於自己的特殊版本，下面我們就一起來看看要怎麼製作吧。

指尖陀螺完成圖

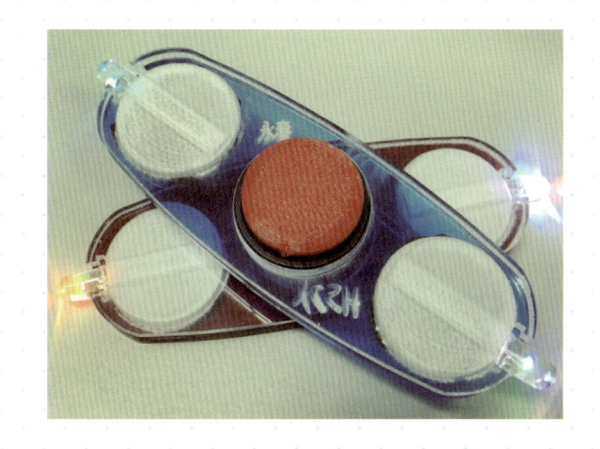

參考本書附檔「本書範例素材」資料夾中的「8-2 指尖陀螺製作」資源

使用功能
1. 環狀複製排列
2. 測量
3. 創意設計

範例實作

Step 01　開啟工作區域，點選草圖。

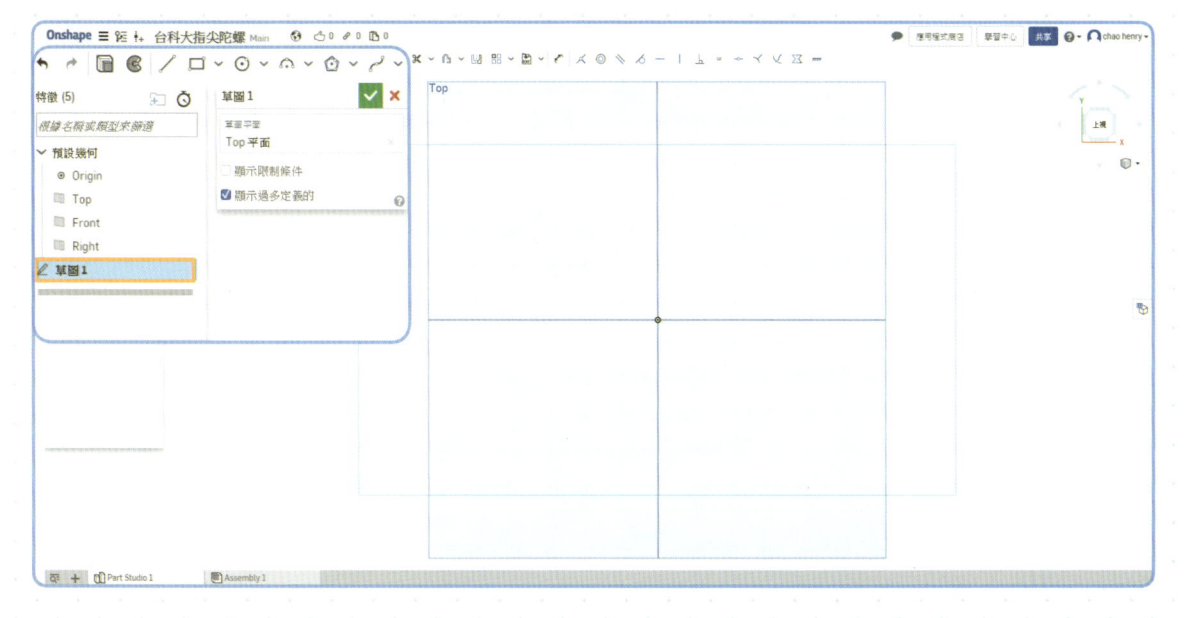

step 02 點選圓形繪製出中央軸承放置的區域。

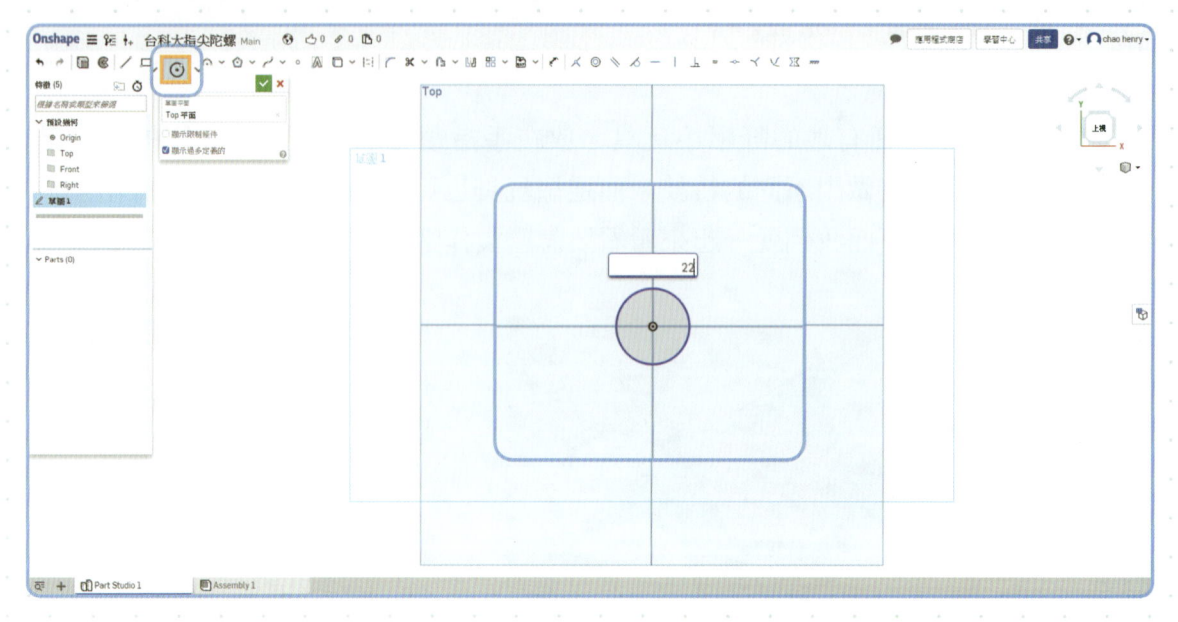

> **TIPS**
> 由於指尖陀螺中間的軸承多半是 608ZZ，這個軸承的外徑是 22mm、內徑 8mm、厚度 7mm，因此所畫的圓的直徑就是 22mm。

step 03 接下來畫出 25mm 的直線，並在直線末端畫上 22mm 的圓，這個圓也同樣是提供軸承放置的區域。

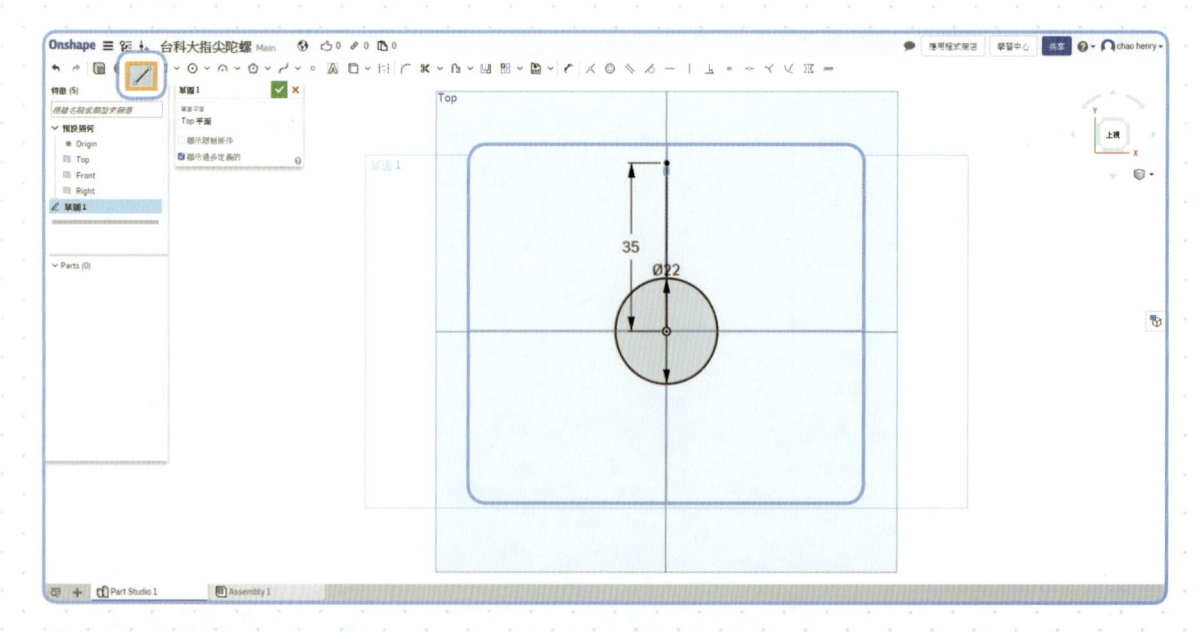

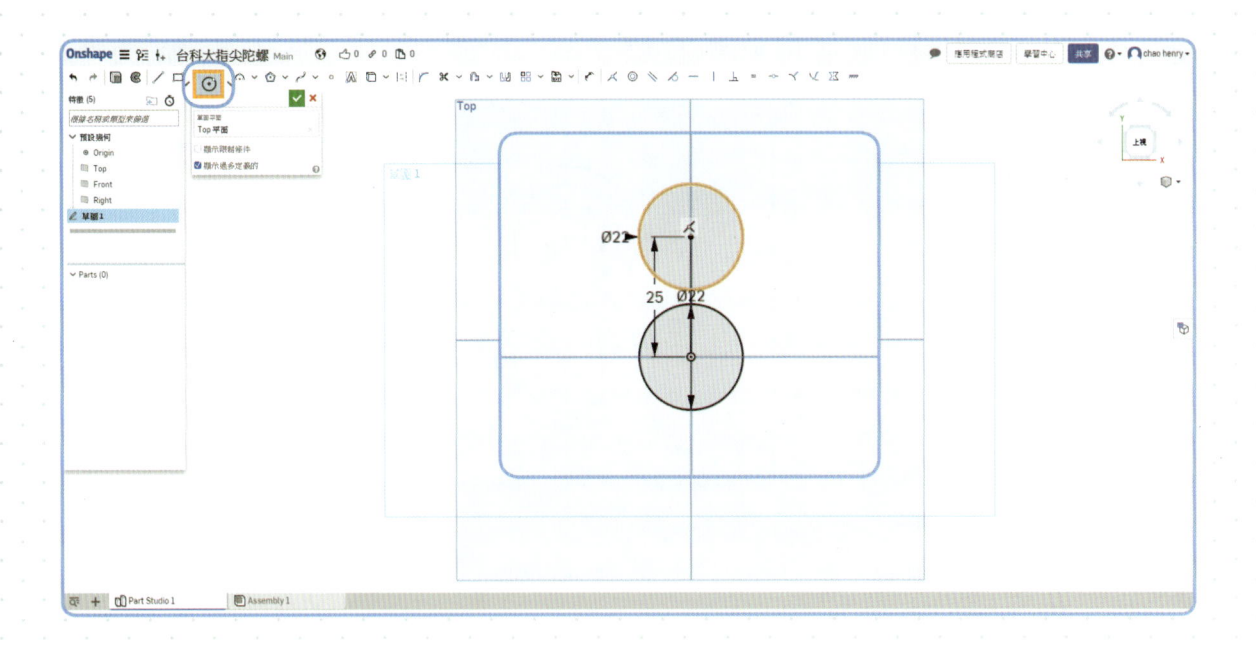

Step 04 當畫好後，幫這些洞補上厚度，這邊我們的直徑使用 30mm，因此厚度為 4mm（(30-22)/2=4）。

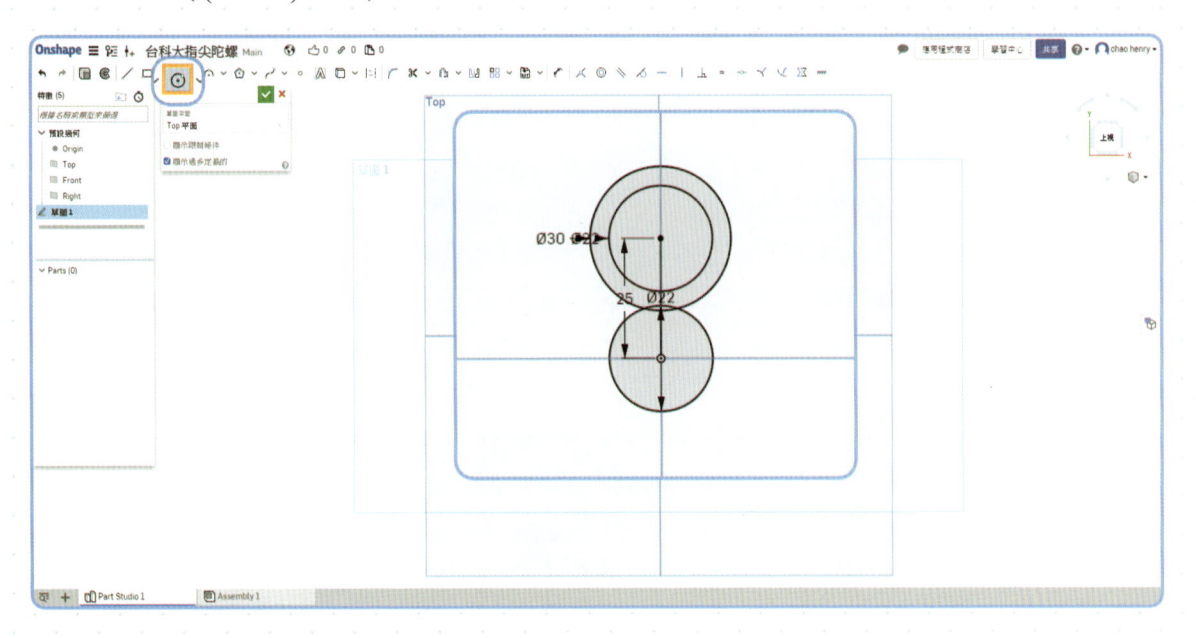

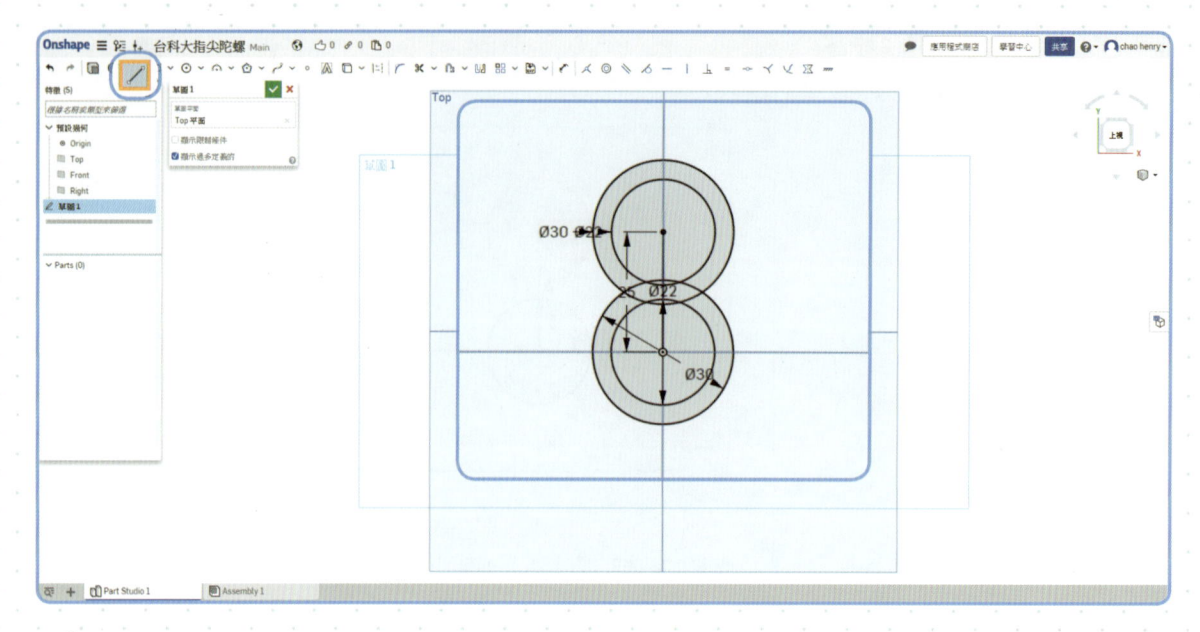

170　動手入門 Onshape 3D 繪圖到機構製作

Step 05 接下來因為一般的指尖陀螺為三個軸，因此每個軸夾角為 120 度，在這邊我們用尺規作圖的方式將它完成。

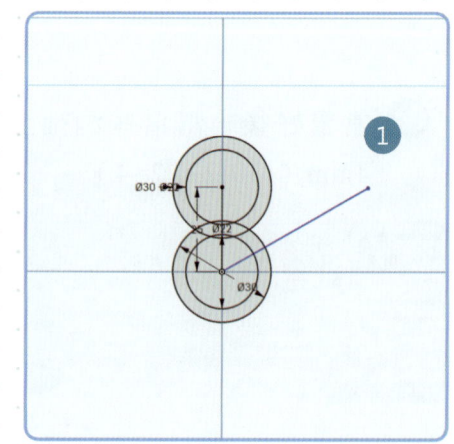

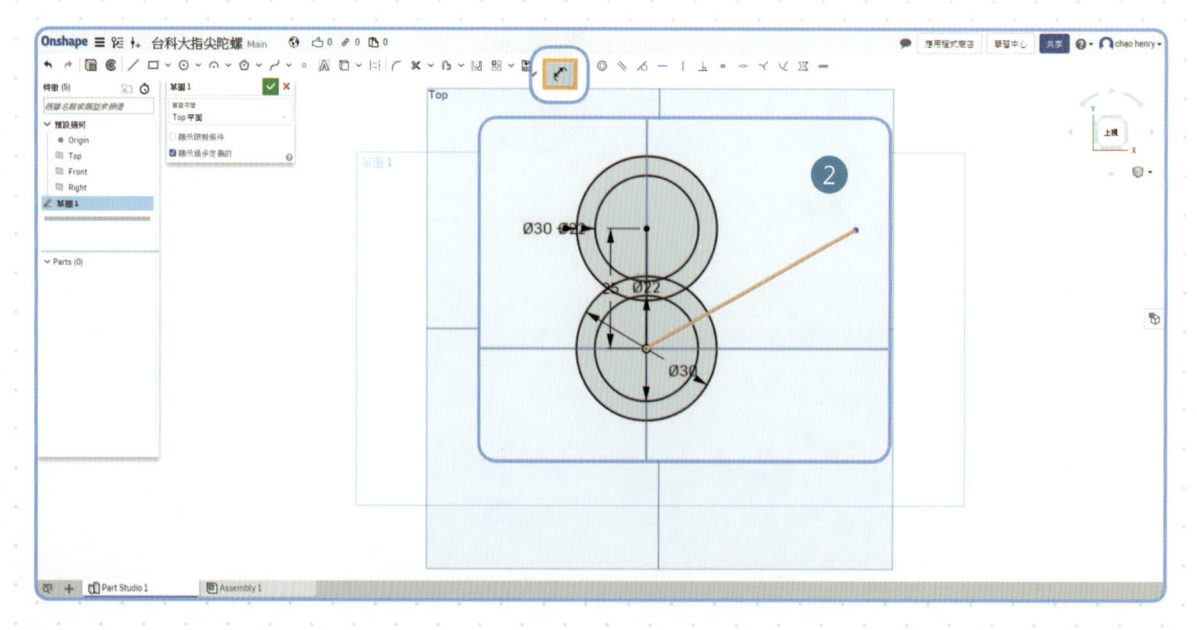

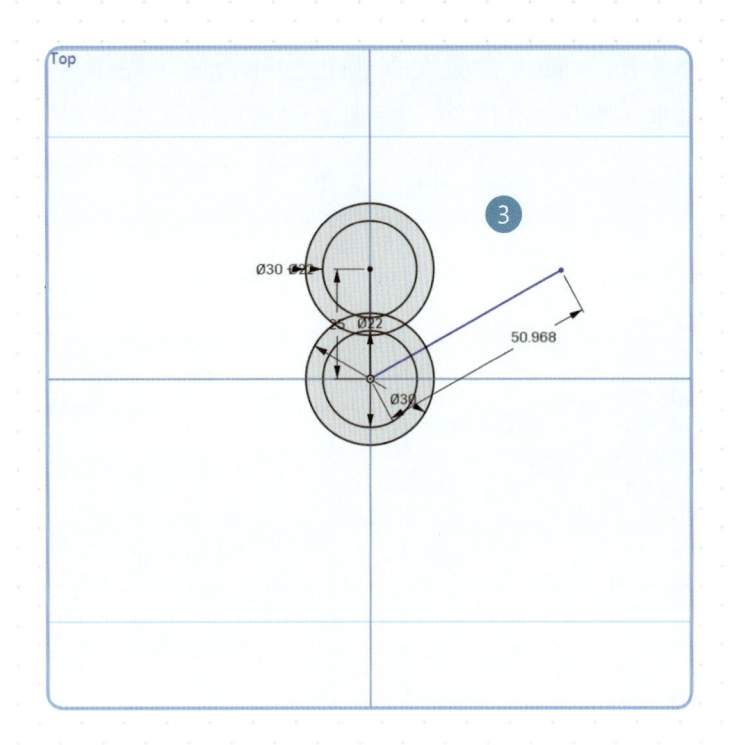

Step 06 再點選「尺寸」然後滑到我們剛剛畫的線上，會發現它變黃色，然後點一下後將滑鼠往下移，會出現剛剛畫線的尺寸。

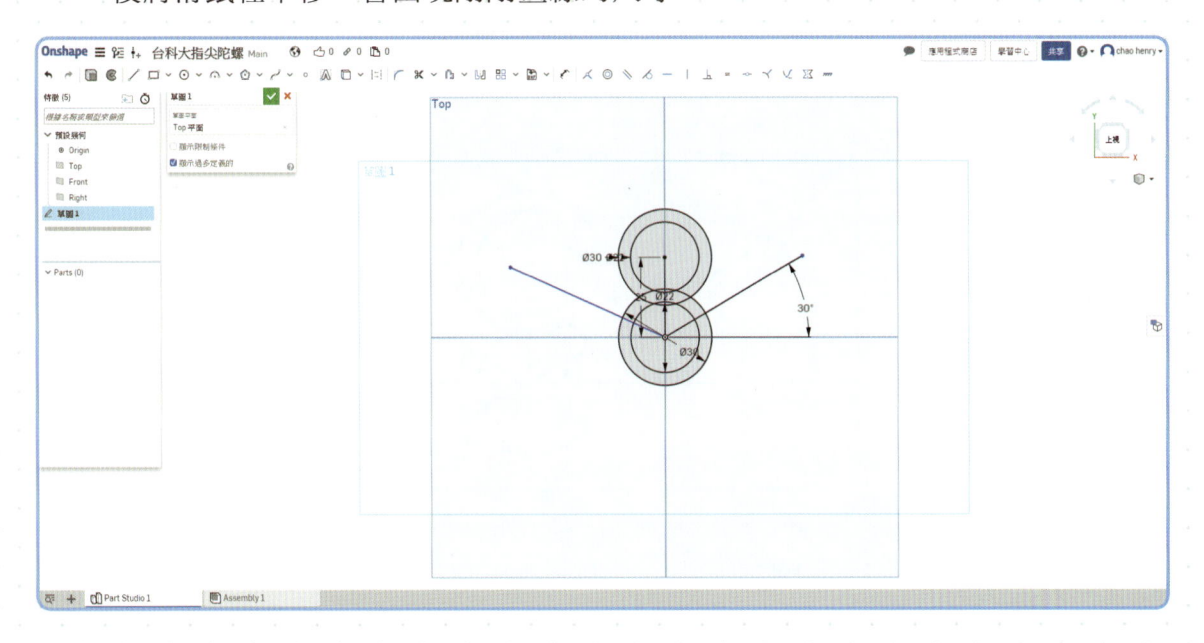

Step 07 將滑鼠滑到水平的 X 軸，會發現 X 軸也變成黃色，點選後就會出現可以輸入角度數值的框框。輸入 30 度後，剛剛畫的線就會與水平線夾 30 度角囉。

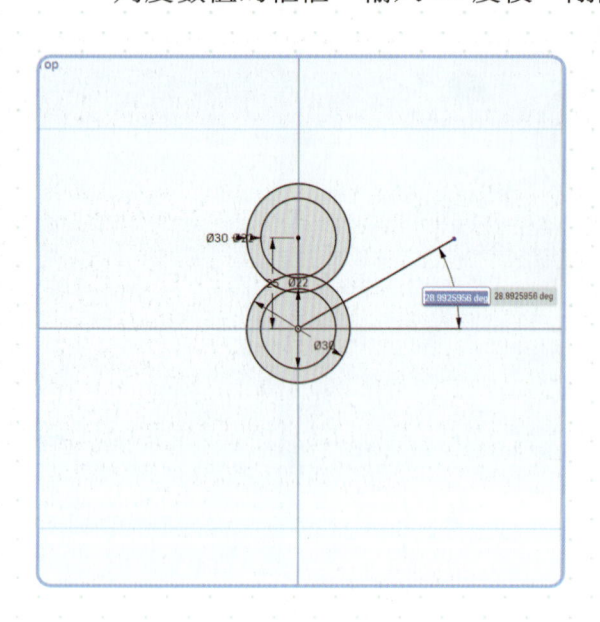

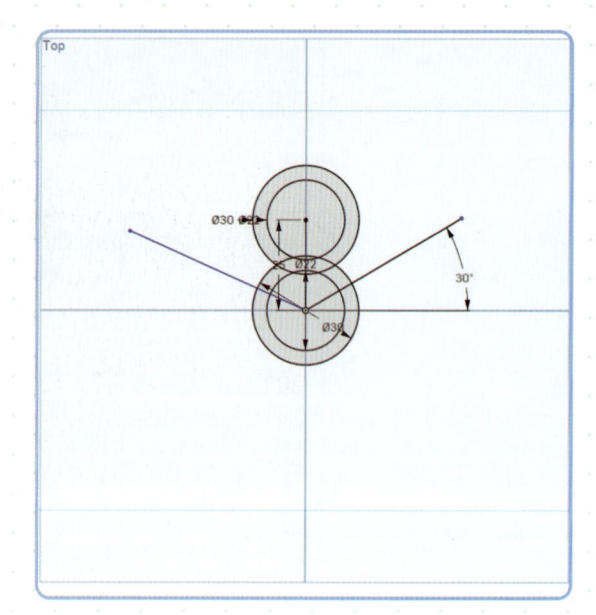

Step 08 左邊以同樣方式操作，完成左右與水平線都夾 30 度的兩條線，這樣中間夾角就會是 120 度。

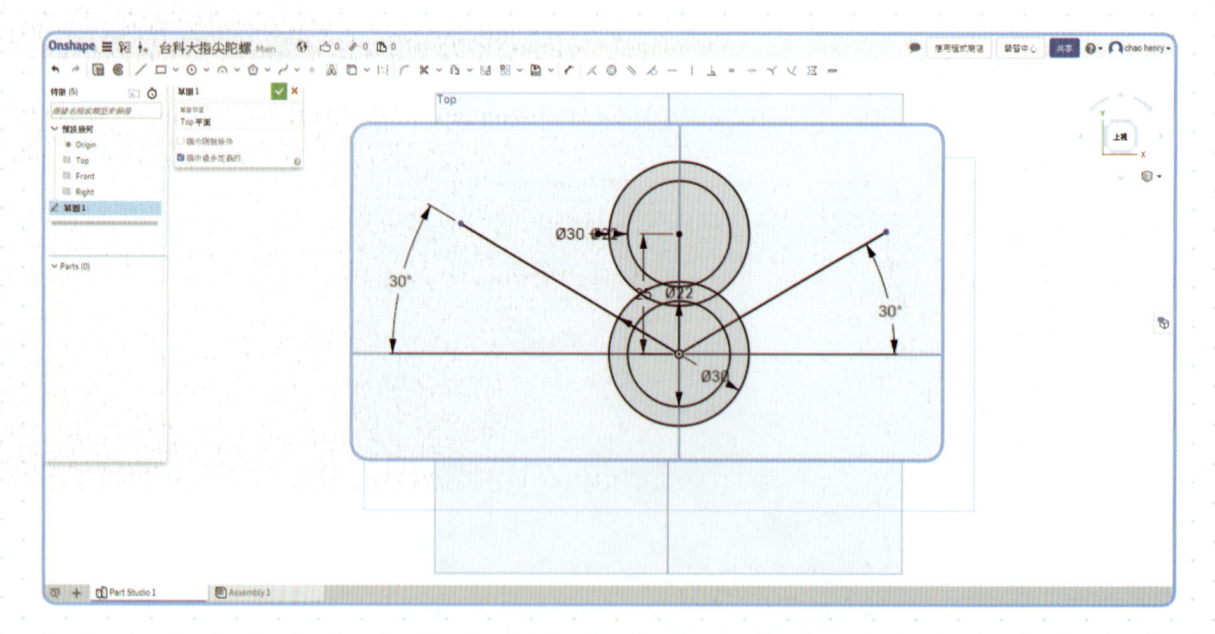

從 3D 繪圖到機電整合製作　Chapter 8　173

Step 09　接下來將重複的線與多出來的線用「修剪」工具剪掉。

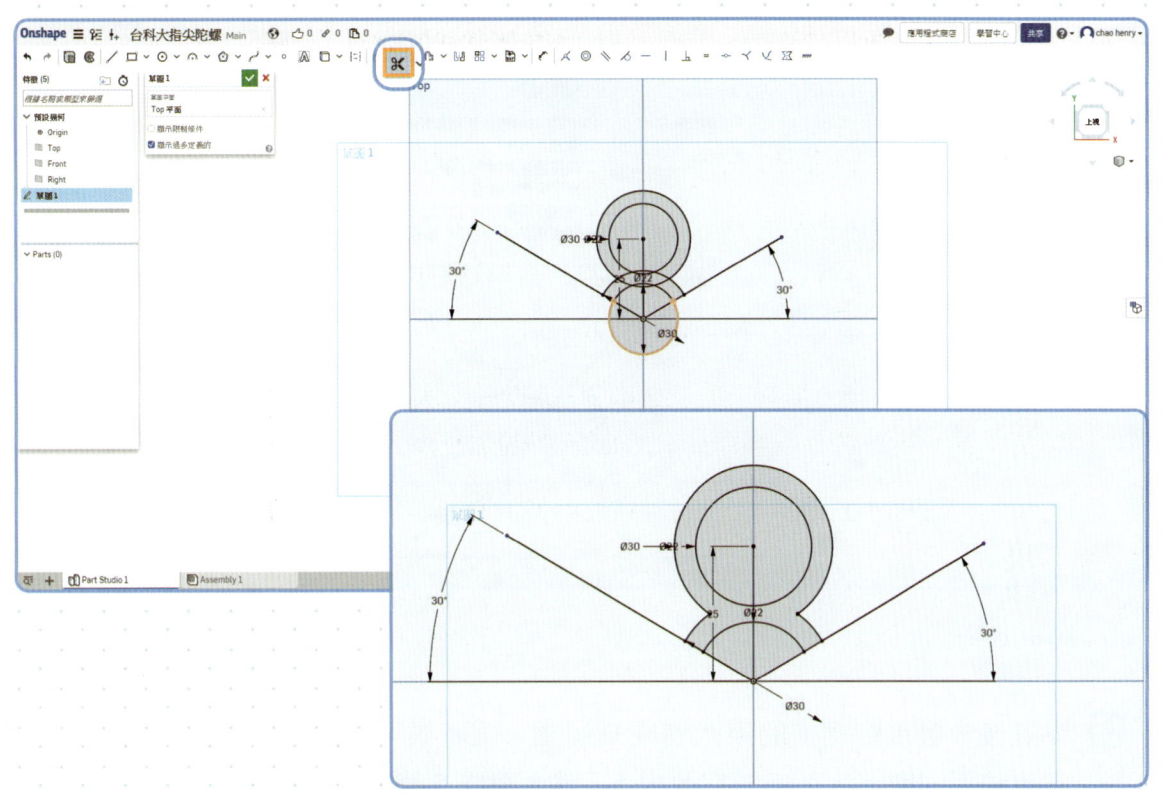

Step 10　修剪好後將剛剛畫的輔助線刪掉。

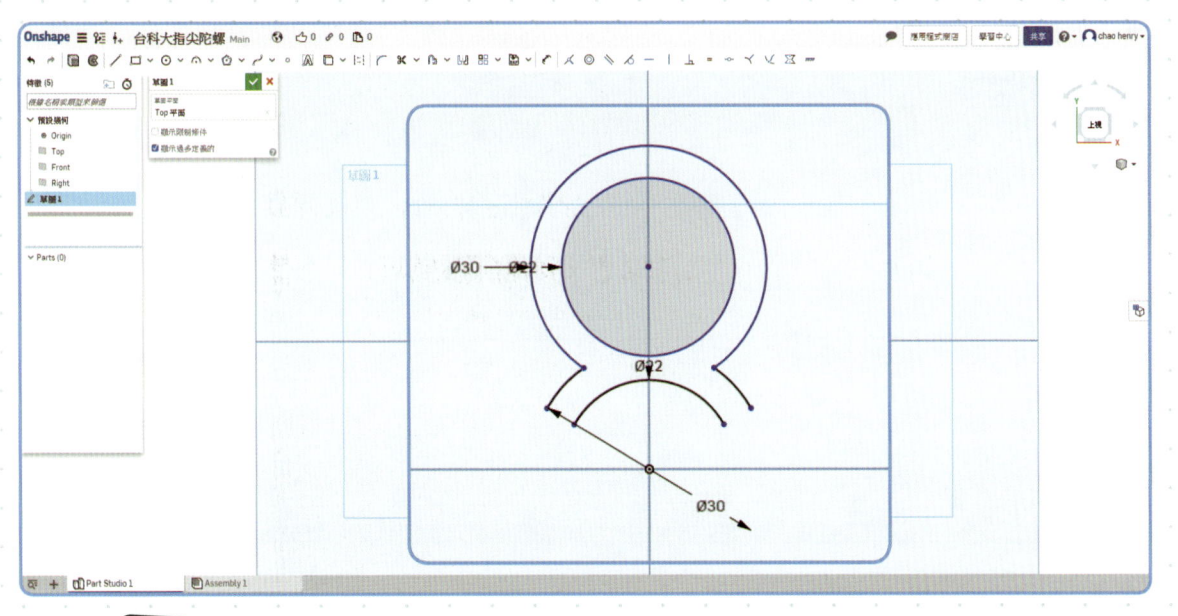

TIPS
直接刪掉不用剪刀工具的原因是，因為剪刀工具剪的範圍為「最近端」因此這三條線會需要剪九次，而直接刪除可以將處理次數降到 3 次。

11 接下來將草圖全選（Ctrl+A），並點選「環狀複製排列」。

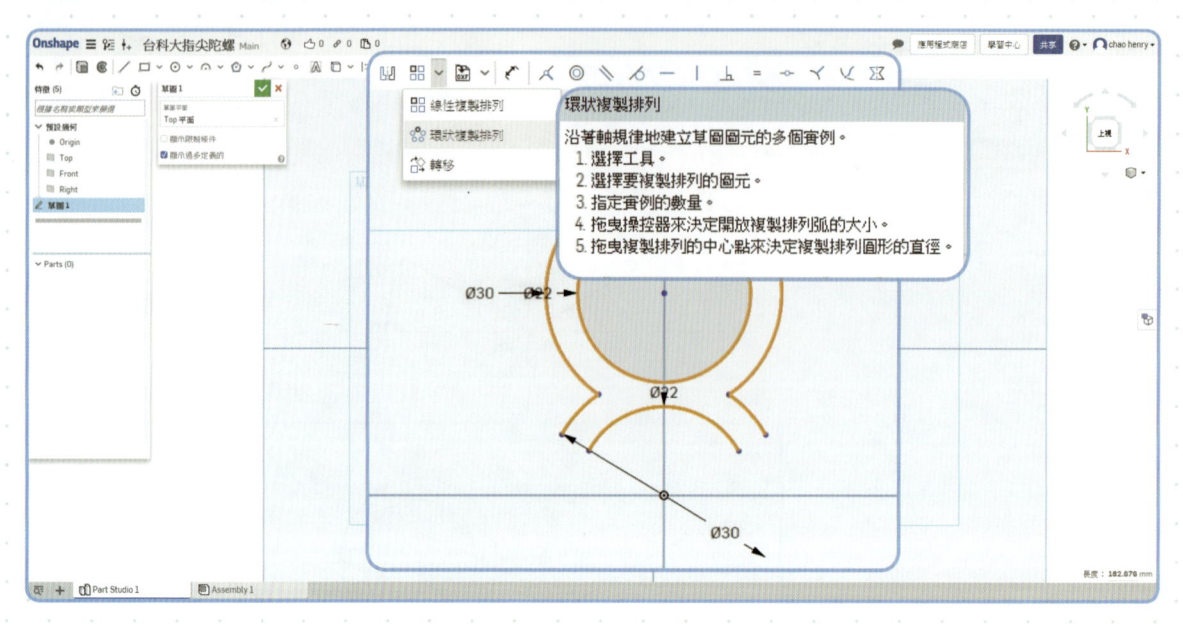

12 點選後會發現剛剛畫的東西變成三個囉。這時候可以點兩下左上方的 3x，將它改成不同數字，下面將它改成 5，就會變成 5 瓣囉。

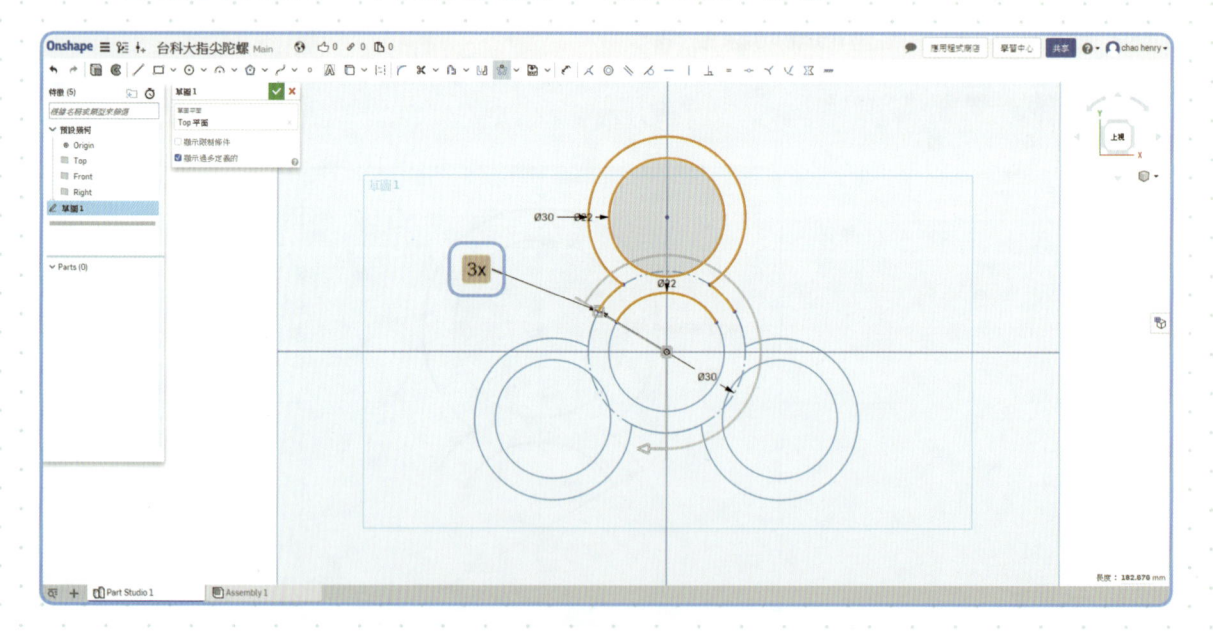

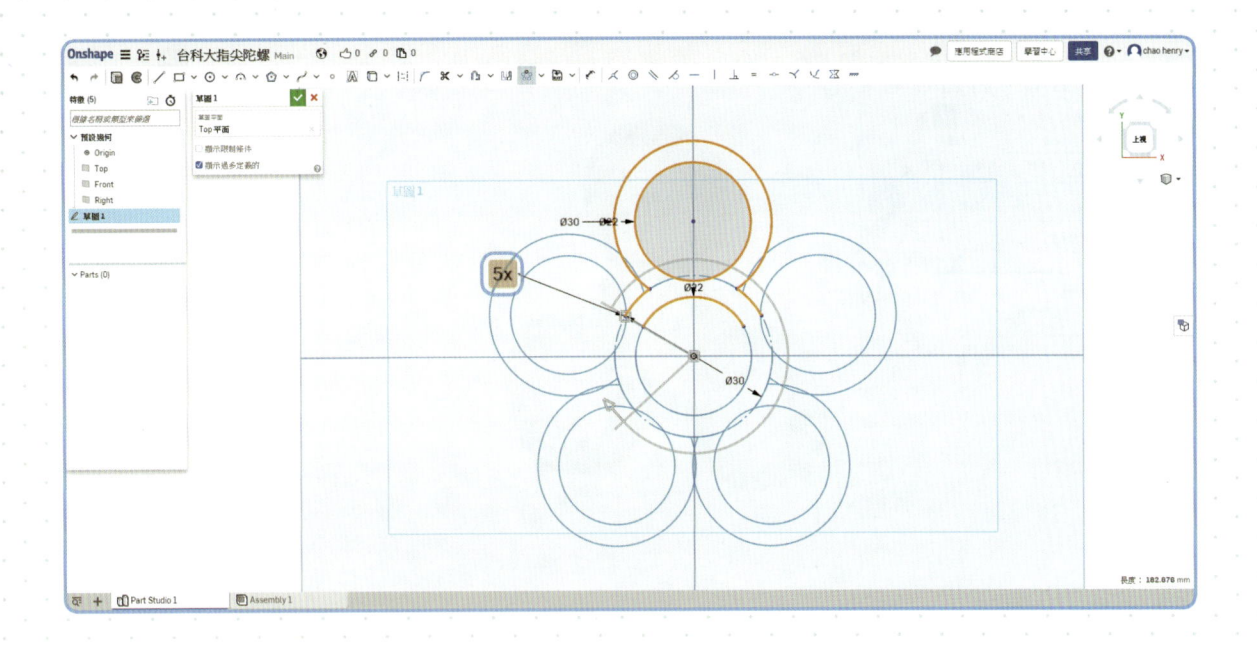

從 3D 繪圖到機電整合製作　Chapter 8　175

Step 13 將數值改回 3 個，然後按左鍵後，再點選擠出，深度 7mm，指尖陀螺完成。

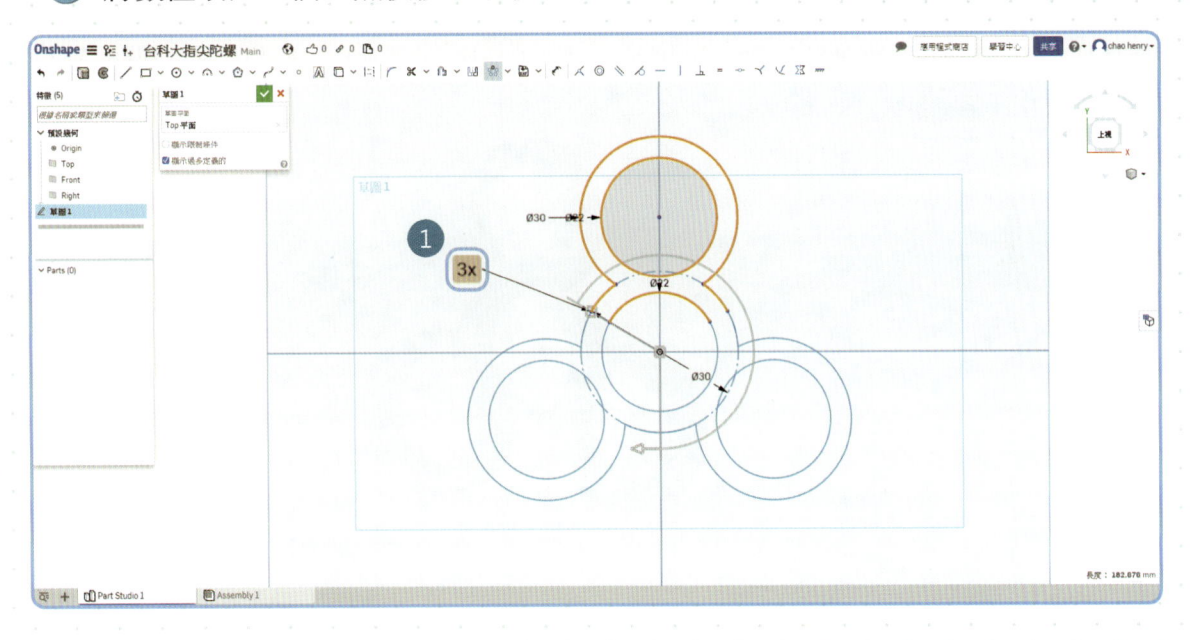

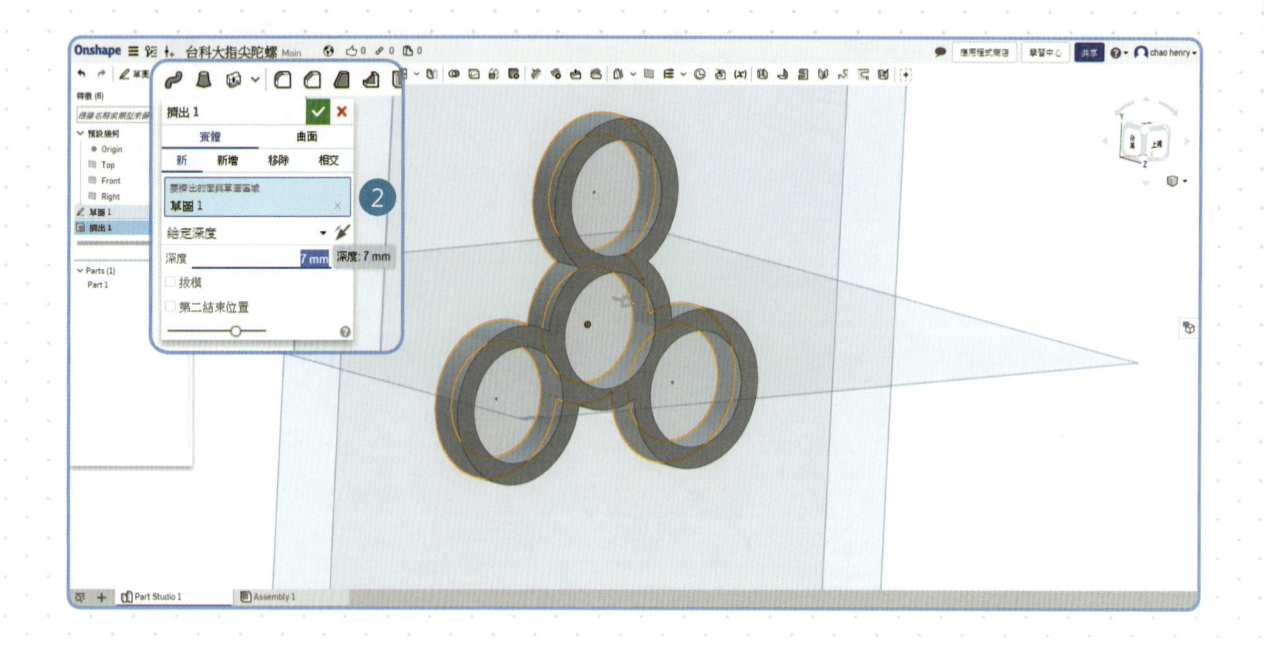

176　動手入門 Onshape 3D 繪圖到機構製作

Step 14　再來做一點小修飾，利用圓角工具將物件變得較圓滑。

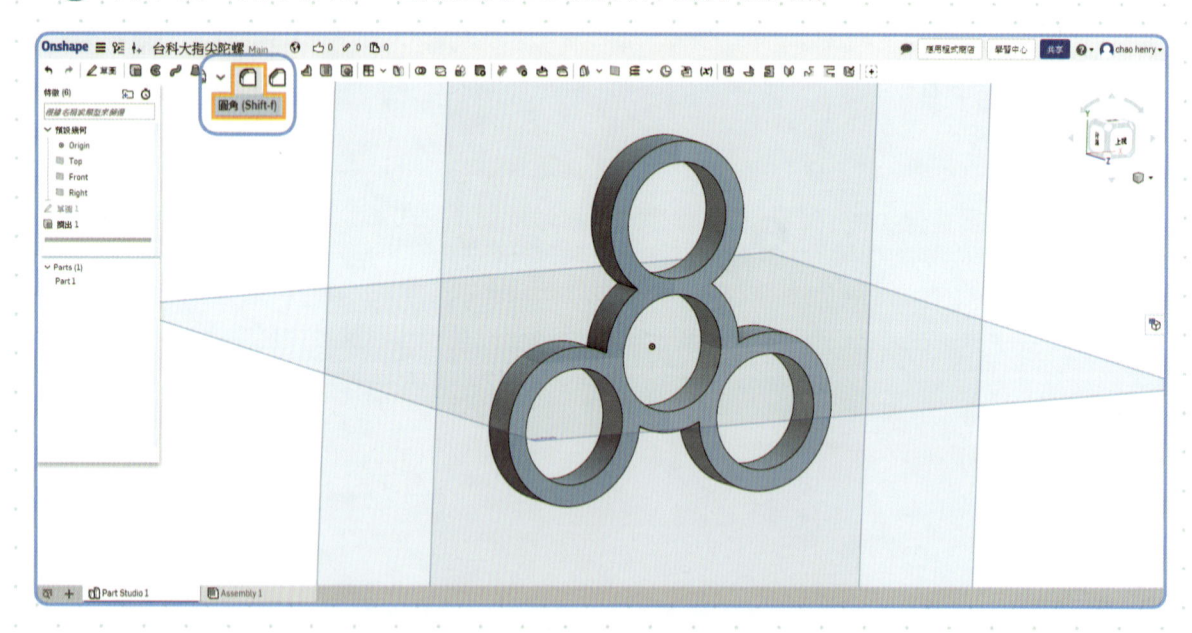

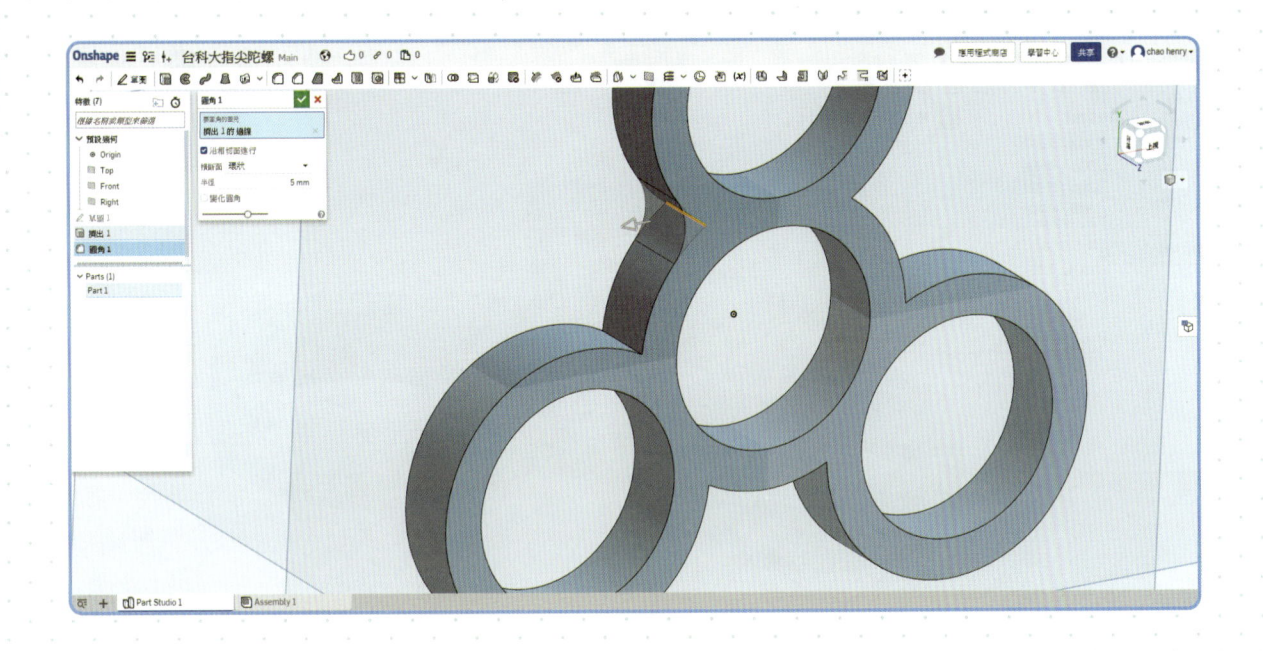

從 3D 繪圖到機電整合製作　Chapter 8　177

Step 15　點選圓角後，先點兩條凹槽，再來調整圓角半徑，發現 10mm 的圓角半徑最適合。接下來就將其他的凹槽都點選囉。

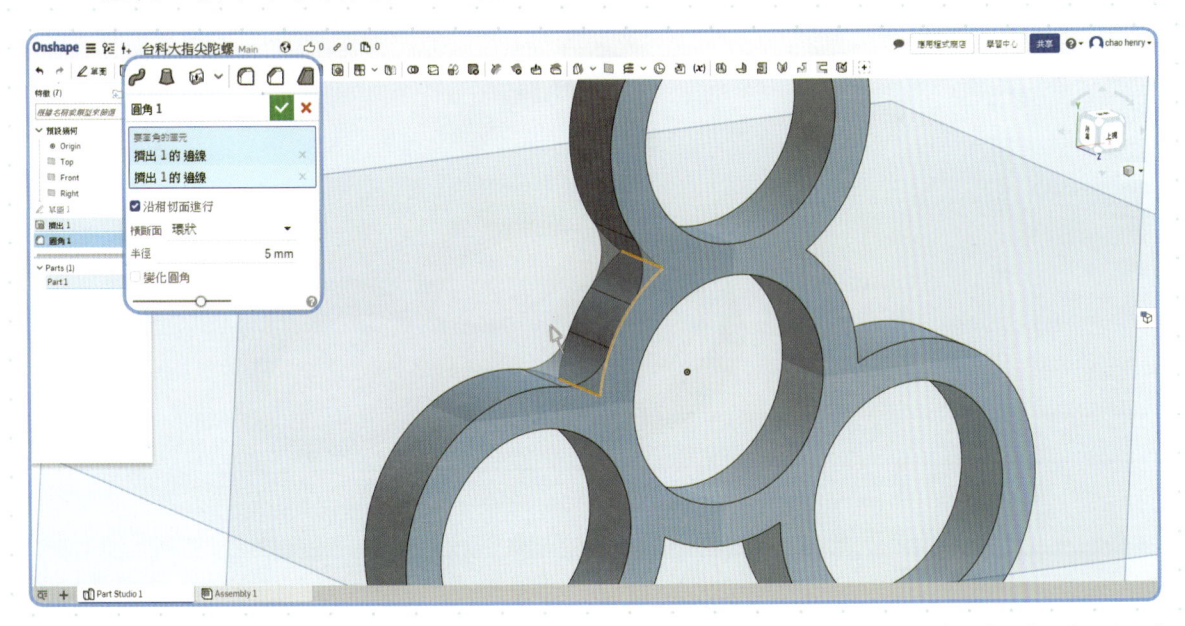

178　動手入門 Onshape 3D 繪圖到機構製作

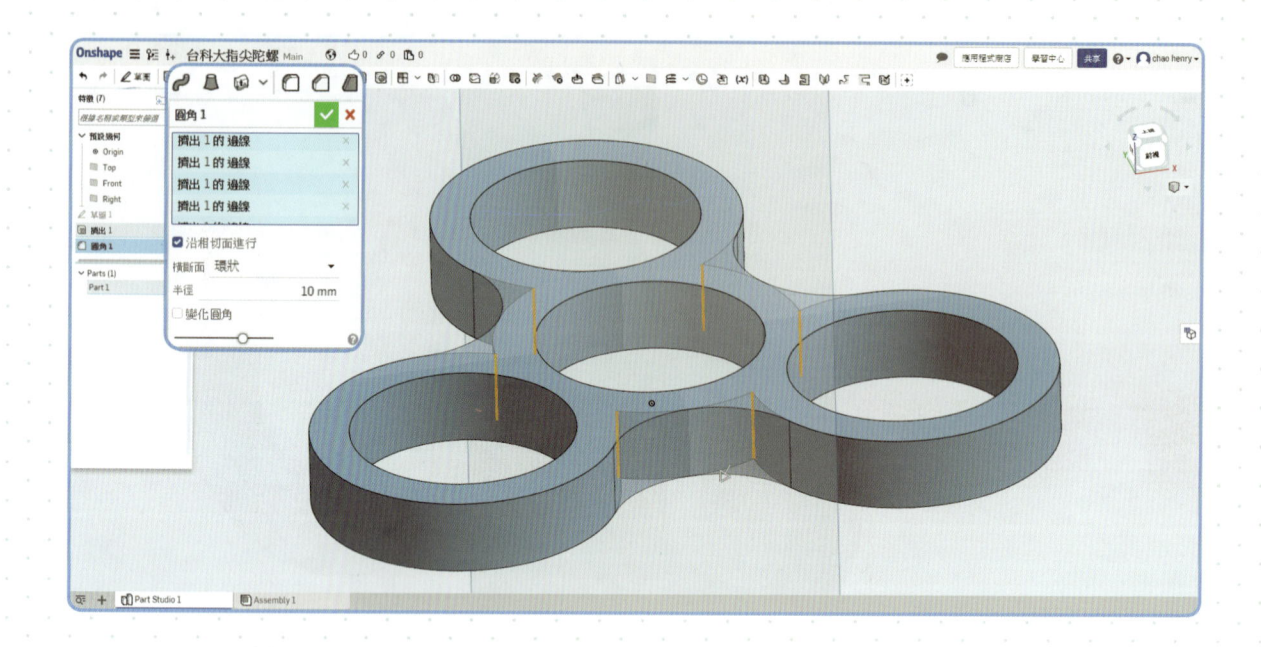

Step 16　按下綠色勾勾後，指尖陀螺就完成囉。

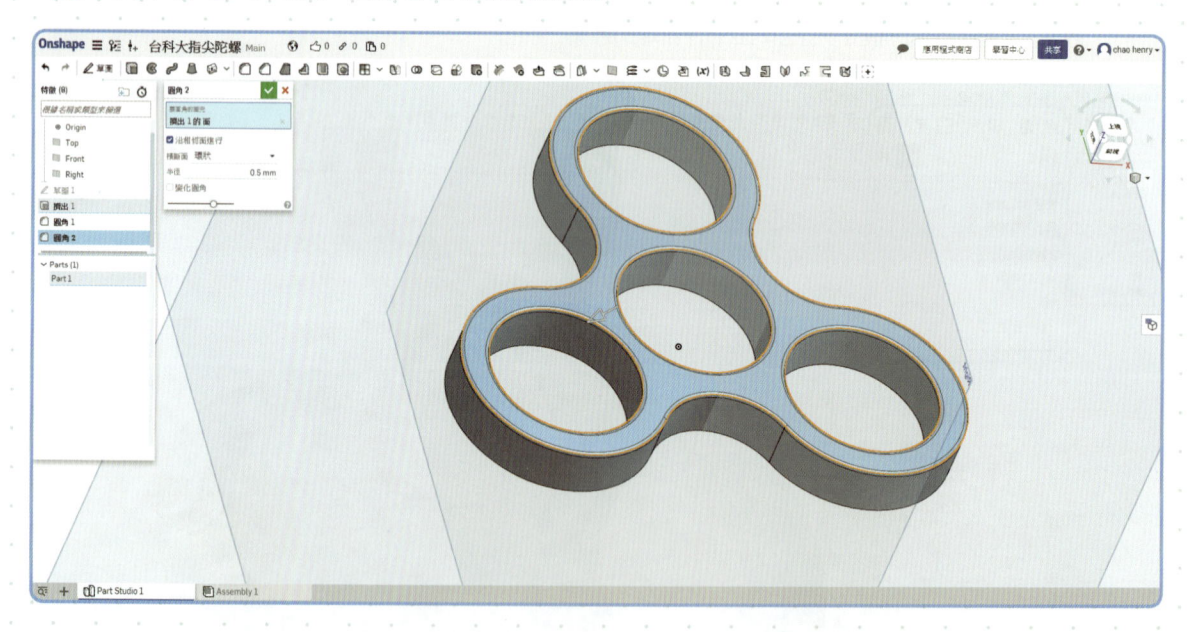

指尖陀螺作品欣賞

Chapter 8 學習評量

實作題

🟧 **題目名稱**：使用 Onshape 繪製手機（座）殼，並使用 3D 列印加工。

🟧 **題目說明**：

手機，作為我們隨身攜帶的必需品，怎麼忍受它如此無趣的外表呢？發揮化腐朽為神奇的能力，繪製出屬於自己獨一無二的手機（座）殼，並將電腦中的虛擬物件被印成實體，嘗試運用先前教過的 3D 列印的加工方式，作出自己獨一無二的手機（座）殼吧。

🟧 **創客題目編號：D001007**

創客指標	創客指數
外形（專業）	3
機　　構	5
電　　控	0
程　　式	0
通　　訊	0
人工智慧	0
創客總數	8
建議實作時間	40min

🟧 **MLC 創客學習力認證**

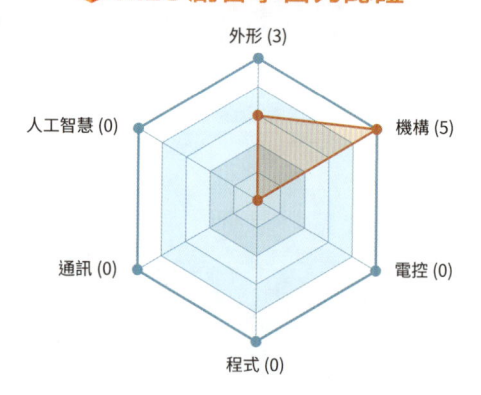

- 外形 (3)
- 機構 (5)
- 電控 (0)
- 程式 (0)
- 通訊 (0)
- 人工智慧 (0)

本題還可延伸到使用雷射切割或 CNC 雕銑機做加工，創客指數同上，其題目編號如下：

CNC 雕銑機加工
題目編號：D002003

雷射切割加工
題目編號：D003001

3D 列印能力認證術科試題

在 Cura 中插入列印設定檔

Cura 是由 Ultimaker 所推出的一款免費的 3D 切層軟體，而這套軟體可以提供使用者自行設定不同的列印參數，並將參數另外儲存，提供給其他電腦或使用者使用，因此可以方便不同使用者間進行同一台或同一款機器的使用與交流。

mCreate 是由 mBlock 所推出的一款多功能 3D 列印機，機器上面備有 3D 列印功能及基本的雷射切割功能，因此在教學操作或居家使用上，可以一機二用，讓自己的專題有更多樣的呈現內容。而 mCreate 的雷射切割功能使用的是自家推出的雷射切割軟體，但在 3D 列印上則是透過 Cura 作為平台，提供大家進行使用，因此也準備了設定檔讓大家能夠下載使用。

前面已介紹 Cura 的使用，因此我們只需進入 mCreate 的網站取得設定檔即可。首先先在 Google 上搜尋 mCreate 就能進入他們的網站了。進入網站後可以在下方看到 Cura 設定檔插件的連結，而為了方便使用，這邊已經設計為執行檔，因此使用者可以依據自己的系統下載設定檔即可。下載後的安裝其實非常簡單，先將使用中的 Cura 關閉，然後將剛剛下載好的安裝檔打開，接下來他就會自行安裝完成囉。

安裝好設定檔後，接下來我們就一題一題的來解題吧！

▲Cura 軟體下載

▲3D 列印能力認證術科題目
網址：http://3dp.itm.org.tw/tech-1

TEST_1

題目 請下載下方圖檔【TEST_1B】，並於時間內完成列印尺寸為【Size X=45mm，Size Y=30mm，Size Z=15mm】之成品，且成品必須能與考場提供之【TEST_1A】成品進行組合。

說明 我們點擊進去後，其實會看到他的 STL 檔，而這個檔案如果您放入 Cura 中的話，可以在左下方看到他的尺寸，這個檔案的尺寸是「150x100x50 mm」，而這樣的物體尺寸與題幹的物體尺寸差異很大，因此這邊我們需要使用左邊的「尺寸（Scale(s)）」功能進行物件的調整。

這邊點選後，他有兩種方式可以調整尺寸：「設定比例百分比」或是「設定單邊尺寸」，而因為我們的題幹已經有列印後尺寸了，因此我們直接針對單邊數值進行調整即可。

調整好了之後我們就能設定列印的材料密度，這邊因為我們的考試時間較短且材料較小，因此我們將密度設為 0 即可，如果擔心材料塌陷，可以將外殼殼厚設定為 1.6mm 就不會有問題了。

Step 01 將 STL 檔放入 Cura 中

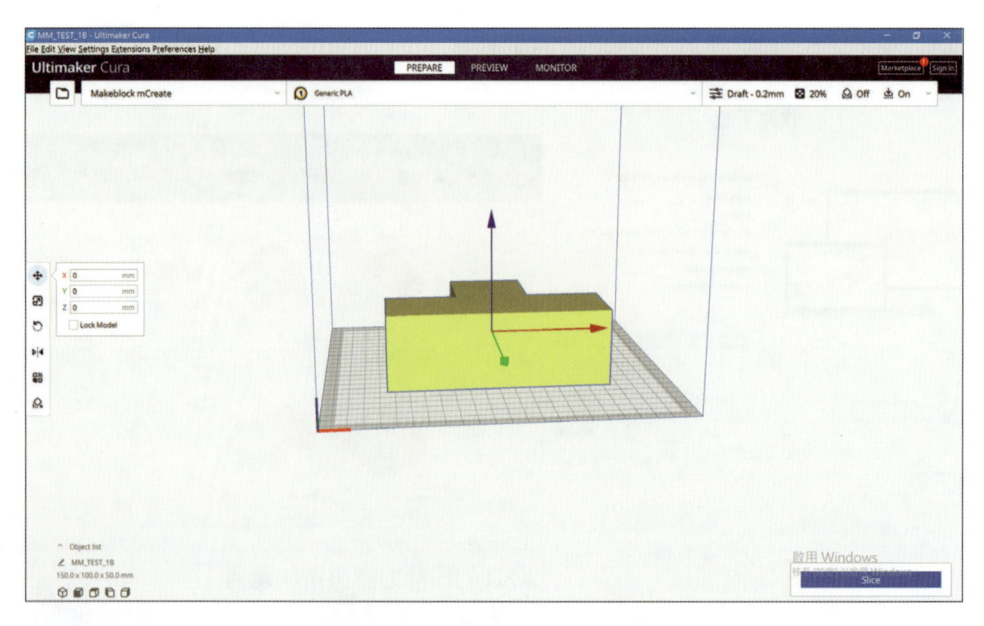

3D 列印能力認證術科試題

Step 02　點選左邊的尺寸（Scale）調整材料大小

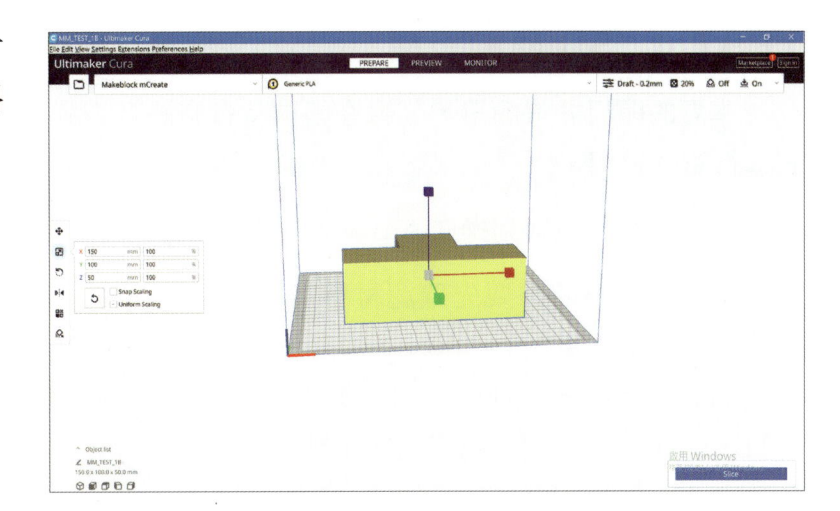

Step 03　這邊我們直接將邊長改為我們需要的尺寸

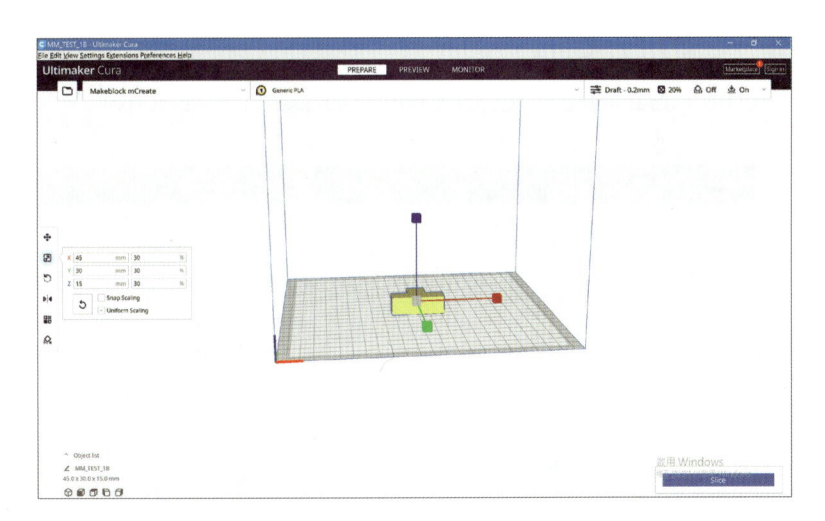

Step 05　將列印密度改為 0 即可點選右下方的開始列印

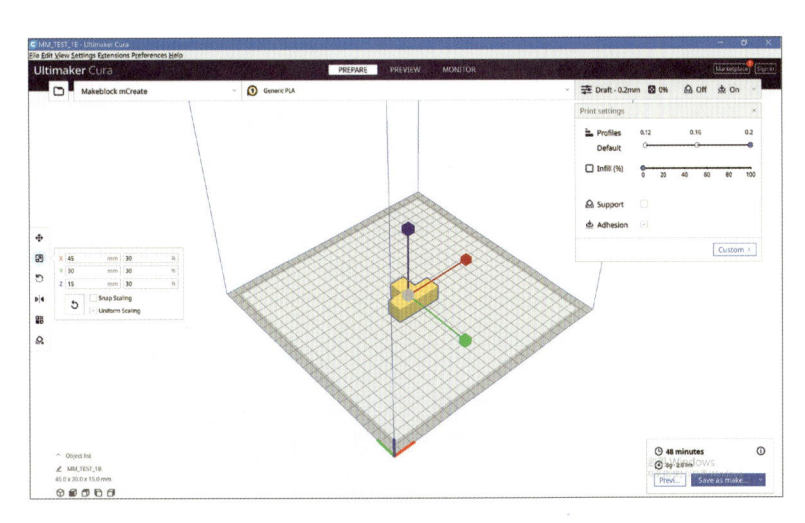

以上為本題的檔案切層列印說明。接下來為了讓大家能夠在家中列印練習，將說明自行在家 3D 建模的方式。

TEST_1　3D 建模說明

本題的題目非常簡單，其實在繪製時會有許多方式，這邊我們就先從基礎的方式進行繪圖說明。

本次建模將使用到操作：1. 草圖；2. 擠出。

我們在建模時需要先確認材料尺寸，因此需要回到原先題目的部分確認各種尺寸內容，題目為：『「Size X=45mm，Size Y=30mm，Size Z=15mm」之成品，且成品必須能與考場提供之材料結合』。這題因為他有兩個檔案「TEST_1A」及「TEST_1B」，我們一起將它畫出來。

首先先點選「上視圖」並完成正方形繪製，參考題幹的尺寸、第一題的組裝圖及我們丟入 Cura 後的尺寸，我們可以推論兩個圖塊組裝起來應該會是一個邊長 150 mm 的正方形，並且凸和凹的距離如下圖所示。

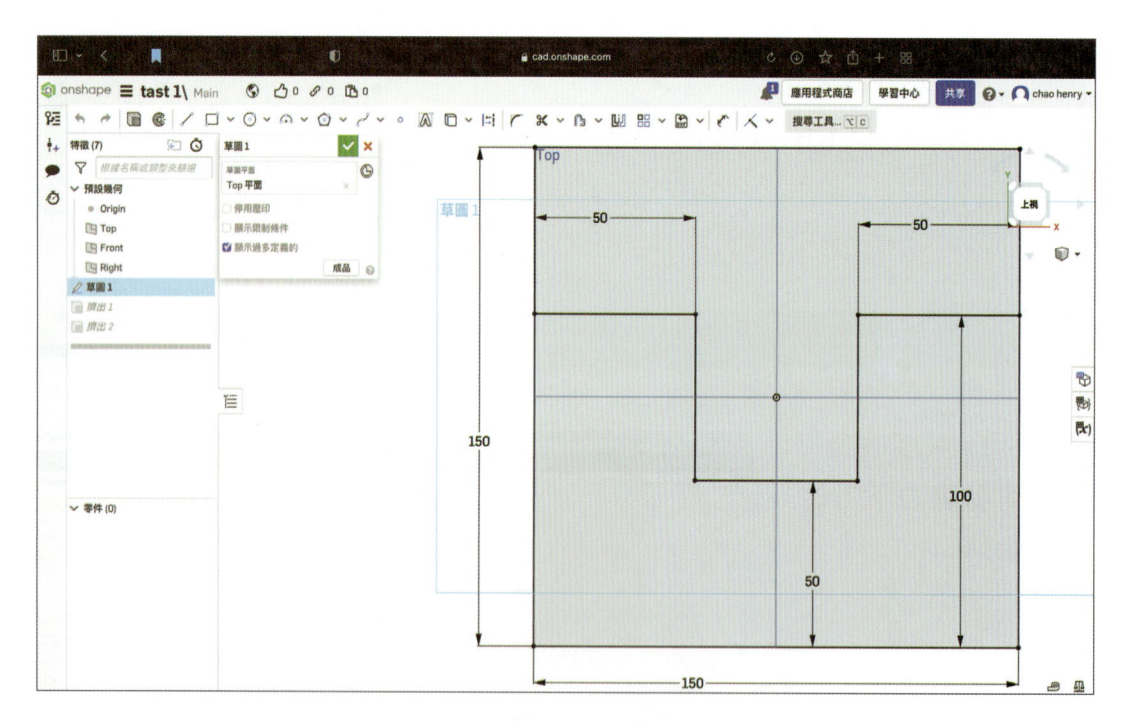

▲TEST_1 草圖

設定好了草圖後，接下來就將他進行「擠出」，這邊我們不要直接將草圖 1 全部擠出，而是點選我們要的擠出範圍即可。擠出後會發現原先的草圖消失了，這邊我們就需要將草圖再叫回來，操作上只要將滑鼠滑到在左邊草圖 1 上，就會發現旁邊有個眼睛的符號，點下去草圖就會出來了。

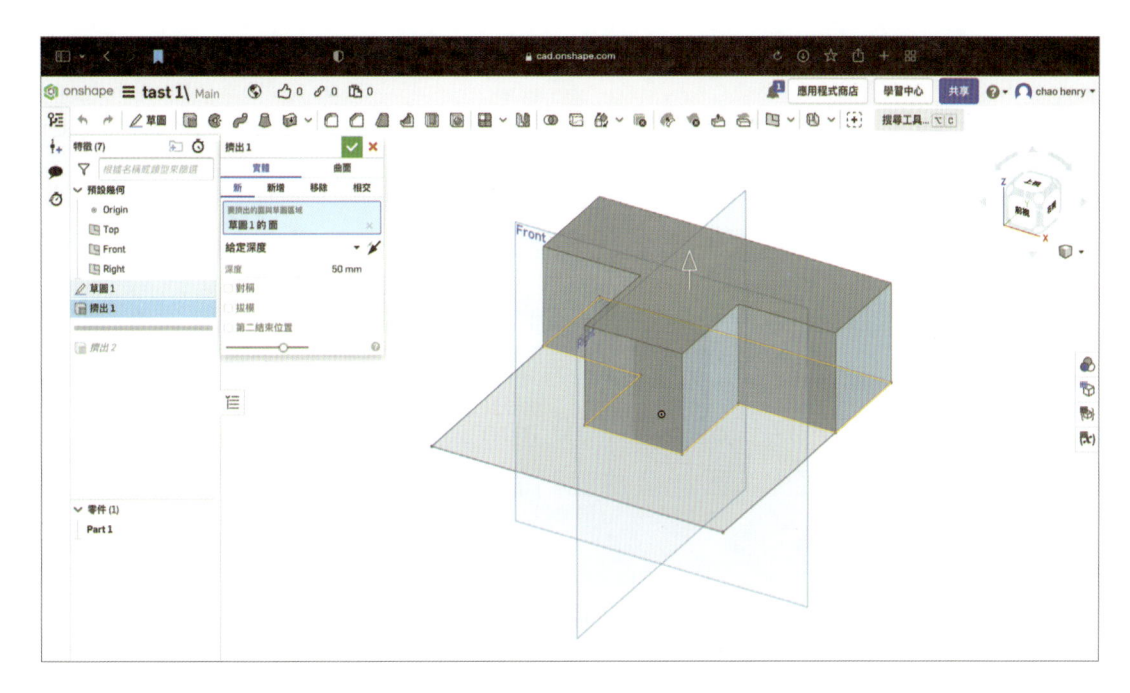

▲擠出第一塊

　　接下來我們就能再按一次擠出，再選擇另一區的草圖範圍，就會出現另一塊物件囉。這邊要提醒，擠出的檔案是以「新」的形式擠出，不是「新增」唷，新增會和前一塊材料結合，就沒辦法做出我們要的成果囉。

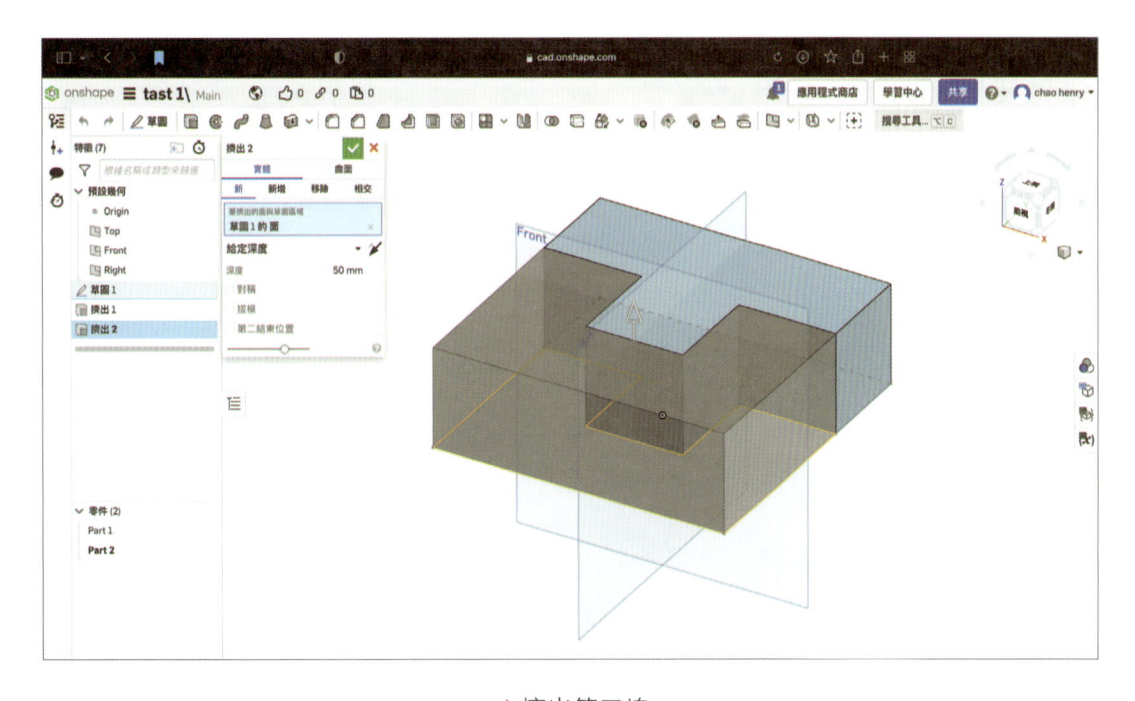

▲擠出第二塊

TEST_2

題目 請下載下方圖檔【TEST_2B】，並於時間內完成列印尺寸為【Size X=44.663mm，Size Y=44.663mm，Size Z=15mm】之成品，且成品必須能與考場提供之【TEST_2A】成品進行組合。

說明 我們點擊進去後，其實會看到他的 STL 檔，而這個檔案如果您放入 Cura 中的話，可以在左下方看到他的尺寸，這個檔案的尺寸是「148.8777×148.8777×150 mm」，而這樣的物體尺寸與題幹的物體尺寸差異很大，因此這邊我們需要使用左邊的「尺寸（Scale(s)）」功能進行物件的調整。

這邊點選後，他有兩種方式可以調整尺寸：「設定比例百分比」或「設定單邊尺寸」，而因為我們的題幹已經有列印後尺寸了，因此我們直接針對單邊數值進行調整即可。

調整好了之後我們就能設定列印的材料密度，這邊因為我們的考試時間較短且材料較小，因此我們將密度設為 0 即可，如果擔心材料塌陷，可以將外殼殼厚設定為 1.6 mm 就不會有問題了。

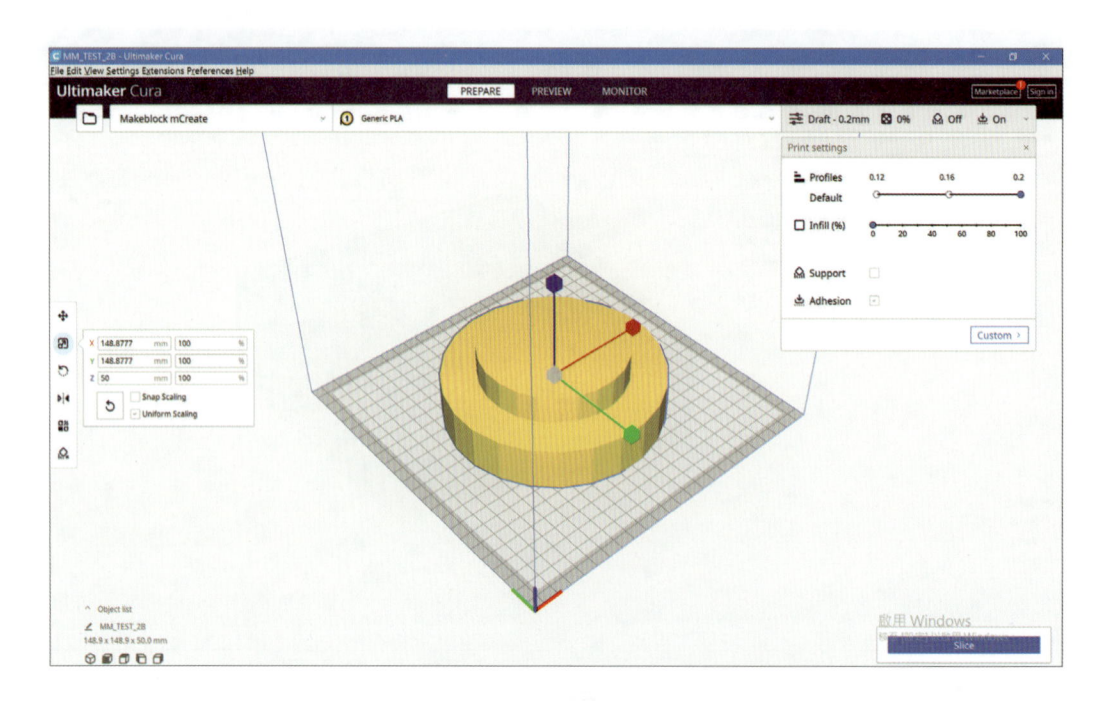

▲TEST_2B 的檔案尺寸

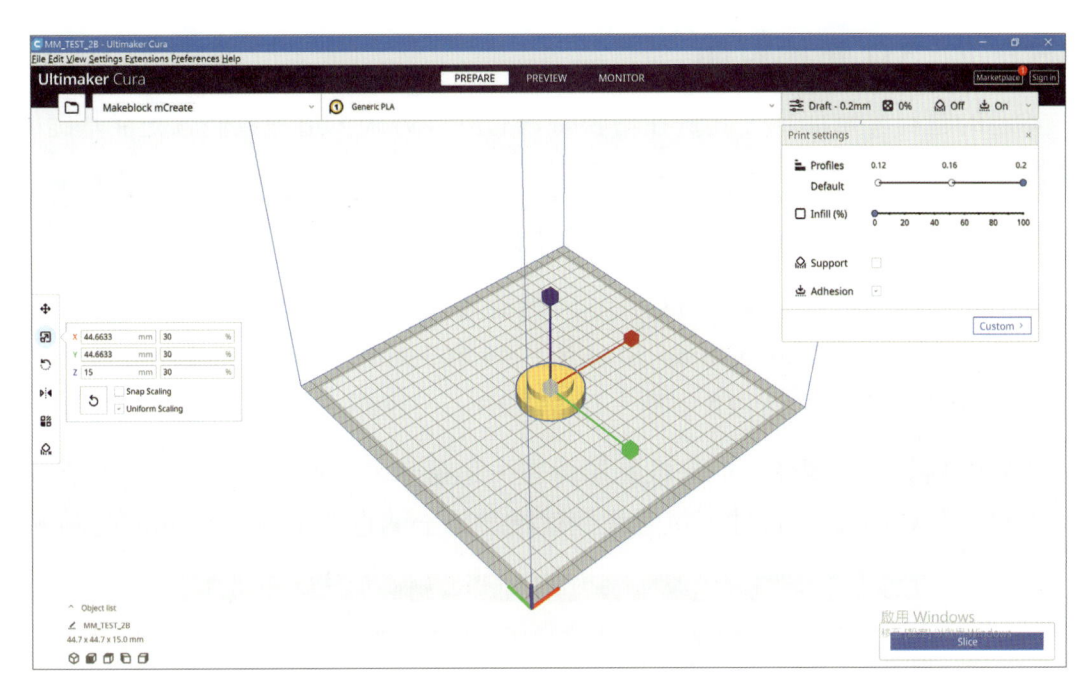

▲TEST_2B 修改後的尺寸（調整數值較漂亮的 Z 值）

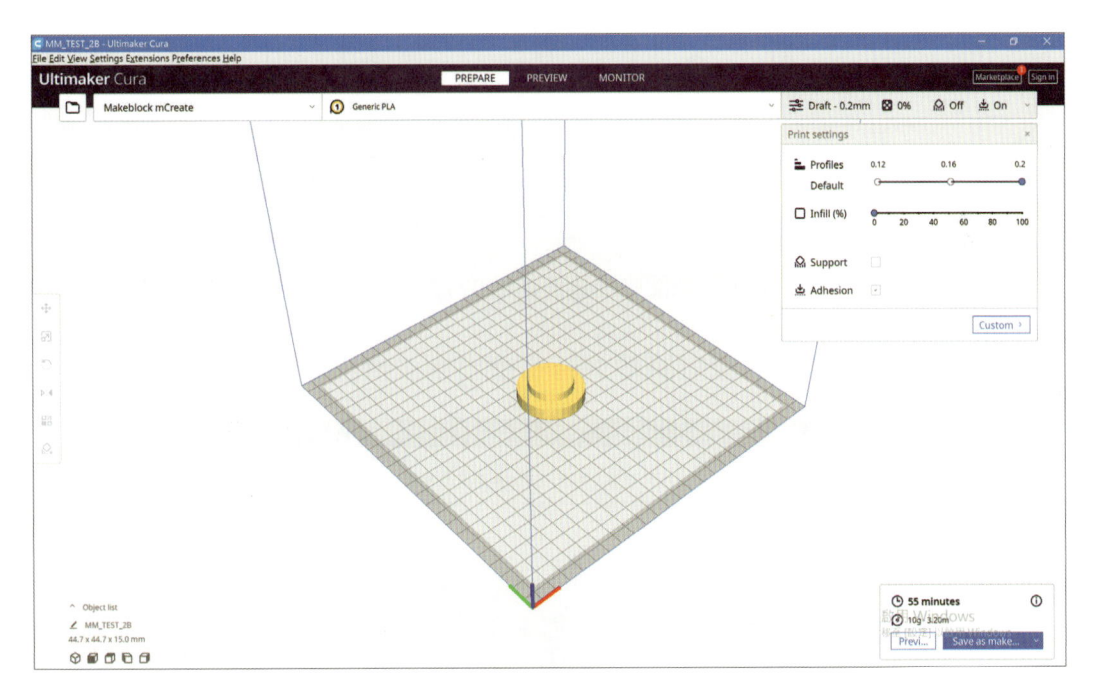

▲切層

　　以上為本題的檔案切層列印說明。接下來為了讓大家能夠在家中列印練習，將說明自行在家 3D 建模的方式。

TEST_2　3D 建模說明

本題的題目非常簡單，其實在繪製時會有許多方式，這邊我們就先從基礎的方式進行繪圖說明。

本次建模將使用到操作：1. 草圖；2. 擠出。

我們在建模時需要先確認材料尺寸，因此需要回到原先題目的部分確認各種尺寸內容：「Size X = 44.663 mm，Size Y = 44.663 mm，Size Z = 15 mm」，這題因為他有兩個檔案「TEST_2A」及「TEST_2B」，我們一起將它們畫出來。

首先先點選「上視圖」並完成圓形繪製，這邊參考題幹的尺寸、第一題的組裝圖及我們丟入 Cura 後的尺寸，這邊我們就繪製出一個直徑 148.8777 mm 的圓。

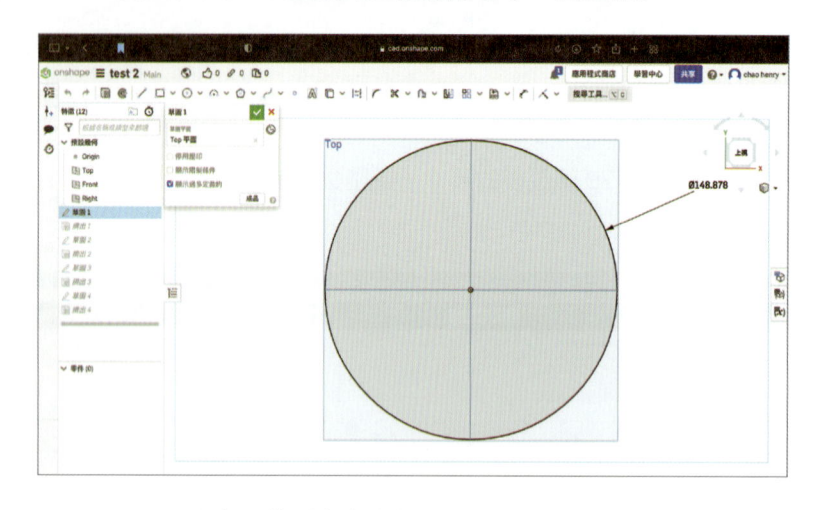

▲先用草圖畫出直徑 148.8777 mm 的圓

設定好了草圖後，接下來就將他進行「擠出」，擠出高度為 25。

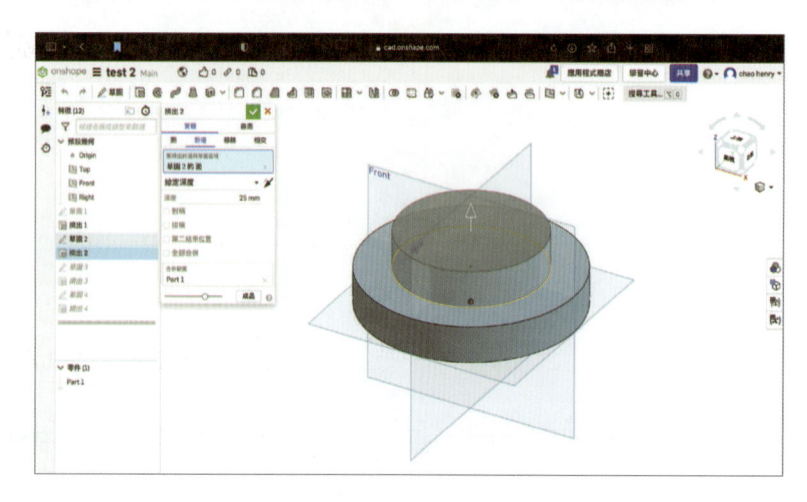

▲擠出第一層

接下來在中心再畫一個直徑為 100 mm 的圓,並同樣擠出 25 mm。

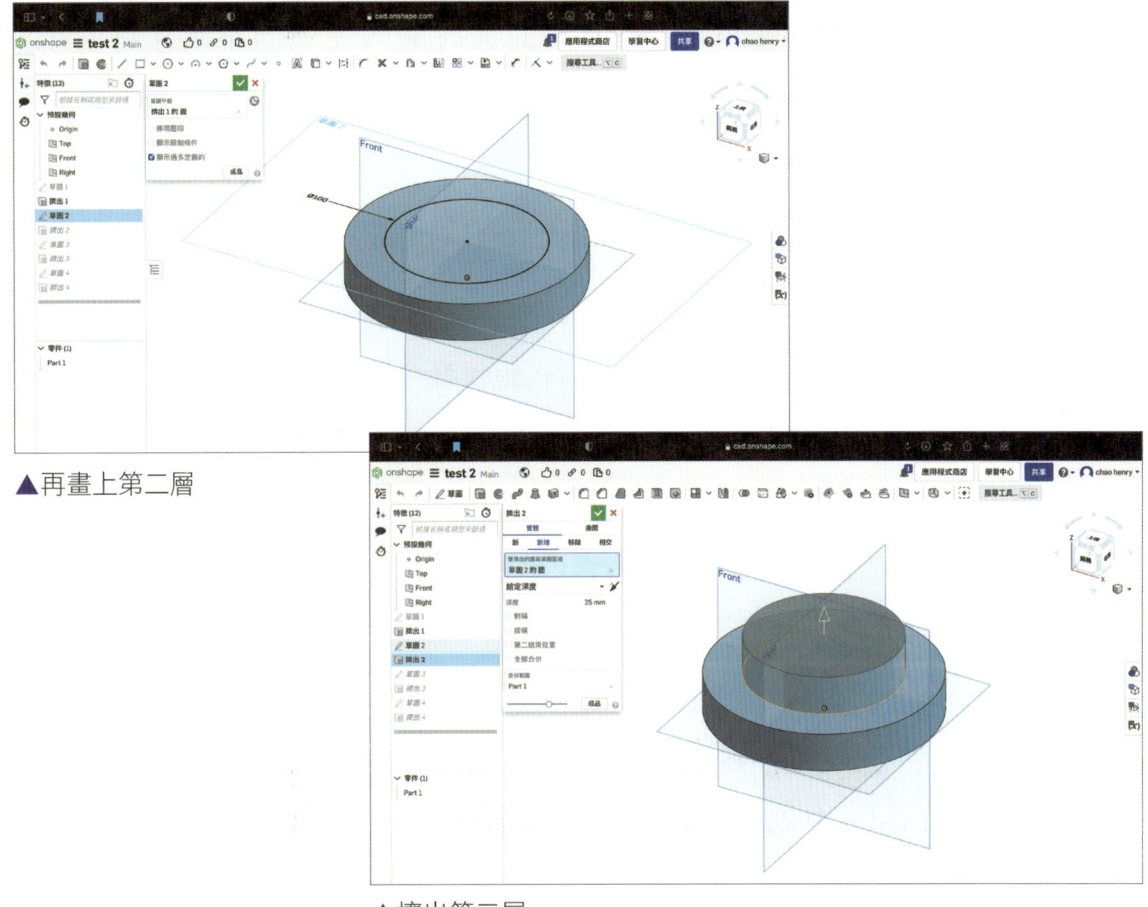

▲再畫上第二層

▲擠出第二層

完成第一個圖之後,第二個則是順著同樣的數值做出即可。

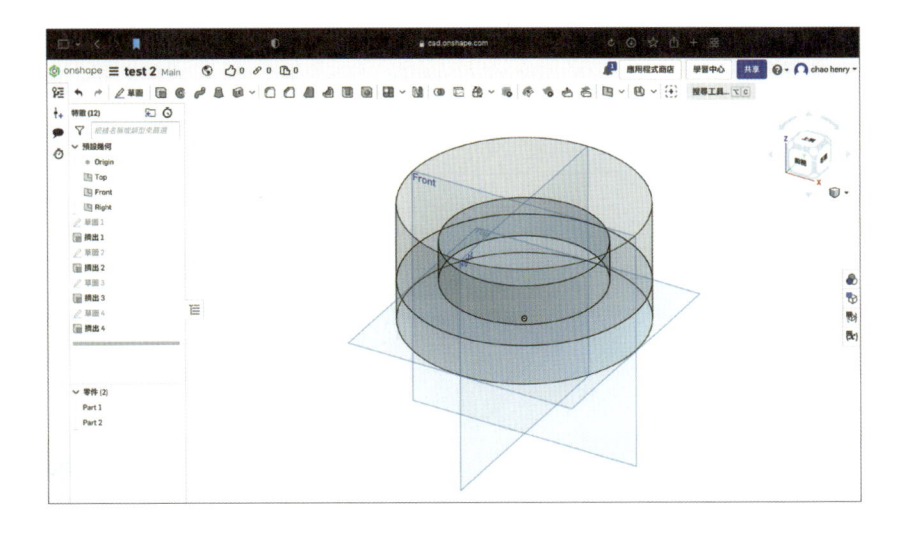

▲完成圖的半透明視角

TEST_3

題目 請下載下方圖檔【TEST_3B】，並於時間內完成列印尺寸為【Size X=45 mm，Size Y=45 mm，Size Z=15 mm】之成品，且成品必須能與考場提供之【TEST_3A】成品進行組合。

說明 我們點擊進去後，其實會看到他的 STL 檔，而這個檔案如果您放入 Cura 中的話，可以在左下方看到他的尺寸，這個檔案的尺寸是「148.8777×148.8777×150 mm」，而這樣的物體尺寸與題幹的物體尺寸差異很大，因此這邊我們需要使用左邊的「尺寸（Scale(s)）」功能進行物件的調整。

這邊點選後，他有兩種方式可以調整尺寸：「設定比例百分比」或是「設定單邊尺寸」，而因為我們的題幹已經有列印後尺寸了，因此我們直接針對單邊數值進行調整即可。

調整好了之後我們就能設定列印的材料密度，這邊因為我們的考試時間較短且材料較小，因此我們將密度設為 0 即可，如果擔心材料塌陷，可以將外殼殼厚設定為 1.6 mm 就不會有問題了。

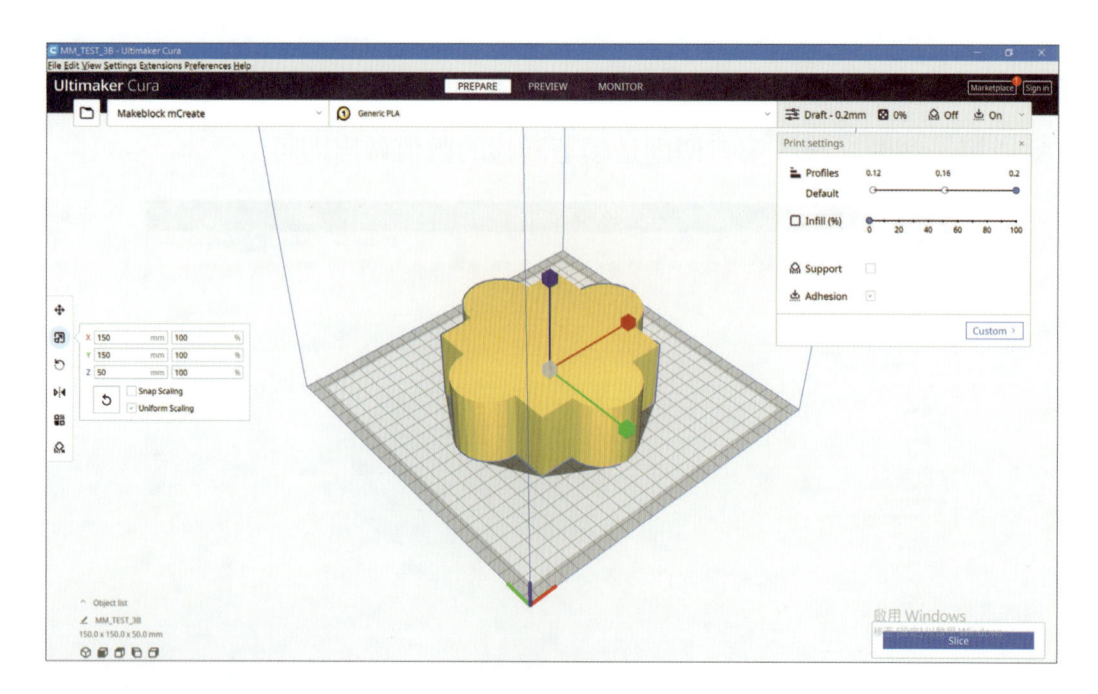

▲輸入檔案

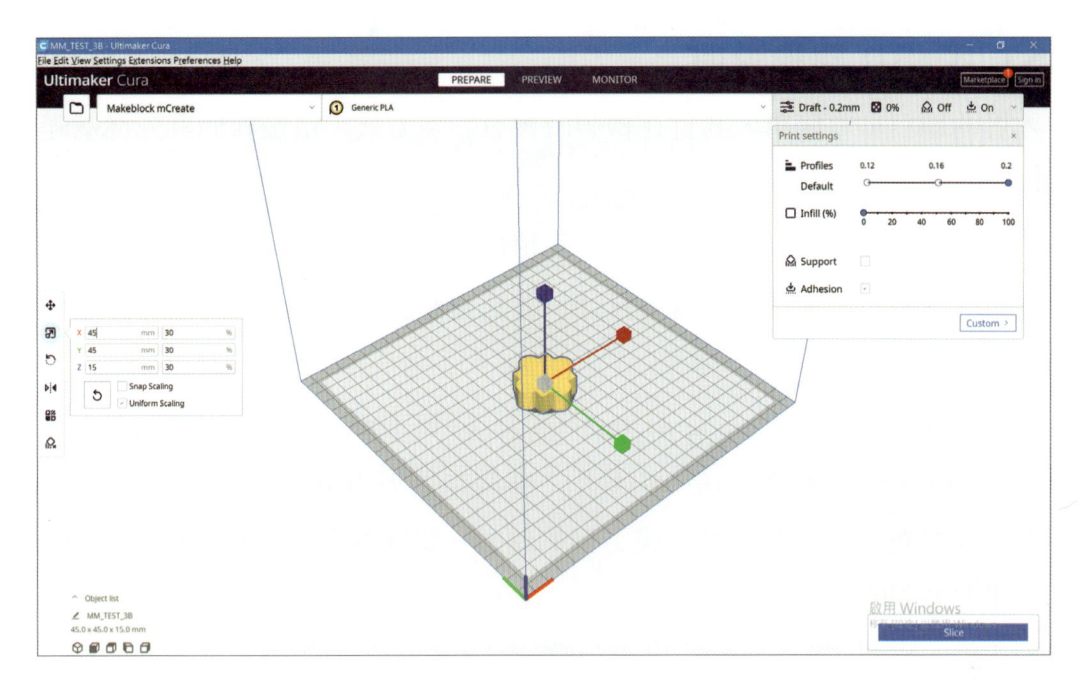

▲修改尺寸

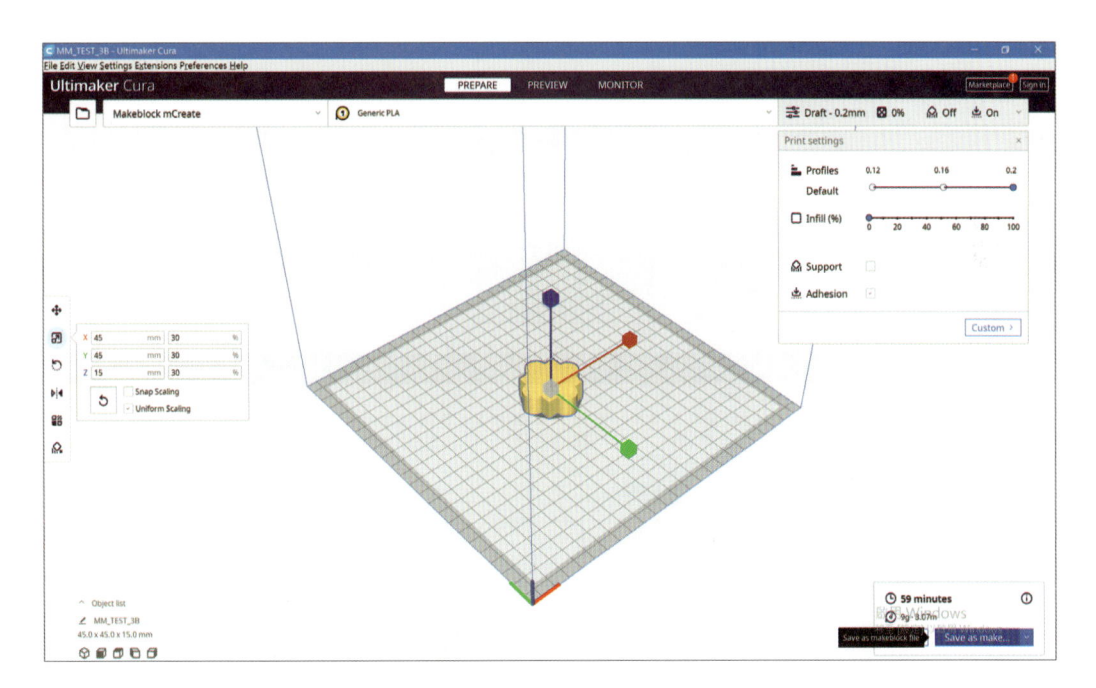

▲點選切層

TEST_3 3D 建模說明

本題的題目非常簡單,其實在繪製時會有許多方式,這邊我們就先從基礎的方式進行繪圖說明。

本次建模將使用到操作:1. 草圖;2. 擠出。

我們在建模時需要先確認材料尺寸,因此需要回到原先題目的部分確認各種尺寸內容:

「Size X=45 mm,Size Y=45 mm,Size Z=15 mm」,這題因為他有兩個檔案「TEST_3A」以及「TEST_3B」,我們一起將它們畫出來。

首先先點選「上視圖」並完成方形的繪製,這邊我們先繪製邊長 100mm 的正方形,並擠出 50mm。

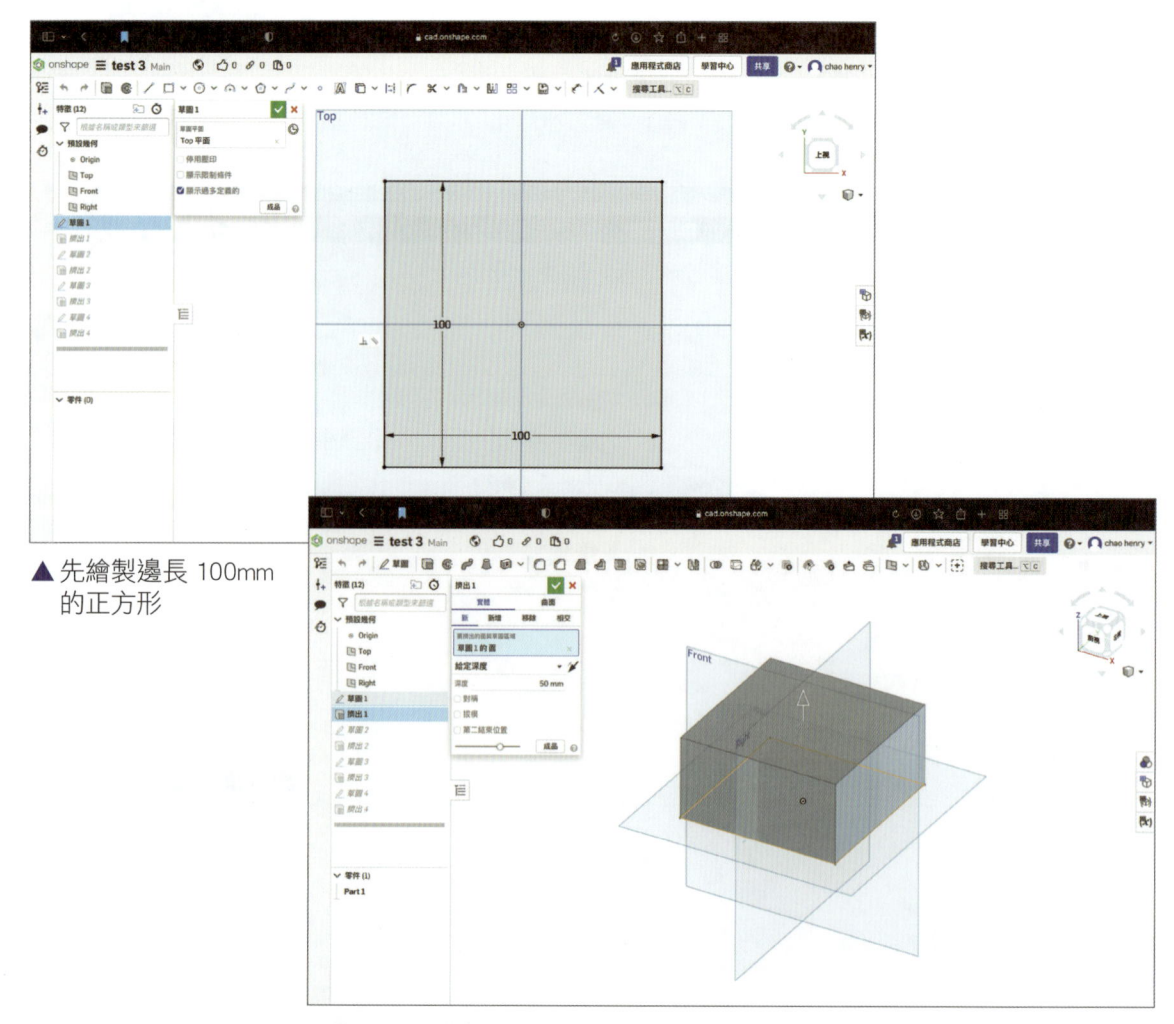

▲ 先繪製邊長 100mm 的正方形

▲ 擠出 50 mm

3D 列印能力認證術科試題   193

接下來在各邊中點繪製直徑 50mm 的圓,並擠出 50mm,這樣就完成一塊囉。

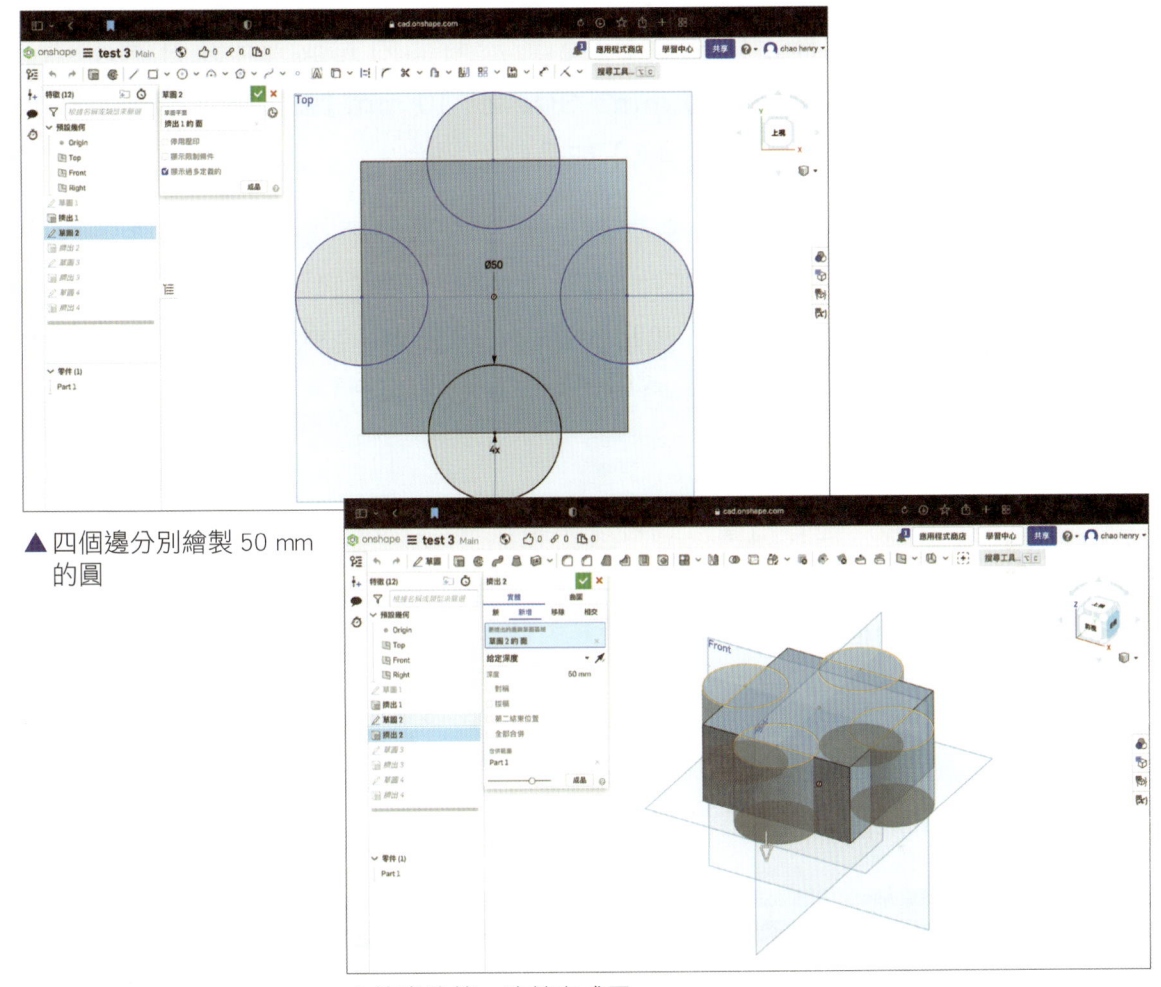

▲四個邊分別繪製 50 mm 的圓

▲擠出後第一塊就完成了

接下來重複一樣的動作,只是原先擠出的圓要變成消去。

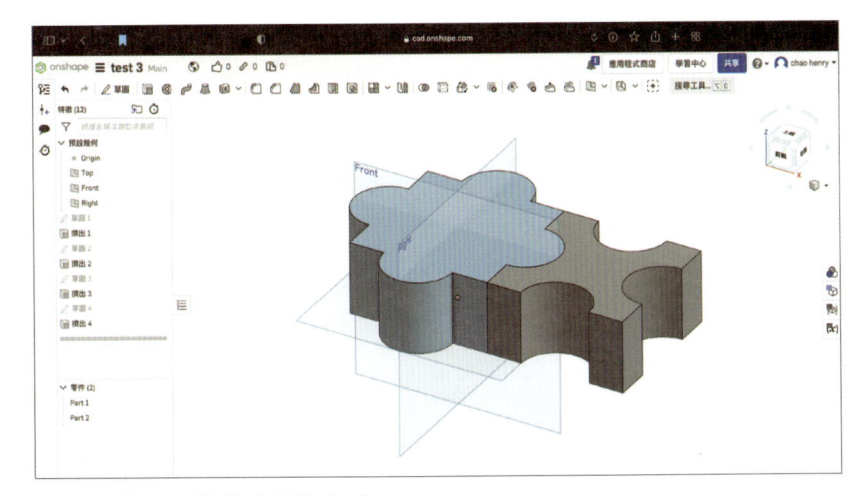

▲另一塊用一樣模式就能完成

TEST_4

題目 請下載下方圖檔【TEST_4B】，並於時間內完成列印尺寸為【Size X=30 mm，Size Y=30 mm，Size Z=30 mm】之成品，且成品必須能與考場提供之【TEST_4A】成品進行組合。

說明 我們點擊進去後，其實會看到他的 STL 檔，而這個檔案如果您放入 Cura 中的話，可以在左下方看到他的尺寸，這個檔案的尺寸是「100×100×100 mm」，而這樣的物體尺寸與題幹的物體尺寸差異很大，因此這邊我們需要使用左邊的「尺寸（Scale(s)）」功能進行物件的調整。

這邊點選後，他有兩種方式可以調整尺寸：「設定比例百分比」或是「設定單邊尺寸」，而因為我們的題幹已經有列印後尺寸了，因此我們直接針對單邊數值進行調整即可。

調整好了之後我們就能設定列印的材料密度，這邊因為我們的考試時間較短且材料較小，因此我們將密度設為 0 即可，如果擔心材料塌陷，可以將外殼殼厚設定為 1.6 mm 就不會有問題了。

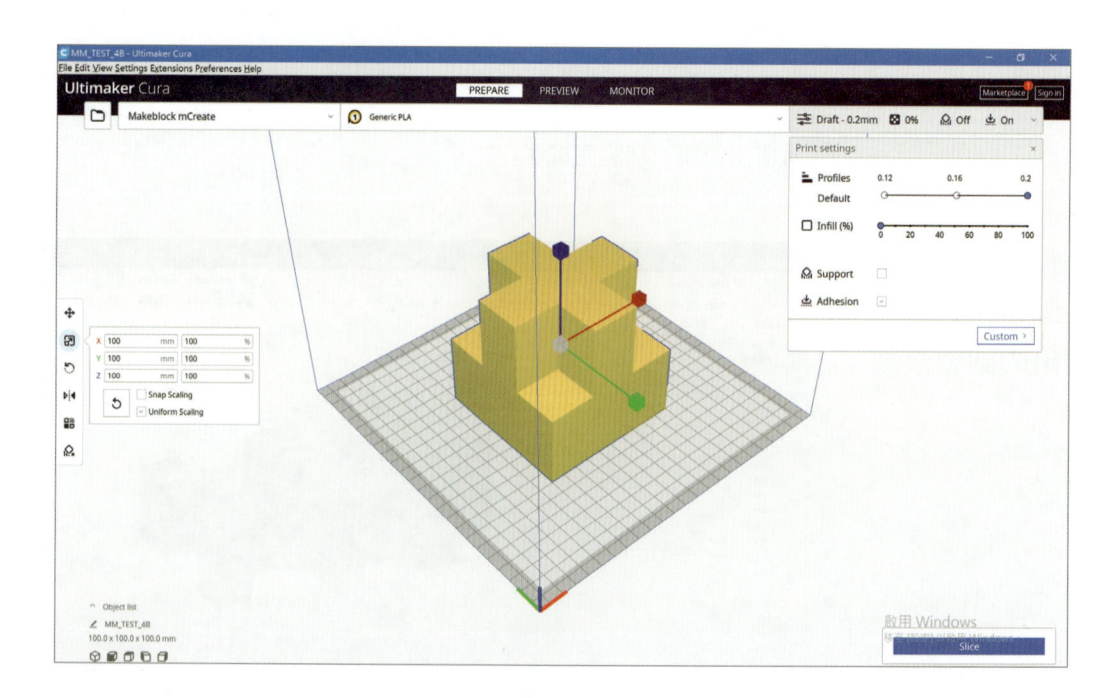

▲輸入檔案

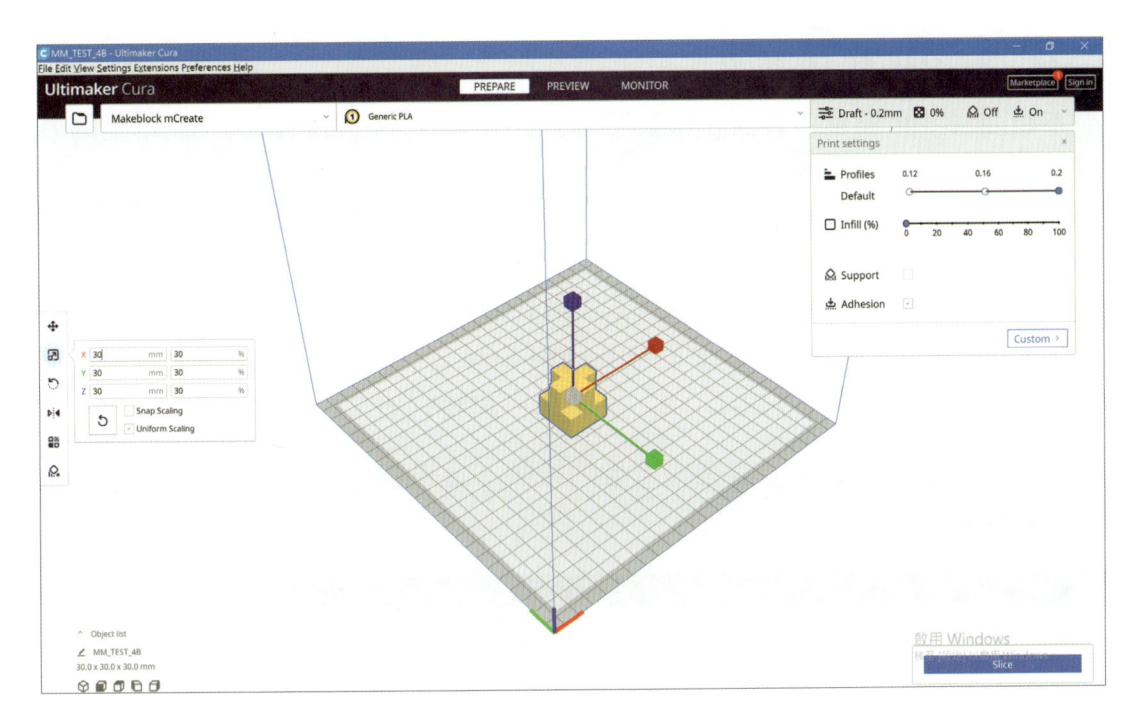

▲修改尺寸

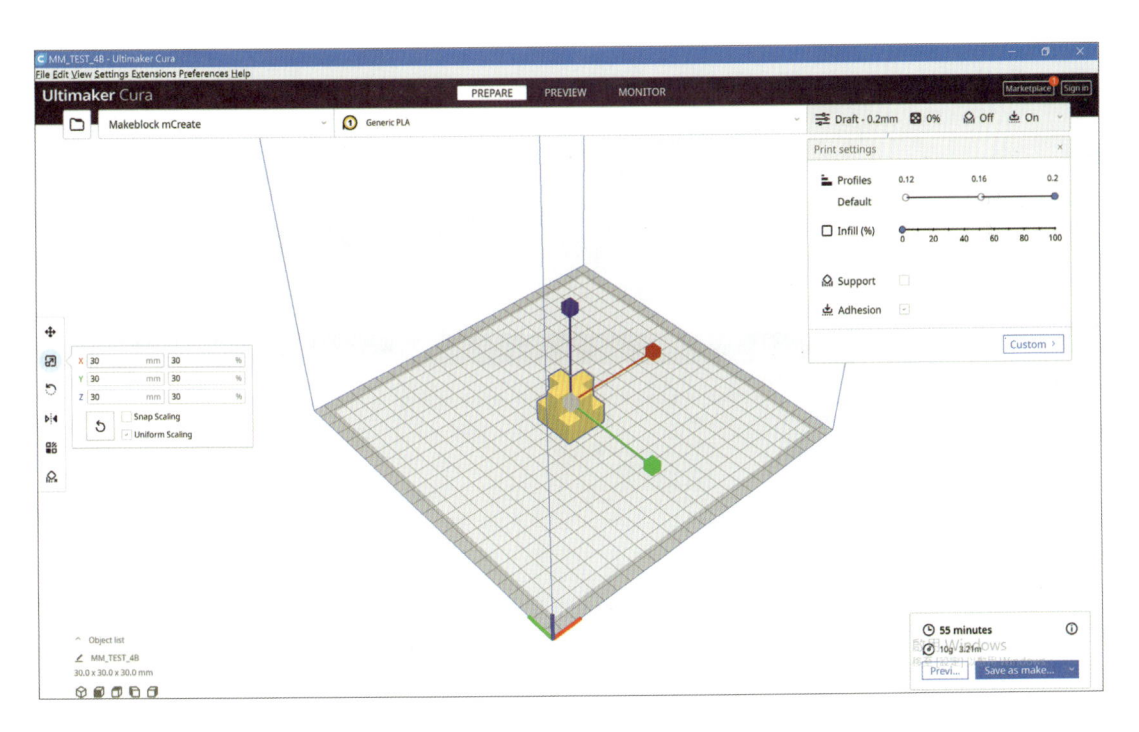

▲點選切層

TEST_4　3D 建模說明

本題題目非常簡單，其實在繪製時會有許多方式，這邊我們就先從基礎的方式進行繪圖說明。

本次建模將使用到操作：1. 草圖；2. 擠出。

我們在建模時需要先確認材料尺寸，因此需要回到原先題目的部分確認各種尺寸內容：「Size X=30 mm，Size Y=30 mm，Size Z=30 mm」，這題因為他有兩個檔案「TEST_4A」以及「TEST_4B」，我們一起將它們畫出來。

首先先點選「上視圖」並完成方形的繪製，這邊我們先繪製邊長 100mm 的正方形，並擠出 100mm。

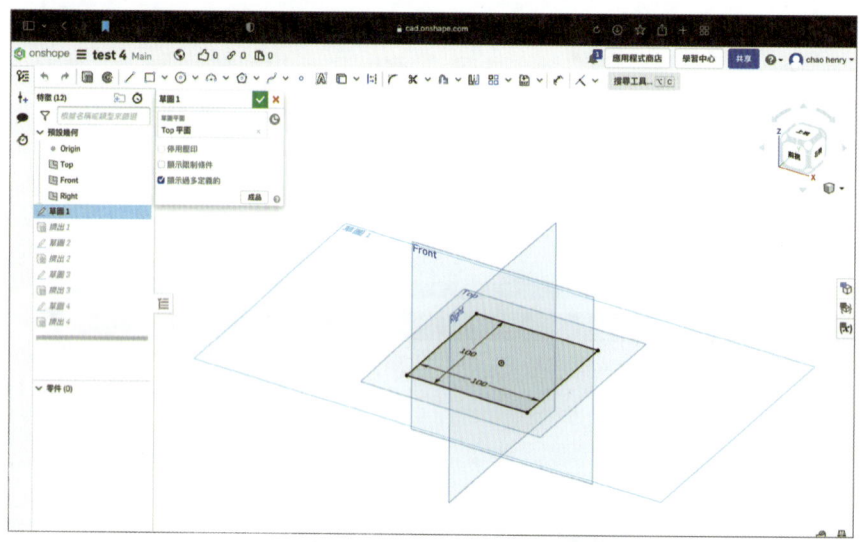

▲ 在底部繪製 100 mm 的方形

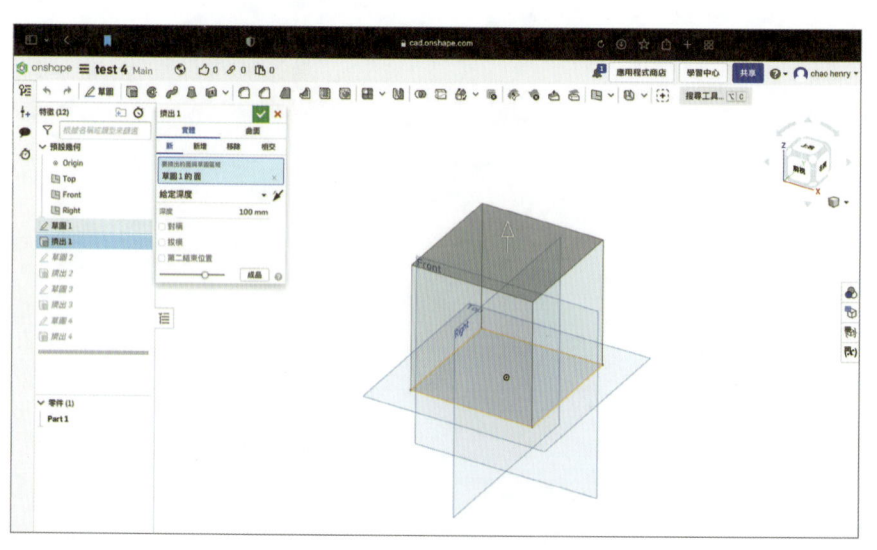

▲ 擠出 10 mm

接下來在各邊角落繪製邊長 30mm 的方形，並擠出 50mm，這樣就完成一塊囉。

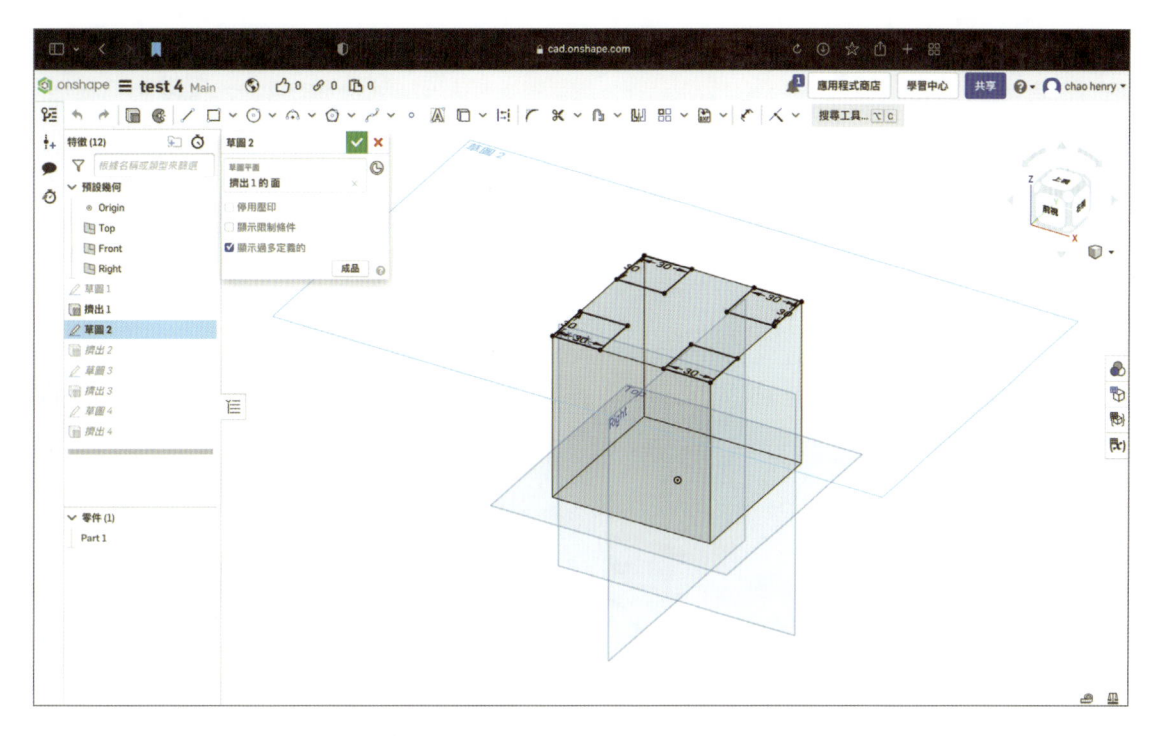

▲繪製邊長 30mm 的方形

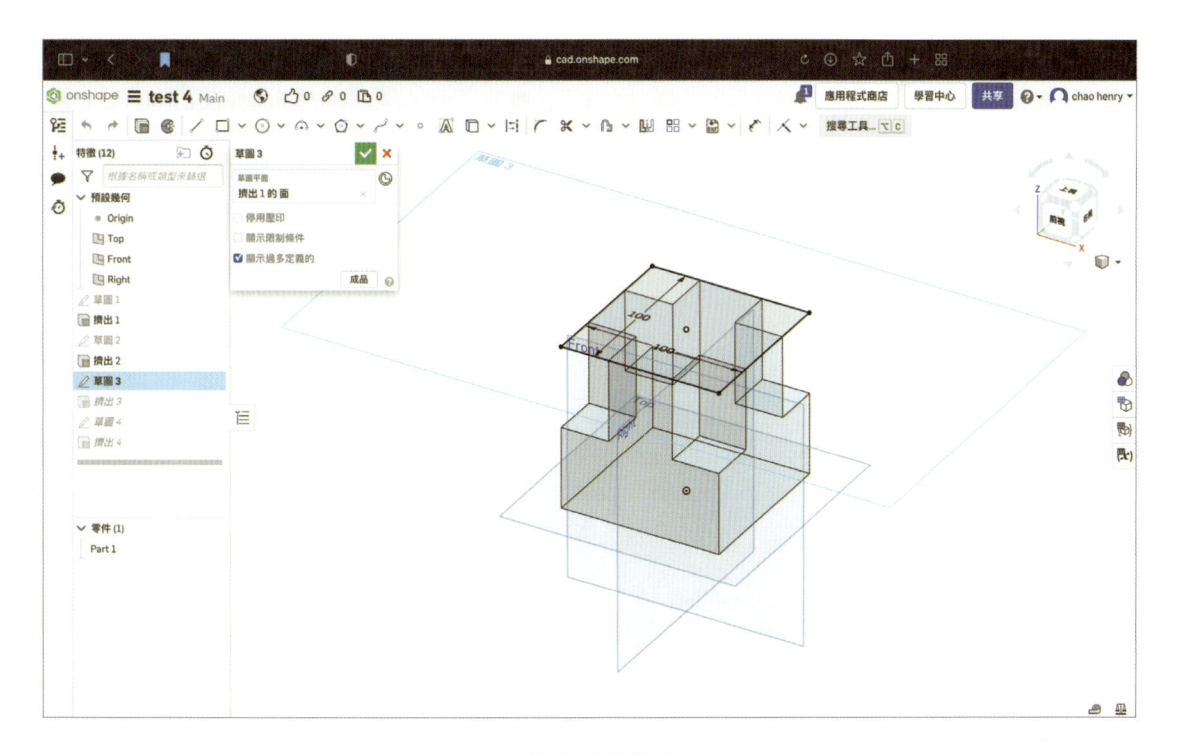

▲擠出（移除）

接下來重複一樣的動作,只是原先擠出的方形要變成消去。

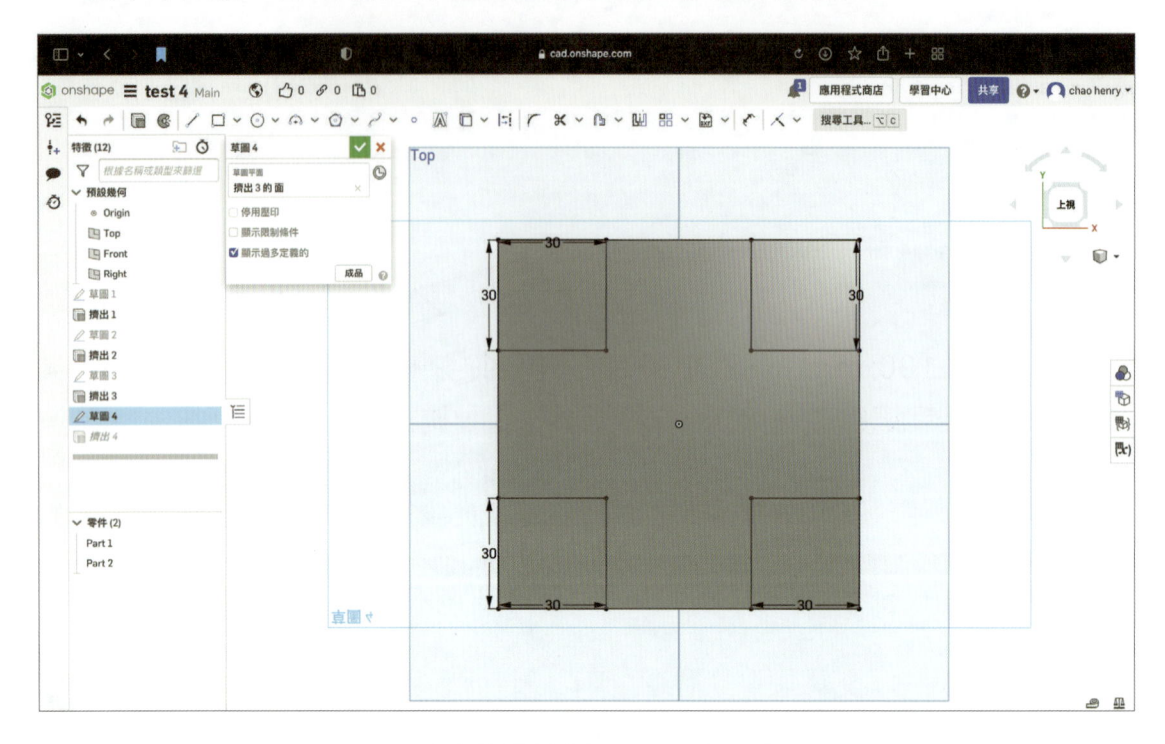

▲在各邊繪製邊長 30 mm 的方形

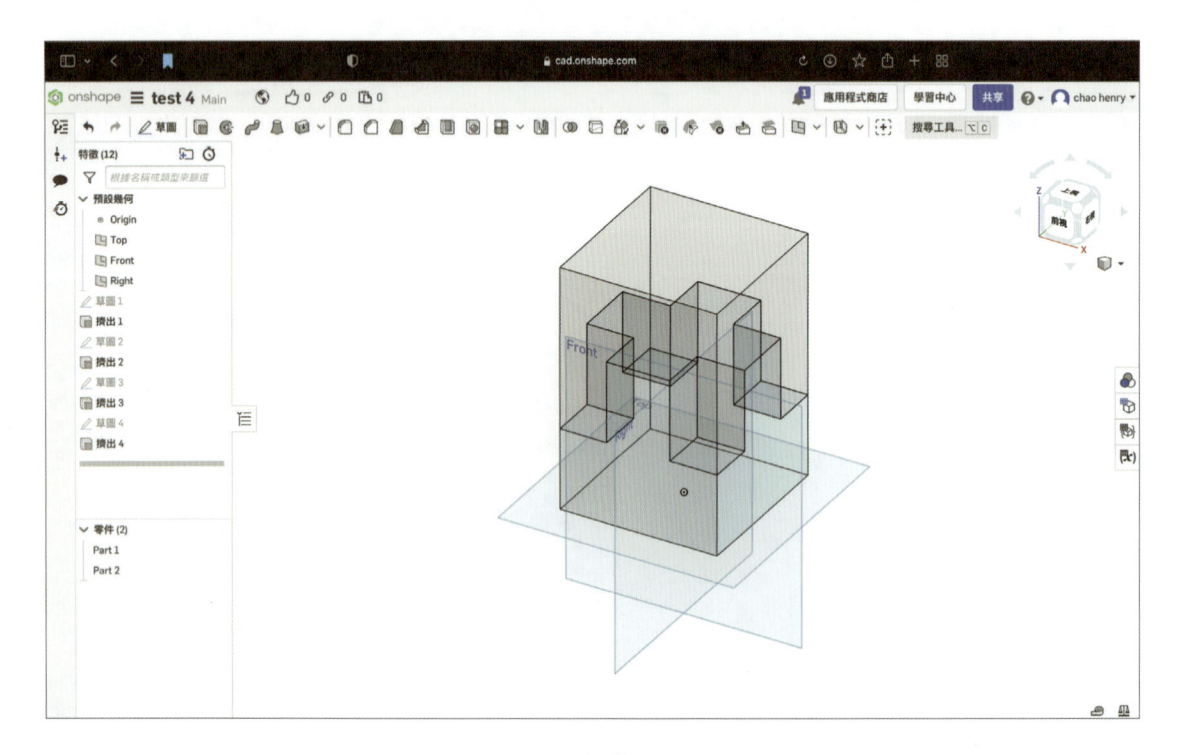

▲完成

TEST_5

題目 請下載下方圖檔【TEST_5B】，並於時間內完成列印尺寸為【Size X=40mm，Size Y=30mm，Size Z=20mm】之成品，且成品必須能與考場提供之【TEST_5A】成品進行組合。

說明 我們點擊進去後，其實會看到他的 STL 檔，而這個檔案如果您放入 Cura 中的話，可以在左下方看到他的尺寸，這個檔案的尺寸是「100×100×100 mm」，而這樣的物體尺寸與題幹的物體尺寸差異很大，因此這邊我們需要使用左邊的「尺寸（Scale(s)）」功能進行物件的調整。

這邊點選後，他有兩種方式可以調整尺寸：「設定比例百分比」或是「設定單邊尺寸」，而因為我們的題幹已經有列印後尺寸了，因此我們直接針對單邊數值進行調整即可。

調整好了之後我們就能設定列印的材料密度，這邊因為我們的考試時間較短且材料較小，因此我們將密度設為 0 即可，如果擔心材料塌陷，可以將外殼殼厚設定為 1.6 mm 就不會有問題了。

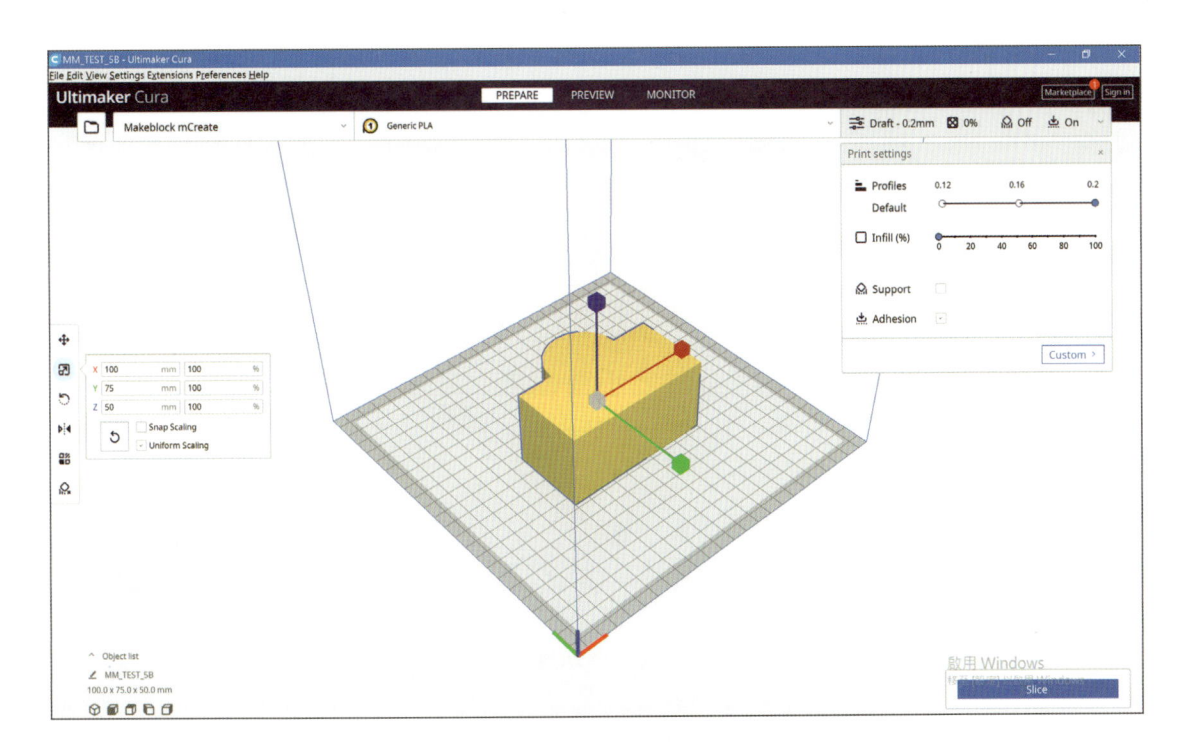

▲ 輸入檔案

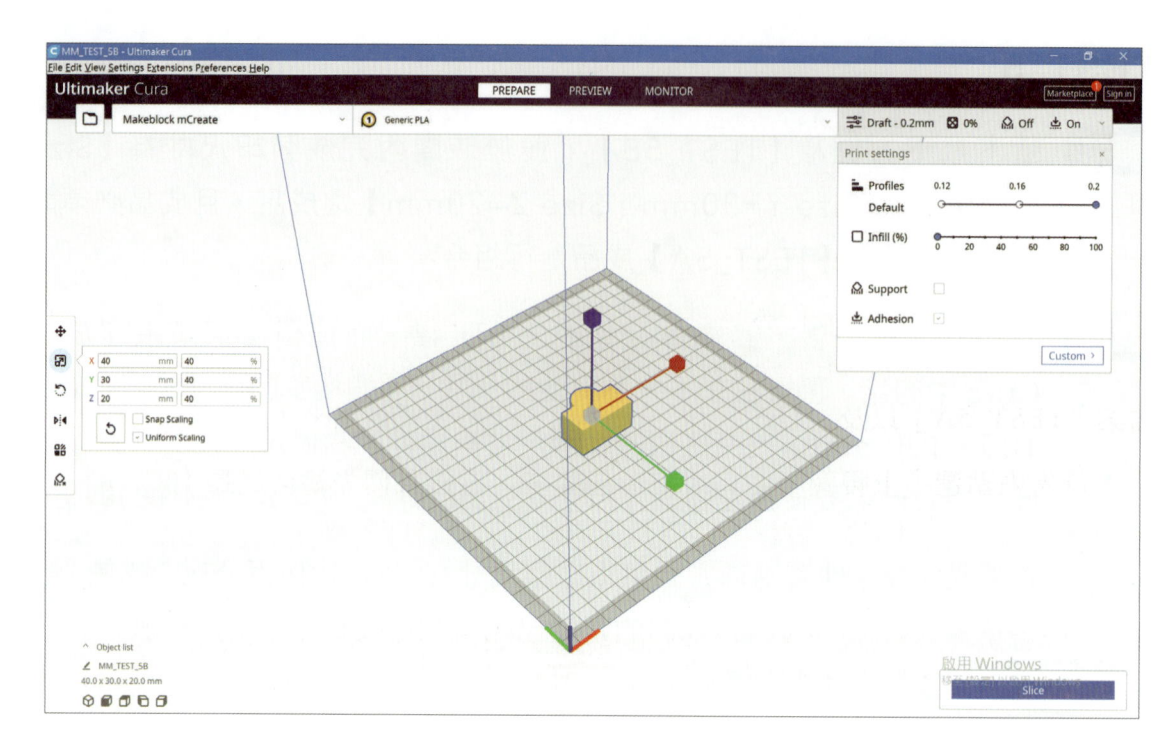

▲修改尺寸

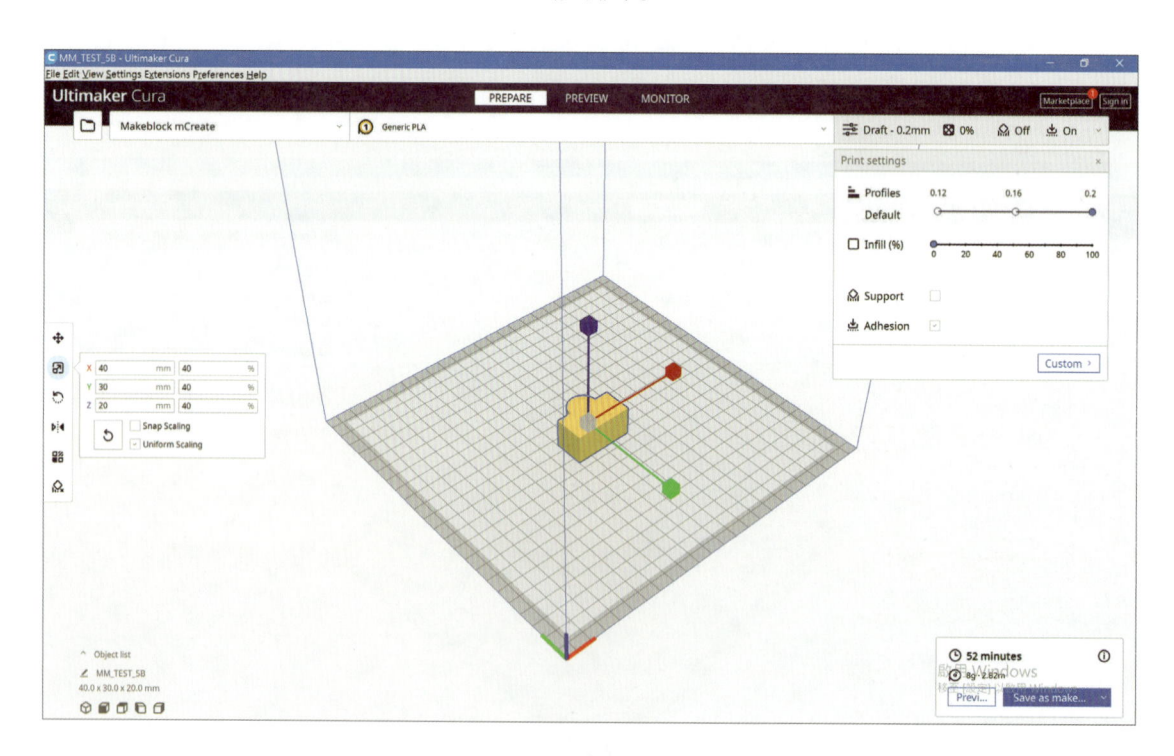

▲點選切層

TEST_5　3D 建模說明

　　本題題目比前面幾題又更簡單了，在繪製時同樣會有許多方式，這邊我們就先從基礎的方式進行繪圖說明。

　　本次建模將使用到操作：1. 草圖；2. 擠出。

　　我們在建模時需要先確認材料尺寸，因此需要回到原先題目的部分確認各種尺寸內容：「Size X=40 mm，Size Y=30 mm，Size Z=20 mm」，這題因為他有兩個檔案「TEST_5A」以及「TEST_5B」，我們一起將它們畫出來。

　　首先先點選「上視圖」並完成方形的繪製，這邊我們先繪製邊長 100mm 的正方形，並在中間先繪製一條線，並在線中央繪製直徑 50mm 的圓。使用剪刀工具，將半圓減除。

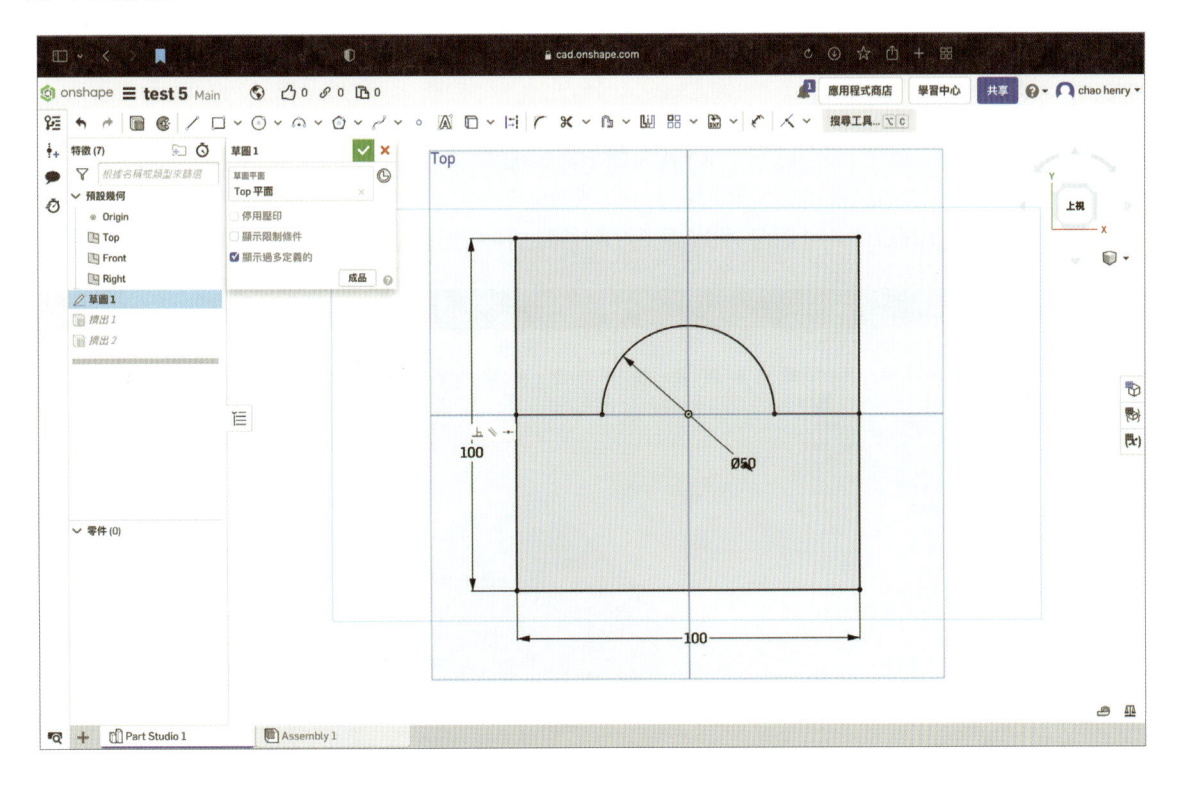

▲草圖繪製

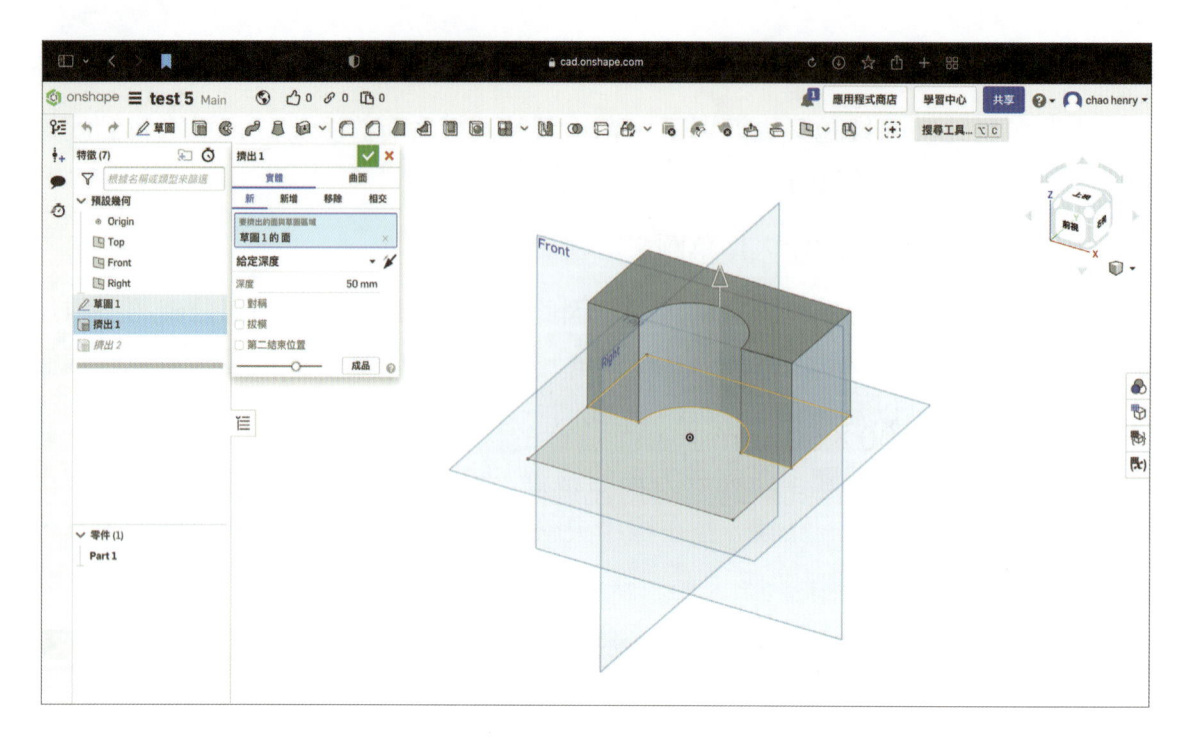

▲ 先擠出第一塊

接下來跟 TEST_1 一樣的方式進行擠出操作。先擠出一半，再擠出另外一塊。

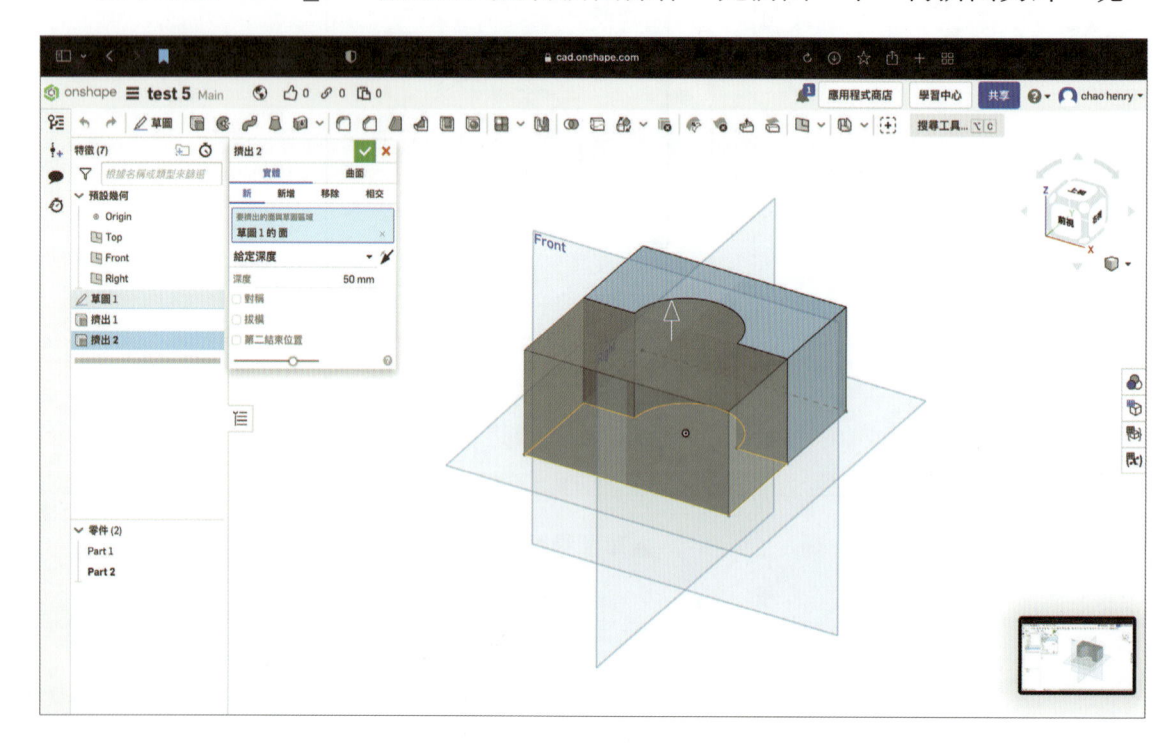

▲ 擠出第二塊

TEST_6

題目 請下載下方圖檔【TEST_6B】，並於時間內完成列印尺寸為【Size X=40 mm，Size Y=40 mm，Size Z=20 mm】之成品，且成品必須能與考場提供之【TEST_6A】成品進行組合。

說明 我們點擊進去後，其實會看到他的 STL 檔，而這個檔案如果您放入 Cura 中的話，可以在左下方看到他的尺寸，這個檔案的尺寸是「100×100×50 mm」，而這樣的物體尺寸與題幹的物體尺寸差異很大，因此這邊我們需要使用左邊的「尺寸（Scale(s)）」功能進行物件的調整。

這邊點選後，他有兩種方式可以調整尺寸：「設定比例百分比」或是「設定單邊尺寸」，而因為我們的題幹已經有列印後尺寸了，因此我們直接針對單邊數值進行調整即可。

調整好了之後我們就能設定列印的材料密度，這邊因為我們的考試時間較短且材料較小，因此我們將密度設為 0 即可，如果擔心材料塌陷，可以將外殼殼厚設定為 1.6 mm 就不會有問題了。

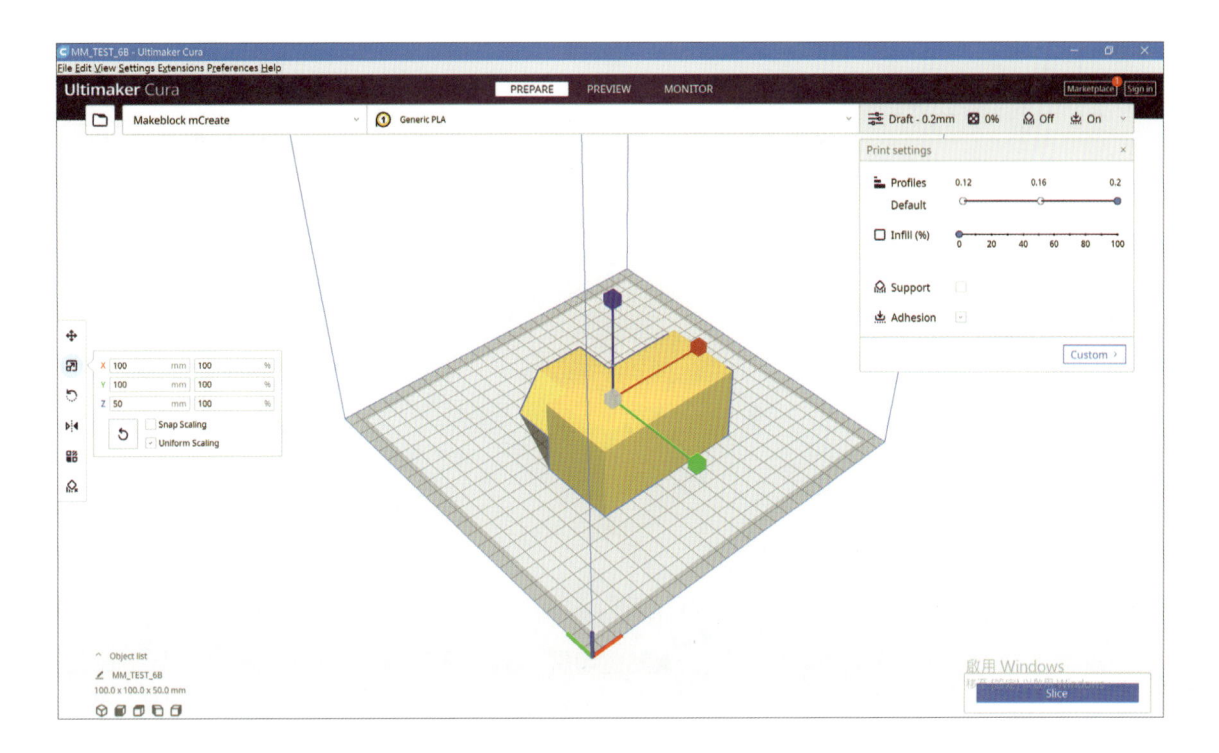

▲ 輸入檔案

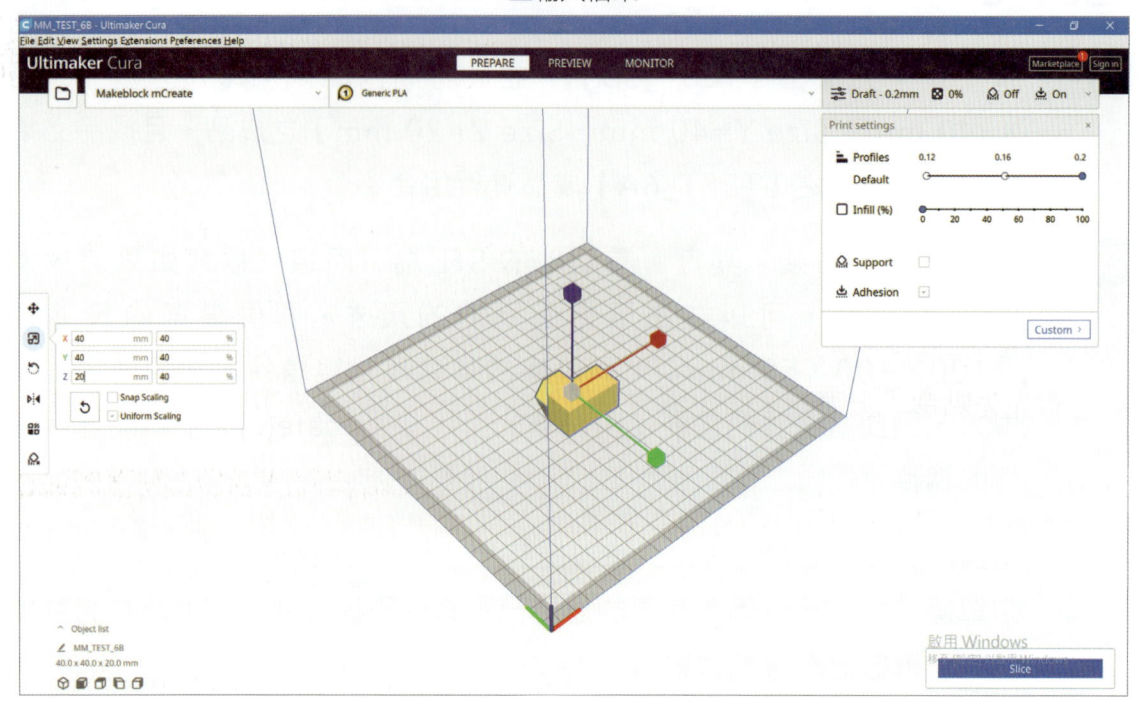

▲ 修改尺寸

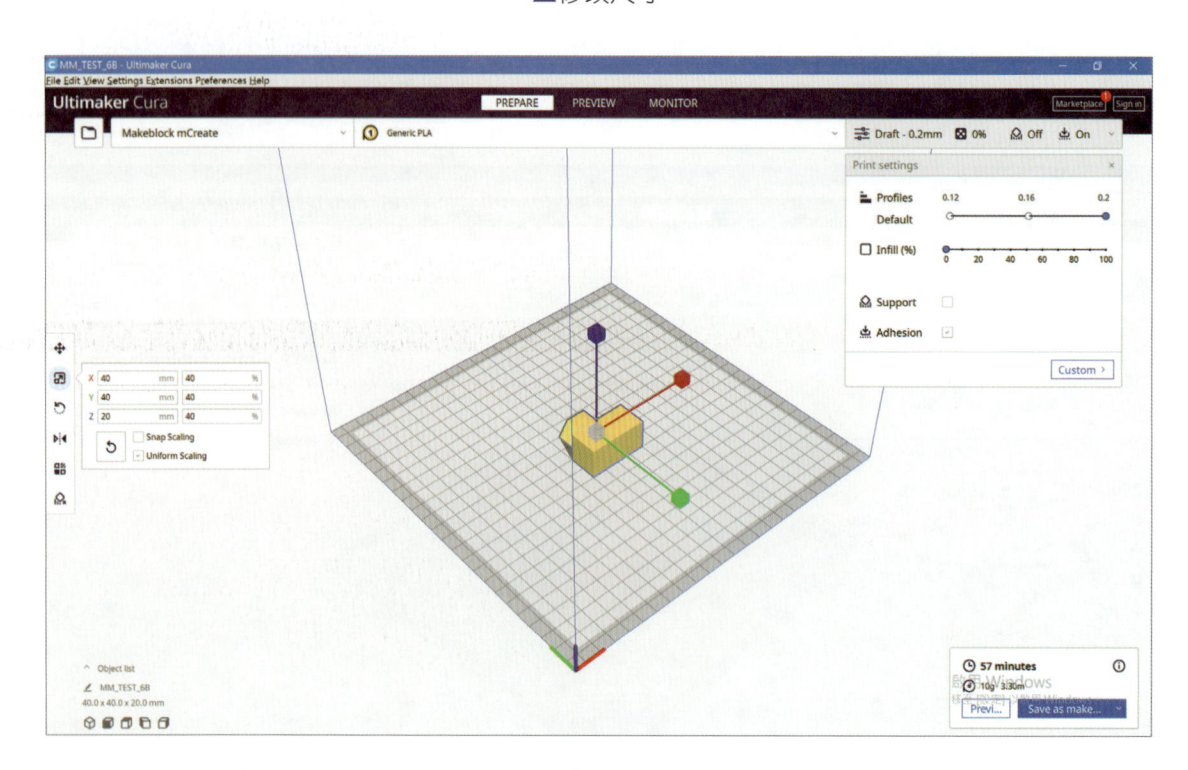

▲ 點選切層

TEST_6 3D 建模說明

本題為這六題中最困難的一題,因為圖形較複雜,這邊我們將使用「布林運算」的方式直接協助我們完成另外一塊材料製作。

本次建模將使用到操作:1. 草圖;2. 草圖鏡射;3. 擠出;4. 布林運算。

我們在建模時需要先確認材料尺寸,因此需要回到原先題目的部分確認各種尺寸內容:「Size X=40 mm,Size Y=40 mm,Size Z=20 mm」,這題因為他有兩個檔案「TEST_6A」以及「TEST_6B」,我們一起將它們畫出來。

首先先點選「上視圖」並完成方形的繪製,這邊我們先繪製邊長 100 mm 的正方形,並擠出 50mm。

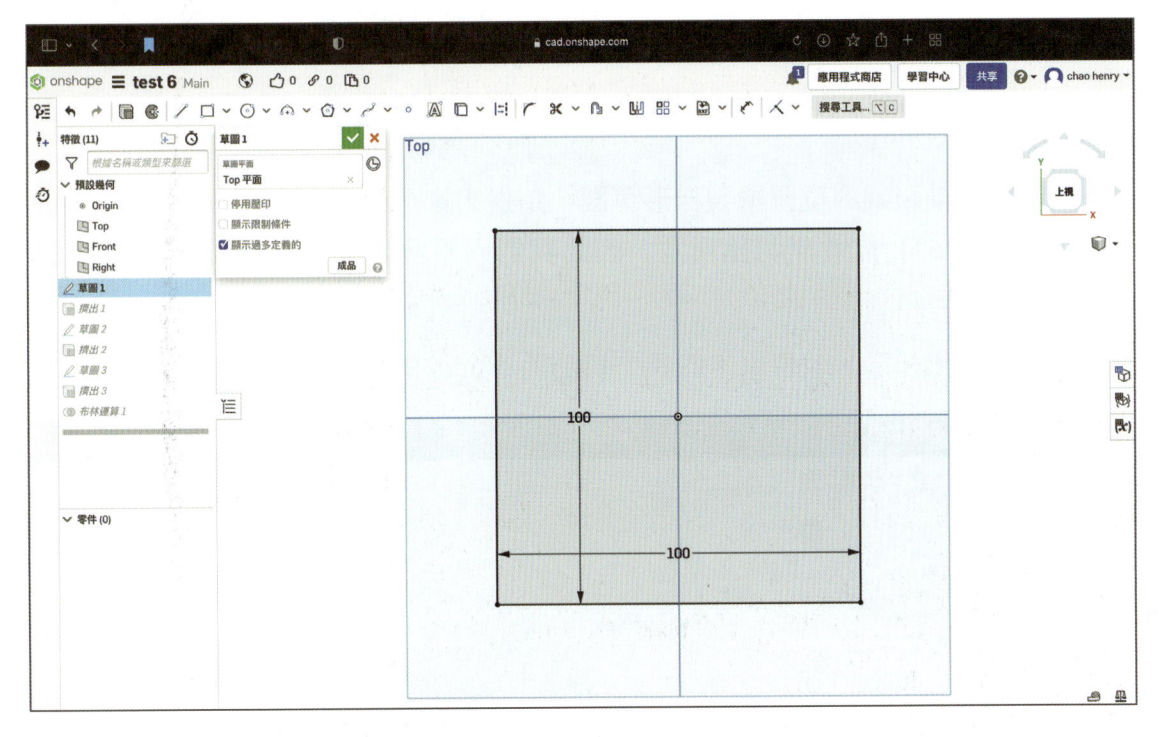

▲繪製 100×100 mm 的正方形

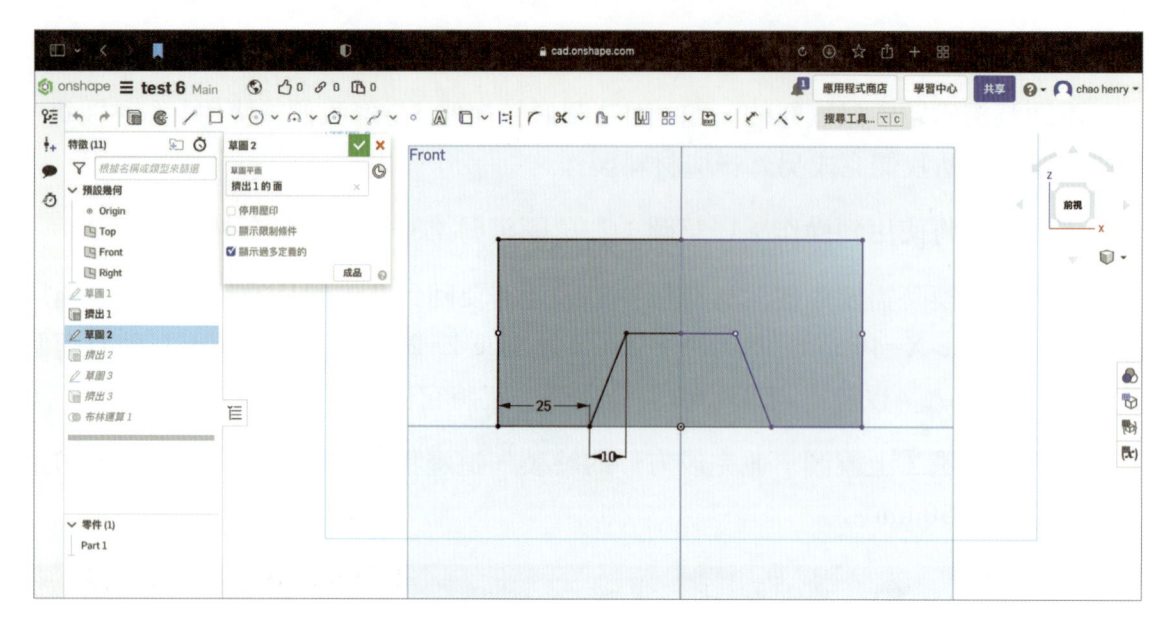

▲擠出後在前視圖的位置繪製梯形（可以繪製一半再鏡射）

接下來在前視圖的位置繪製梯形草圖，這邊大家可以參考我的尺寸，但因為在測驗平台上的 STL 檔並無明確尺寸，因此我們只要繪製後，確認組裝練習室可以達成的即可。

接下來擠出梯形，並將原本的長方體消除 50mm 的深度。

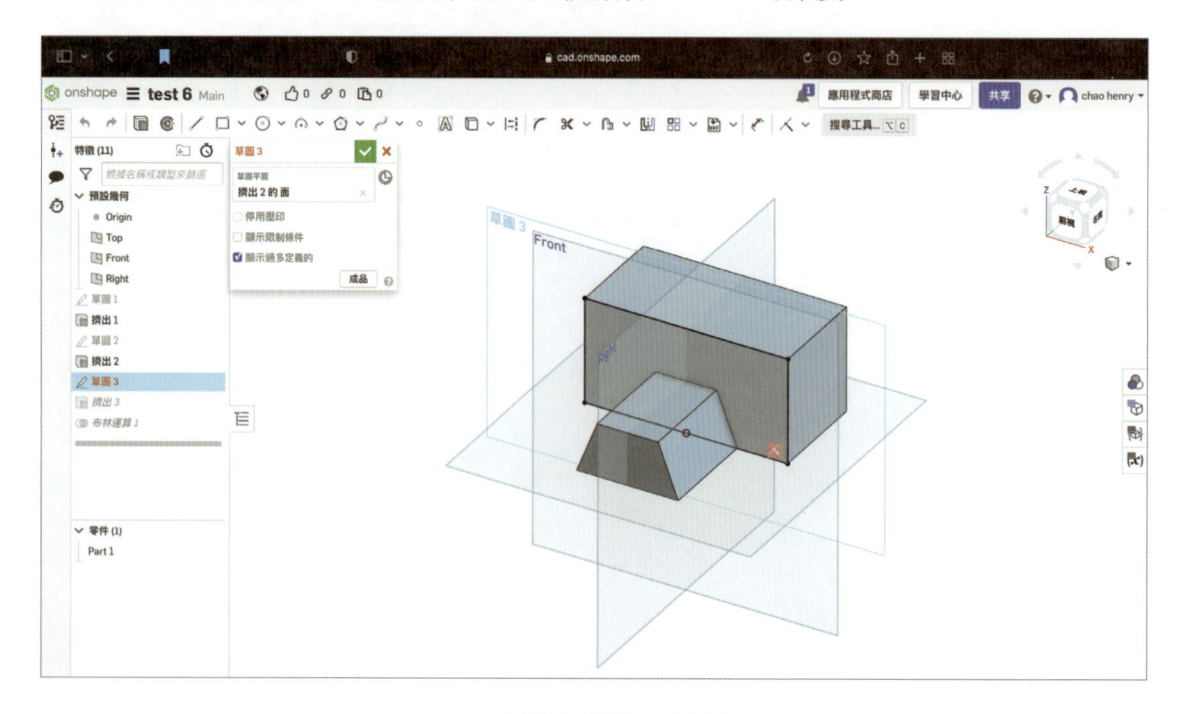

▲在平面上繪製方形草圖

最後我們沿著前視圖的長方形製作草圖，並擠出 100 mm。最後點選布林運算，一開始畫好的圖為「工具」，剛剛畫出的方塊為「目標」，點選後就能完成切削好的物件囉。

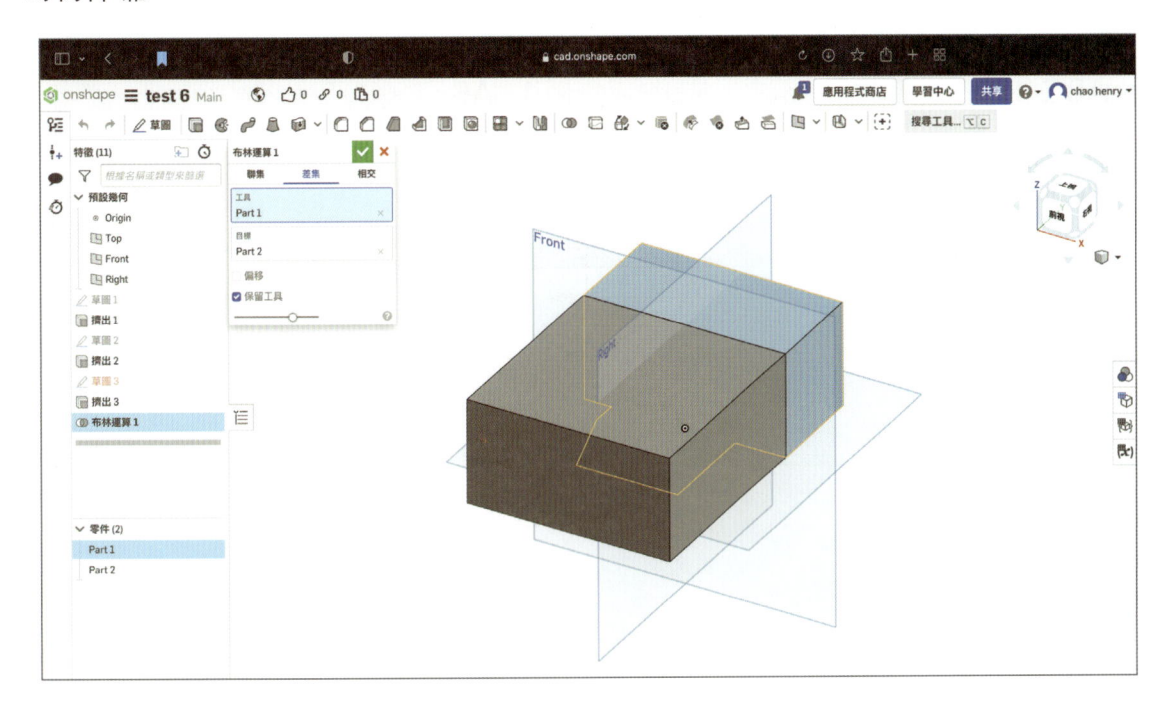

▲擠出後使用布林運算

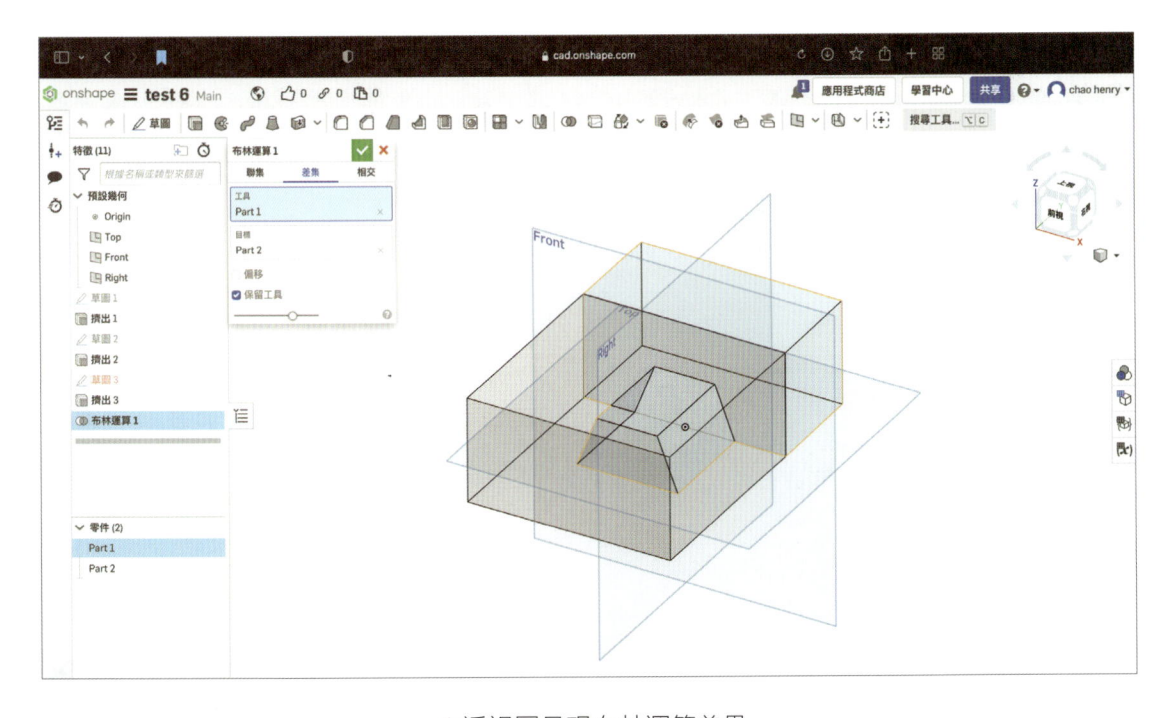

▲透視圖呈現布林運算差異

學習評量解答

Chapter1（複選）

1. ABC
2. AB
3. ABC
4. AB
5. ABC

Chapter2（複選）

1. CD
2. CD

Chapter3

1. A
2. B
3. BC
4. A
5. BC

Chapter4（單選）

1. A
2. B
3. B
4. C
5. C

Chapter5

1. AB
2. ABC
3. AB
4. A

Chapter6（單選）

1. A
2. C
3. C
4. D
5. B

Chapter7（單選）

1. B
2. C
3. C

Chapter7 實作題

可自由發揮，可參考珩宇老師生活科技網站

Chapter8 實作題

可自由發揮，可參考珩宇老師生活科技網站

CR-10 Smart DIY 大成型 3D 印表機

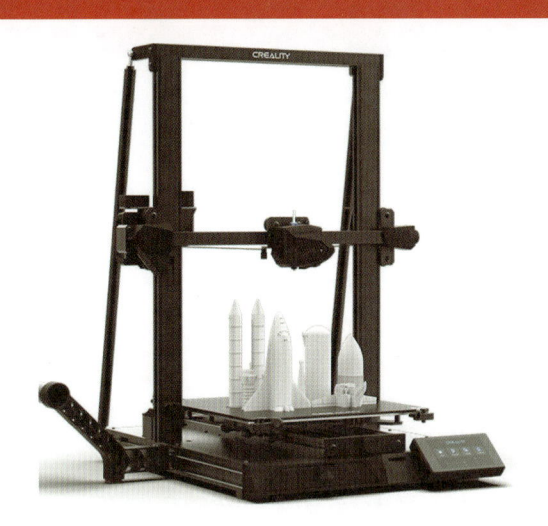

產品編號：6001010
建議售價：$18,500

影片介紹

工業設計　建築結構  
裝飾藝術 　人物模型

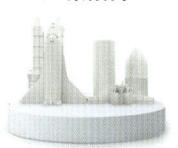

內建 WiFi 連線
可隨時隨地掌握列印狀況。

4.3 吋觸控螢幕
更人性化的互動界面。

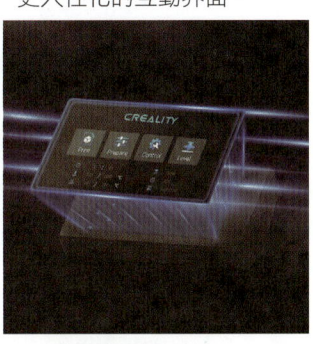

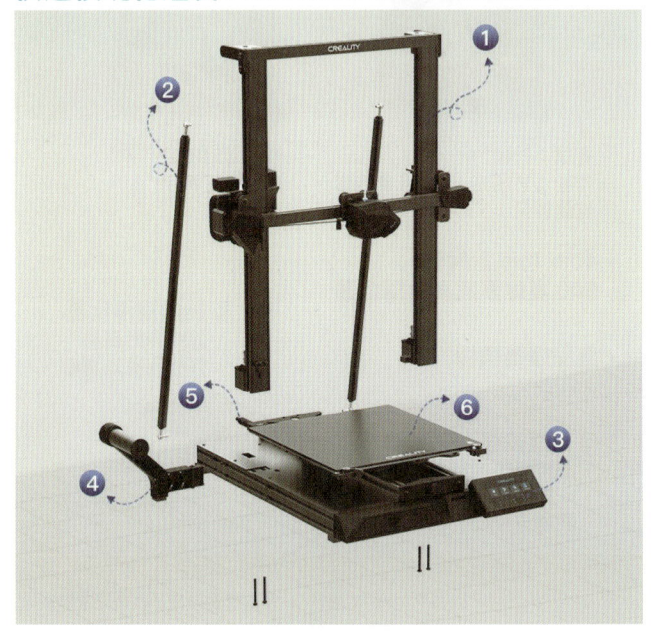

30 min　列印完畢自動關機
30 分鐘未使用自動休眠，安全且節能省電。

智慧自動調平系統
一次調平後，開機即可列印。

最大列印尺寸
30 × 30 × 40 cm。

雙 Z 軸＋側邊加強鋁桿
列印更精準、更穩定。

降低 25% 噪音
靜音主機板、靜音風扇、低噪音電源供應器。

快速模塊化組裝 只要 8 分鐘 6 步驟即可組裝完成。

產品規格

成型技術	FDM 熔融沉積成型
機械結構	雙 Z 軸龍門式
進料方式	遠端送料
列印平台	黑晶玻璃加熱底板
成型尺寸	30 × 30 × 40 cm
列印材料	PLA / ABS / TPU / PETG
支援格式	STL / OBJ / AMF
噴嘴與線材	噴嘴直徑 0.4 mm，線材直徑 1.75 mm
資料傳輸方式	SD 卡、WiFi 無線傳輸
特殊功能	靜音設計、自動調平、斷電續印、斷料檢測

※ 價格・規格僅供參考　依實際報價為準

JYiC.net 勁園國際股份有限公司 www.jyic.net
諮詢專線：02-2908-5945 或洽轄區業務
歡迎辦理師資研習課程

LaserBox 激光寶盒智能雷雕機 |專業教育版|

500 萬像素超廣角鏡頭結合 AI 電腦視覺演算法，使激光寶盒具備了"辨"的能力，專為教育現場及跨領域學習而量身打造，簡單、安全、易上手！

影片介紹

產品編號：5001307
建議售價：$148,000

唯有「激光寶盒」

簡 單

☑ **所畫即所得、所選即所得**
機器不須額外連接電腦，使用者只要在白紙上用紅、黑色奇異筆手繪圖案，或者在專用圖紙上勾選想要的圖案，機器即可依照圖案在材料上進行切割及雕刻。

☑ **智能魚眼鏡頭**
鏡頭的可視範圍為 49×29cm，搭配軟體可進行自動對焦、自動識別材料種類、智能圖像提取等功能。

☑ **防呆環形碼板材**
軟體透過環形碼可識別板材種類、板材厚度，自動設定最佳化參數，不須做複雜設定。

☑ **機台啟動自動校正**
具有 AI 圖像矯正演算法，激光寶盒移動位置後，不需要經過複雜校正，開機即可使用。

☑ **輕鬆搬運的體積與重量**
體積適中，不笨重，容易搬移，移動後無須特別設定，活動展示使用率更高。

☑ **全機一開關**
單一按鈕擺脫繁瑣的控制面板，參數可由電腦端軟體設定，具有持續更新的優勢。

安 全

☑ **輸入電壓 110V**
符合台灣用電環境，不須額外拉 220V 的電。

☑ **煙霧淨化器四層高效過濾**
可吸附 99.7% 大小為 0.3 微米的懸浮顆粒，對 PM2.5 去除率超過 99%，確實去除煙塵、味道不刺激。

☑ **開蓋即停、斷訊後續工**
具有氣壓頂桿，開蓋會半自動彈起，且在工作中斷後，可繼續工作。

☑ **多種高性能感測器**
雷射高溫預警、水冷系統水位預警、雷射頭復位預警、鏡頭異常預警、濾芯堵塞預警等安全性功能。

書號：PN004
作者：許栢宗 · 木百貨團隊
建議售價：$300

書號：PN057
作者：王振宇
建議售價：$350

網狀工作平臺
・特殊工藝處理
・不會變色

40W 功率雷射管
500 萬像素超廣角攝像頭

氣壓緩衝頂桿

環形燈按鈕，一鍵執行
・擺脫繁瑣的控制台
・所有設定都在電腦端軟體完成

智能煙霧淨化器
・智能調節風量
・含一個高效濾心

內置碎屑託盤

※ 輸入電壓 110V

※ 價格 · 規格僅供參考 依實際報價為準

JYiC.net 勁園國際股份有限公司 www.jyic.net | 諮詢專線：02-2908-5945 或洽轄區業務
歡迎辦理師資研習課程

3DP 3D Printing Engineer Certification
3D 列印工程師認證

3DP 認證 簡介

全世界已吹起 Maker 風潮，且 3D 列印技術亦日漸發展與普及，故台灣創新科技管理發展協會 (ITM 協會) 邀集了產業界與學術界的專家共同參與指導研發 3D 列印工程師認證。希望經由標準化認證過程提升學生的相關知識與實作自造技能，增加就業競爭力，同時也為業界培育出優秀的專業人才。

3DP 證書樣式

3DP 認證 考試說明

學科

科目	級別	題數	測驗時間	滿分	通過分數	題型	評分方式
3D 列印能力認證	Fundamentals	50 題	40 分鐘	100 分	70 分	是非題 單選題	即測即評

術科

科目	級別	範圍	考試時間	題型	圖檔下載網址	認證認可設備	評分方式
3D 列印能力認證	Fundamentals	下載並列印 (須完成規定功能)	3 小時	實作題	3dp.itm.org.tw	ITM 協會 指定機種	時間內依規定完成列印，以 100 分為滿分，0 分為最低分，得 70 分 (含) 以上者為【及格】，細項評分標準請參照術科評分表

3DP 認證 考試大綱

科目	級別	學科範圍 (領域範疇)
3D 列印能力認證	Fundamentals	・3D 列印簡介　　・3D 列印機操作與維修 ・3D 列印的產業應用　・工作安全與衛生 ・3D 列印機原理與種類　・電學原理

3DP 認證 證照售價

科目	級別	產品編號	產品名稱	建議售價	備註
3D 列印能力認證	Fundamentals	PV251	學科	$600	考生可自行線上下載證書副本，如有紙本證書的需求，亦可另外付費申請
		PV252	術科	$980	

3DP 認證 教材售價

產品編號	書名	建議售價
PB12801	動手入門 Onshape 3D 繪圖到機構製作含 3DP 3D 列印工程師認證 - 最新版 (第二版) - 附 MOSME 行動學習一點通：學科．診斷．加值	$380

※ 以上價格僅供參考 依實際報價為準

台灣區總代理　JYiC 勁園國際股份有限公司 www.jyic.net

諮詢專線：0800-000-799
歡迎辦理師資研習課程

書　　　名	動手入門 Onshape 3D繪圖到機構製作 含3DP 3D列印工程師認證
書　　　號	PB12801
版　　　次	2019年5月初版 2021年12月二版
編 著 者	趙珩宇・張芳瑜
總 編 輯	張忠成
責 任 編 輯	李奇蓁
校對次數	8次
版面構成	魏怡茹
封面設計	魏怡茹

> 國家圖書館出版品預行編目資料
>
> 動手入門 Onshape 3D繪圖到機構製作含3DP 3D列印工程師認證 / 趙珩宇・張芳瑜 -- 二版. -- 新北市：台科大圖書, 2021.12
> 　　面；　公分
> 　　ISBN 978-986-523-246-7（平裝）
>
> 1.電腦教育 2.考試指南 3.中等教育
>
> 524.375　　　　　　　　　　110006978

出 版 者	台科大圖書股份有限公司
門市地址	24257新北市新莊區中正路649-8號8樓
電　　　話	02-2908-0313
傳　　　真	02-2908-0112
網　　　址	tkdbooks.com
電 子 郵 件	service@jyic.net
版權宣告	**有著作權　侵害必究** 本書受著作權法保護。未經本公司事前書面授權，不得以任何方式（包括儲存於資料庫或任何存取系統內）作全部或局部之翻印、仿製或轉載。 書內圖片、資料的來源已盡查明之責，若有疏漏致著作權遭侵犯，我們在此致歉，並請有關人士致函本公司，我們將作出適當的修訂和安排。
郵購帳號	19133960
戶　　　名	台科大圖書股份有限公司 ※郵撥訂購未滿1500元者，請付郵資，本島地區100元 / 外島地區200元
客服專線	0800-000-599
網路購書	PChome商店街　　博客來網路書店 JY國際學院　　　台科大圖書專區
各服務中心	總　　　公　　　司　　02-2908-5945　　台中服務中心　　04-2263-5882 台北服務中心　　02-2908-5945　　高雄服務中心　　07-555-7947

線上讀者回函
歡迎給予鼓勵及建議
tkdbooks.com/PB12801